念念不忘家常菜

杨桃美食编辑部 主编

江苏凤凰科学技术出版社 凤凰含章

前言 Preface

备注

全书1大匙（固体）≈15克
1小匙（固体）≈5克
1杯（固体）≈227克
1大匙（液体）≈15毫升
1小匙（液体）≈5毫升
1杯（液体）≈240毫升

你最想吃的家常菜都在这!

做菜不困难，但是要天天做菜，天天变化菜色，就真令人头痛了。家常菜讲究的就是简单、快速、美味，没有人想在家每天都花两三个小时准备一顿饭，所以越方便简单的家常菜色越是受人们欢迎。当然来点小巧思、小变化，同样的食材每天都能让家人耳目一新、胃口大开就成功了。

本书特别为忙碌的读者精选600道家常菜，简单易上手，即使是新手也能轻松搞定。本书更棒的是先依照料理方式分篇，再依照肉类、海鲜、蔬果、鸡蛋、豆腐等食材类别分门别类，不用每天烦恼要吃什么，翻一翻本书，你一定能找到自己最想吃的家常菜!

目录 CONTENTS

快速上菜 煎、炒、烧篇

清爽开胃 拌、淋、蘸篇

浓郁下饭 煮、炖、卤篇

简单步骤 炸、烤、蒸篇

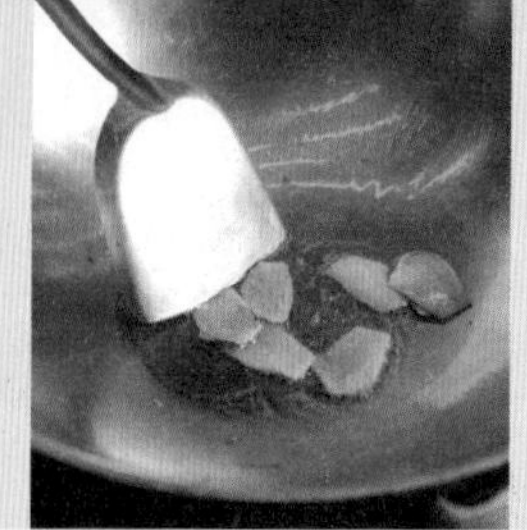

必备好锅具，选对了味道更棒！

“工欲善其事，必先利其器”，想要做出好吃的家常菜，得先搞懂厨房中各种不同锅具的不同用途，以及如何选择、保养，了解了锅具之后做菜更能得心应手，不仅不容易焦底或粘锅，端上桌的家常菜也会更美观、更好吃。

中华锅↓

中华锅是专为中国人饮食与烹饪习惯设计的炒菜锅，大部分的料理需要大力翻炒，若锅身太浅容易将食材翻炒出来。中华锅的深度够深，蒸煮炒炸煎等料理方式通通搞定，算是在中华料理中很万能的一只锅了。一般分为不锈钢锅、铝锅和不粘锅。为了让食物的熟度均匀，一只好的锅必须能够以缓慢且均匀的加热方式，将热扩散到锅表面的每一个点，也才更能保留食物的色泽与原味。

蒸笼↘

对老一辈的人来说，竹制蒸笼是煮菜时不可或缺的器具，也是煮饭器具中的最佳选择。对忙碌的现代人来说，用蒸的方式来做料理省事又方便。虽然可以用电饭锅来蒸煮，但电饭锅容量小，有些食材放不进去，若以蒸笼来蒸煮就可以轻松完成。

蒸笼有竹制跟金属制，虽然金属蒸笼清洗方便也较耐用，但水蒸气会在金属表面形成水滴，容易滴回料理中，使料理容易糊烂；而竹制蒸笼则因为竹子会吸水，较不易有这困扰，且还会有股竹子香气。

平底锅↓

顾名思义，锅面是平坦的，重量较轻，受热面积较中华锅平均，只是锅身浅，一般以“煎”为主要烹调方式，很受厨房新手的喜爱。另外也可拿来代替铁板烧的那块铁板，但必须将整个锅身都烧得很热，最好是可以看到少许的白烟冒出，才能确保整个锅都受热均匀了，这时当成铁板烹调铁板料理才是最好的唷！挑选时以不粘平底锅为最佳，容易防止烧焦、粘锅的情况发生，另外，清洗要用海绵刷洗，才不会磨损锅面。

砂锅→

以陶土、沙制成，因为有着导热慢、受热均匀、吸味性强、适合长时间烹煮的特性，砂锅能够有效地保留食物的原汁原味。以“煲”为主要烹调方式，类似焖烧，食材佐料炒热烧开后，一次加足水，再放入砂锅加盖以小火焖煮出食物原味，口感酥软是这类食物的最大特色。第一次使用得先以洗米水煮开一次，水中的淀粉会渗进砂锅的细缝里，使气孔愈加紧实，产生保护作用。使用过后，不能用金属用的清洁剂清洗，以免渗进气孔内，也不能用磨擦力强的刷具（如菜瓜布）清洗，以免刮伤锅面。

汤锅←

锅身容量大，一般都是双耳的不锈钢锅，才能耐强酸、强碱且锅具坚硬，熬煮、炖汤都能保持最佳的蓄热效果，无论电磁炉、瓦斯炉都适用。新锅在第一次使用前，可先把油或牛奶倒入煮一次，完成养锅动作后，清洗干净，以后就很好用啰！

基础刀工，来学学怎么切菜吧！

做菜的第一步骤就是处理食材，而处理食材中最重要的就是切食材，因为食材切得对，料理才好入味，组合起来也才有一致性，这个看似简单的动作，却是影响料理的美味关键，因此千万别马虎喔！

▲ 切厚片

一般切厚片，厚度约为1厘米适用在煎、炸烹调法。

▲ 切条状

条状的长度一般为3~4厘米，厚度约为1厘米，细条厚度则在0.5厘米左右，适用在煎、煮烹调法。

▲ 切丁

分大丁、小丁，先将食材切成厚片再切成条状，最后才切成四方丁状，小丁约1x1厘米，适用在爆炒等快熟的料理食材烹调法，大部分用在配料或辛香料上。

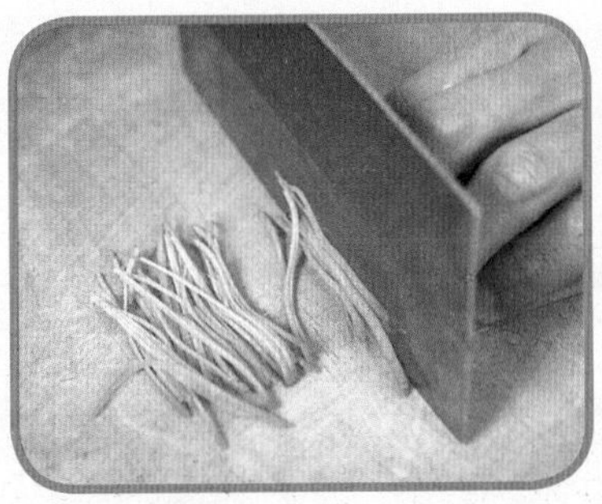

▲ 切丝

丝的长度为0.2~0.3厘米，一般用在凉拌或炒的烹调法，最常见就是葱丝、姜丝。

▲ 切块状

一般用在大型的食材，如根茎类的芋头、土豆等，大约就是大块的三角形块状，适用在炖、煮烹调法。

简易磨刀小秘诀

Q：有什么小秘诀可以简易磨刀呢？

A：刀子钝了若继续使用，一定会减短刀子的寿命，也容易造成危险，所以磨刀可说是相当重要的保养工作。磨刀时要注意刀子要顺着同一方向磨，千万不能来回磨。除了使用磨刀器、磨刀石、磨刀棒等；还可以用瓷碗底部（要固定好）代替，另外也可将铝箔纸对摺多次，用刀子切一切，刀也会变利喔！不过建议还是用专业的磨刀工具最好，如此才不易磨损刀子。

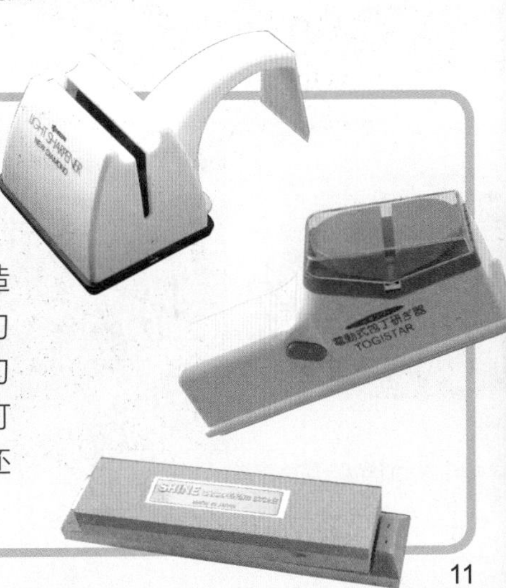

快速上菜

煎、炒、烧篇

中华料理的烹调方式变化多端，
最基本的就属煎、炒、烧，
这也是中华料理中最常见的料理方式，
几乎所有食材都可以运用这三种方式料理，
而且方便又快速，
想要让香喷喷的家常菜快速上桌吗？
那就跟我们一起煎、炒、烧吧！

家常热炒，这样做最好吃！

妙招1 食材形状要一致

要让热炒的食材品质好，就要先从备料开始，将食材切成相同大小是第一步，如果形状不一，那么可能会因食材受热不均，而让完成的菜品，有过于生涩或熟透的现象。

妙招2 热炒肉类海鲜要事先处理

热炒的肉类或海鲜，为了让起锅后的口感美味，可以先用淀粉或是蛋清腌渍，过油后再炒，这样食材热炒后吃起来，就会呈现滑嫩的口感。不易熟的食材，可以先汆烫，而蔬菜在大火快炒前，记得加点水，就可以避免焦锅的状况产生。

妙招3 了解炒菜程序

热炒时可以先将葱、姜、蒜等辛香料先下锅爆香，产生香气后，再放入主要的食材，通常肉类切好后会先腌，而后过油至七分熟，再入锅快炒。蔬菜最好是多加一些油和水，先将辛香料爆香后，再放入以大火翻炒就可以了！

妙招4 善用辛香料与调味料

炒最主要的精神，就是利用大火结合热油，加上食材和调味料，借由产生的香气而突显美味。而辛香料与调味料，是让香气更美味的秘诀，通常葱、姜、蒜、辣椒、花椒，在油中爆炒后就会产生香气，但是火不能太大，以免变焦而产生苦味，而罗勒、韭菜、芹菜，则应在起锅前加入。调味料部分，酒、酱油、醋，是靠热力传导的，所以淋的时候，可由锅边淋入，以散发香味。

有了辛香料，家常热炒更美味！

▲ 葱

葱是非常普遍的辛香材料，所以在调味使用上也最为广泛，具有去腥、增香的作用。使用时可切葱段腌鱼或是一同烧煮，切末则常用于炒、炸等料理，或是撒上作为绿色的装饰。

▲ 姜

姜具有去腥和杀菌的作用，能降低肉类、海鲜腥味。有嫩姜、老姜之分，嫩姜色浅、肉嫩多汁，多切丝、切片用来炒菜，是处理牛肉等常用的配料，而老姜是很好的去腥材料，常用于腌鱼或是爆香，分量勿太多，否则会有过多的辛辣感。

▲ 蒜

炒菜时先将蒜下锅爆香，可使香气丰富、食欲大开。但要切片或是切碎末呢？若是料理本身材料很多样，最好搭配蒜末，因为可以与所有材料混合均匀，但材料偏少时，就用蒜片，或是拍打成蒜瓣的形式，在食用时还能吃到蒜的美味。

▲ 蒜苗

蒜苗底部呈水滴形，长成即为蒜，当蒜的茎叶还是绿色时，就是青蒜苗。青蒜苗虽有蒜香，却没有蒜的辛辣味，通常用来切丝、切段，铺撒在菜上，用其香气。

▲ 辣椒

辣椒有增香开胃之效，可以用来当辛香料使用外，也可用来当腌料或蘸酱、熬汤、烧烤等，用途相当广阔。主要为料理提供辣味，各种类各有不同的辣味可供选择，红色的辣椒除了可调味之外，还具有装饰的效果。

▲ 罗勒

罗勒具有开胃、镇静、杀菌等功效，因其强烈的香味，被用来广泛应用在海鲜料理之中。一般来说亚洲罗勒品种的气味较浓烈，适用于口味较重的料理，像是三杯鸡、炒蛤蜊等中式热炒菜肴中常用到。

001 三杯鸡

【材料】

鸡肉块………… 600克
姜片…………………30克
蒜……………………40克
红辣椒段…………20克
罗勒…………………25克
香油……………… 2大匙

【调味料】

酱油……………… 2大匙
米酒……………… 2大匙
细砂糖 …………1/2小匙

【做法】

1. 热锅，加入2大匙香油，放入姜片爆香，再放入蒜炒香至蒜微焦（见图1）。
2. 续放入红辣椒段和鸡肉块拌炒均匀（见图2、图3）。
3. 接着放入调味料拌炒，最后加入罗勒（见图4），将鸡肉块炒至均匀入味即可。

好吃秘诀

也可以用熟鸡肉来炒，但是炒的时间不宜过久，稍微拌炒一下就能起锅，省时又有好口感。

1

2

3

4

002 花雕鸡

材料

仿土鸡腿…………2只
蒜片………………10克
姜片………………30克
干辣椒……………5克
芹菜丝………… 200克
蒜苗段…………… 适量

调味料

辣豆瓣酱………1大匙
蚝油……………… 3大匙
花雕酒 ……… 200毫升

做法

1. 将仿土鸡腿洗净切块备用；热油锅，加入仿土鸡腿块，煸炒至表面微焦、略香即可。
2. 加入蒜片、姜片、干辣椒略炒香；再加入辣豆瓣酱及蚝油拌炒；最后加入适量花雕酒，盖上锅盖焖煮。
3. 取一砂锅，锅底铺上芹菜丝备用。
4. 待仿土鸡腿块汤汁收干、酱汁变浓稠，加入些许蒜苗略炒后起锅，盛入砂锅中，再撒上剩余蒜苗、淋上剩余花雕酒即可。

好吃秘诀

必须盖上锅盖，焖煮至汤汁收干，酱汁变得浓稠，且可以附着在仿土鸡腿块上，如此一来花雕鸡才会够香、够味。

003 辣味鸡腿

材料

去骨鸡腿肉 ···· 400克
红辣椒……………2根
蒜末………………1大匙

调味料

A 酱油…………1大匙
鸡蛋……………1个
绍兴酒………1大匙
淀粉………… 2大匙

B 酱油………1.5大匙
白醋…………1大匙
细砂糖………1大匙
米酒…………1大匙
水……………1大匙
番茄酱………1大匙
淀粉………1/2小匙

做法

1. 鸡腿肉洗净表面用刀背以网状方式敲打断筋、切块，放入碗中备用。
2. 鸡蛋打散，加入做法1的碗中，再依序加入酱油、绍兴酒抓拌均匀，再放入淀粉，抓拌至略感黏稠。（各分量可视情况增减）
3. 加入少许食用油拌匀，放入120℃低温油中，以大火炸至酥脆（用大火炸会外酥内软），捞起沥油。
4. 将调味料B的酱油、白醋、细砂糖、米酒、番茄酱、水混合拌匀，加入蒜末拌匀，再加入淀粉拌匀成酱汁备用。
5. 锅中热少许油，红辣椒切段后放入锅中爆炒至香味溢出、表面微焦，再放入鸡肉块，然后边淋入做法4的酱汁边拌炒均匀即可。

004 酱爆鸡丁

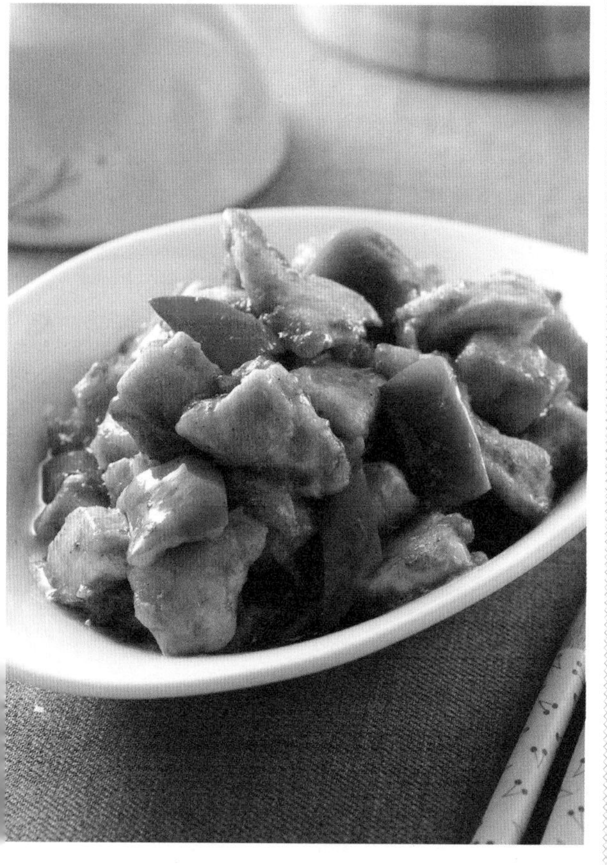

| 材料 |

鸡胸肉 ………… 200克
红辣椒 ……………… 1根
青椒 ………………… 60克
姜末 ………………… 10克
蒜末 ………………… 10克

| 调味料 |

A 淀粉 ………… 1小匙
　盐 ………… 1/8小匙
　蛋清 ………… 1大匙
B 沙茶酱 ………… 1大匙
　盐 ………… 1/4小匙
　米酒 ………… 1小匙
　细砂糖 ………… 1小匙
　水 ……………… 2大匙
C 水淀粉 ………… 1小匙
　香油 ………… 1小匙

| 做法 |

1. 鸡胸肉洗净切丁，加入调味料A抓匀，腌渍约2分钟备用。
2. 红辣椒洗净去籽切片；青椒洗净切成小片备用。
3. 取锅烧热，倒入约2大匙色拉油，加入鸡丁，以大火快炒约1分钟至八分熟，捞出备用。
4. 洗净锅，烧热后，倒入1大匙色拉油，以小火爆香蒜末、姜末、红辣椒片及青椒片，再加入沙茶酱、盐、米酒、细砂糖及水，拌炒均匀。
5. 接着加入鸡丁，以大火快炒5秒，再加入水淀粉勾芡，淋上香油即可。

好吃秘诀

鸡丁先腌，再入锅炒至半熟后盛起，等其他的酱料都炒好后，再加入半熟的鸡丁略翻炒，更能保持鸡丁的鲜嫩口感。

005 宫保鸡丁

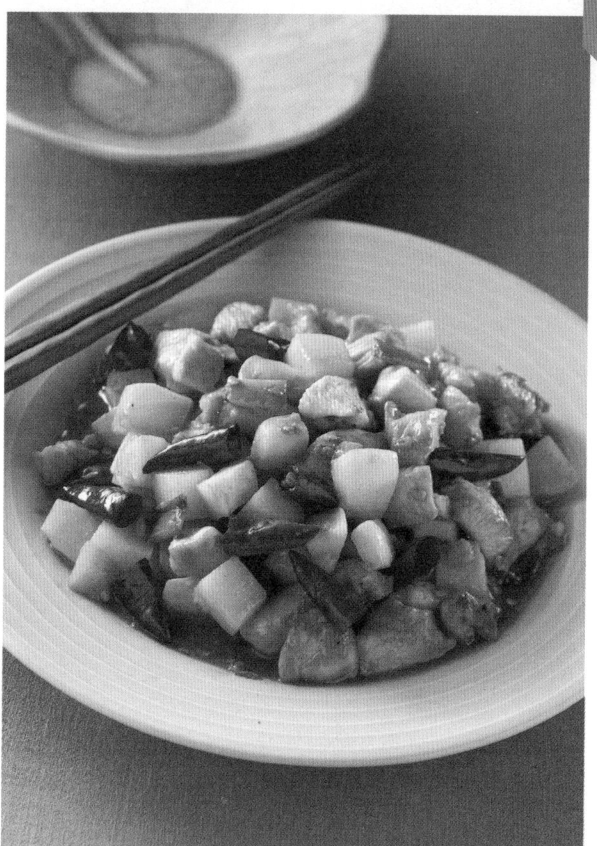

| 材料 |

鸡胸肉 ………… 150克
干辣椒段 ………… 5克
笋丁 ……………… 150克
姜末 ……………… 10克
蒜末 ……………… 15克
青椒片 ………… 少许

| 调味料 |

A 酱油 ………… 1大匙
　淀粉 ………… 1大匙
　米酒 ………… 1小匙
　蛋清 ………… 1大匙
B 白醋 ………… 1大匙
　酱油 ………… 1大匙
　水 ……………… 1大匙
　细砂糖 ………… 2小匙
　淀粉 ………… 1小匙
C 香油 ………… 1大匙

| 做法 |

1. 鸡胸肉洗净切小块；用调味料A抓匀腌渍约5分钟后加入1大匙色拉油拌匀；青椒洗净切小片；将调味料B调匀成兑汁，备用。
2. 热锅，倒入约200毫升的色拉油烧热至约120℃，将鸡胸肉块放入锅中，以中火拌开约30秒至八分熟后捞起沥干油备用。
3. 洗净锅，热锅倒入1大匙色拉油，以小火爆香干辣椒段、姜末、蒜末后放入竹笋丁、青椒片和鸡胸肉，以大火快炒约10秒后边炒边将兑汁淋入炒匀，再将香油倒入炒匀即可。

好吃秘诀

除了原先的鸡丁外，另外加入竹笋丁不仅对味，也能让整道菜多了竹笋丁的甜味，吃起来有不同的口感。

006 辣子鸡丁

材料

去骨鸡腿肉200克、小黄瓜50克、红辣椒末2克、蒜末2克

腌料

蛋液1/2大匙、淀粉1/4小匙、米酒1/4小匙

调味料

辣椒酱1/2大匙、米酒1大匙、酱油1/2小匙

做法

1. 去骨鸡腿肉洗净切小丁，加入所有腌料拌匀腌渍约20分钟，备用。
2. 小黄瓜洗净，去头尾，切滚刀块，备用。
3. 热锅，倒入少许色拉油，放入鸡丁以中火拌炒约八分熟后取出，备用。
4. 另起一锅，爆香红辣椒末和蒜末，加入所有调味料、鸡丁和小黄瓜块，以大火拌炒均匀即可。

007 苹果鸡丁

材料

苹果80克、鸡胸肉150克、红甜椒50克、葱段20克、姜末10克

调味料

A淀粉1小匙、盐1/8小匙、蛋清1大匙

B甜辣酱2大匙、米酒1小匙、水淀粉1小匙、香油1小匙

做法

1. 鸡胸肉洗净去皮切丁后，用调味料A抓匀，腌渍约2分钟；苹果去皮切丁；红甜椒切小片，备用。
2. 热锅，加入约2大匙色拉油，放入鸡丁大火快炒约1分钟，至八分熟即可捞出。
3. 另热一锅，加入1大匙色拉油，以小火爆香葱段、姜末及红甜椒片，再加入甜辣酱、米酒及鸡丁炒匀。
4. 最后再加入苹果丁，用大火快炒5秒后，加入水淀粉勾芡，淋上香油即可。

好吃秘诀

水果因容易软烂，所以不适合久煮，要等生鲜食材都煮熟，也调好味了，才能将水果放入锅中略拌炒。

008 豆角炒鸡丁

材料

豆角200克、鸡胸肉100克、胡萝卜60克、蒜末10克

腌料

盐少许、米酒1小匙、淀粉少许

调味料

盐1/4小匙、鸡粉少许、香油少许、白胡椒粉少许

做法

1. 豆角汆烫后切丁；胡萝卜去皮洗净、切丁后汆烫，备用。
2. 鸡胸肉洗净切丁，加入所有腌料腌10分钟备用。
3. 热锅，倒入适量的色拉油，放入蒜末爆香，再加入鸡丁炒至变白。
4. 加入胡萝卜丁、豆角及所有调味料炒匀即可。

豆角记得完整下锅汆烫再切丁，以免糖分流失；而胡萝卜因为比较耐煮，切丁后，再汆烫可以加快汆烫速度。

009 葱烧鸡腿肉

材料		调味料	
去骨鸡腿排	1只	酱油膏	1大匙
葱	2根	番茄酱	1小匙
洋葱	1/2个	盐	少许
蒜	3粒	黑胡椒粉	少许
红辣椒	1根	鸡粉	少许
小豆苗	适量	米酒	1小匙

做法

1. 将去骨鸡腿排洗净，再切成块状备用。
2. 将洋葱洗净切成小丁状；蒜、红辣椒和葱都洗净切成小片状，备用。
3. 锅烧热，加入1大匙色拉油，再加入去骨鸡腿块，以中火爆香。
4. 再加入做法2的所有材料与所有调味料，以中火翻炒均匀，再摆上洗净的小豆苗装饰即可。

好吃秘诀

葱烧料理要够味，除了葱要足够之外，在主食材下锅前记得先将葱爆香过，因为葱的香气经过高温才能够散发出来，而葱的辛辣味也会因为高温转变成甘甜的味道。

010 红烧鸡腿

材料

鸡腿5只、葱3支、红辣椒1根、香菇3朵、姜片5片、水300毫升

调味料

酱油2大匙、番茄酱1小匙、蚝油1大匙、米酒1大匙

做法

1. 将鸡腿洗净，从骨头和骨头之间切开，把鸡皮拉下于中间部分轻划一刀。
2. 取一锅，倒入适量的水（分量外）煮滚后，将鸡腿放入汆烫去血水，取出，再用冷水冲洗；葱洗净、切段；红辣椒洗净、切片；香菇用水泡至软再对切，备用。
3. 热油锅，将葱段、红辣椒片、姜片及香菇一起放入以中火爆香炒匀。
4. 锅中加入鸡腿，以中火炒香，再放入所有调味料一起拌炒。
5. 倒入水煮滚后，盖上锅盖以小火续煮约15分钟即可。

好吃秘诀

鸡腿肉质结实，肉的量多，适合红烧、卤或是油炸。如果怕鸡腿不易入味，则可事先在鸡肉的表面轻轻划上几刀，较易入味。

011 栗子烧鸡腿

材料

鸡腿……1只
蒜……10粒
葱……1支
红辣椒……1根
新鲜栗子……15颗

调味料

淡酱油……3大匙
味醂……2大匙
米酒……1大匙
冰糖……1/2小匙

做法

1. 鸡腿洗净、切块备用。
2. 蒜洗净去膜；葱洗净切段；红辣椒洗净去籽、切片，备用。
3. 将鸡腿块以滚水汆烫约30秒后，捞起用冷开水略冲洗，沥干水分备用。
4. 热一锅，加入2大匙色拉油，将蒜爆香，炒至上色后，再加入葱段、红辣椒片一起爆香，取出备用。
5. 重新加热锅，放入鸡腿块、已去壳的新鲜栗子，以大火炒约2分钟后，再加入做法4的材料及所有调味料，一起烧煮至略微收汁、入味即可。

012 焦糖鸡翅

材料

鸡翅……600克

调味料

盐……适量
细砂糖……25克
柠檬……适量

做法

1. 鸡翅洗净沥干，撒上适量的盐抹匀，备用。
2. 取锅，加入适量色拉油烧热，放入鸡翅煎至双面上色后取出备用。
3. 另取锅，加入适量色拉油烧热，加入细砂糖煮至呈焦糖色，放入鸡翅裹至外观呈焦糖色且略呈拔丝状后摆盘，再放上柠檬片装饰即可。

好吃秘诀

糖要炒成焦糖的时候，要抓准时间，时间过短没有香味，炒太久又会焦底产生苦味，所以要不断注意锅中的糖液开始大量起泡时就是最合适的时候。

013 洋葱烧鸡翅

材料

洋葱丝……100克
鸡翅……500克
葱段……15克

调味料

A 酱油……1/2大匙
　米酒……1大匙
B 酱油……3大匙
　盐……1/4小匙
　细砂糖……1/2小匙
　米酒……1大匙
　水……500毫升

做法

1. 将鸡翅洗净，加入调味料A腌渍10分钟。
2. 将鸡翅放入热油锅中炸至上色，捞出备用。
3. 热锅，加入2大匙色拉油，加入洋葱丝及葱段爆香，加入鸡翅及调味料B煮滚，以小火烧煮至软烂即可。

好吃秘诀

鸡翅的肉质有弹性，比鸡腿稍硬，又比鸡胸还软，想要炖到软烂其实不难。将腌渍过的鸡翅入锅炸至上色，可以锁住肉汁，并且炸出香气，再与洋葱一起以小火烧煮至软烂。当金黄酥脆的鸡皮吸收了洋葱的鲜甜，口感多汁又美味。

014 泡菜炒鸡肉片

材料

鸡胸肉 ………… 200克
葱段 ………………30克
洋葱丝 ……………40克
韩式泡菜 ……… 300克

腌料

盐 …………………… 少许
米酒 ………………1小匙
淀粉 ……………… 少许

调味料

细砂糖 …………… 少许
米酒 …………1/2小匙

做法

1. 鸡胸肉去皮洗净切片，加入所有腌料拌匀腌渍10分钟；韩式泡菜切小片，备用。
2. 起油锅，放入鸡胸肉片略为过油，捞出沥干油脂备用。
3. 起锅倒入少许色拉油，放入葱段和洋葱丝爆香，加入鸡胸肉片、泡菜以及所有调味料，拌炒均匀至鸡胸肉片熟透入味即可。

鸡肉想要好吃可以事先过油，因为经过油炸后可以锁住鸡肉的肉汁，不会在烹煮时变干，吃起来才会水嫩多汁。

015 蚝油鸡片炒香菇

材料

鲜香菇 …………100克
鸡胸肉 ……………30克
胡萝卜 ………………5克
甜豆荚 ………………2克
蒜片 ………… 1/4小匙

调味料

蚝油 …………1/2大匙
高汤 ……………… 2大匙
细砂糖 ……… 1/4小匙
香油 ………… 1/4小匙

做法

1. 鲜香菇洗净去蒂切片；鸡胸肉去皮洗净切片，备用。
2. 胡萝卜去皮洗净切片；甜豆荚去头尾粗丝后洗净，备用。
3. 热锅加入少许色拉油，放入蒜片爆香，加入鲜香菇片和胡萝卜片炒香，再加入所有调味料、鸡胸肉片以及甜豆荚，以大火拌炒均匀即可。

好吃秘诀

香菇是一种非常好的搭配食材，用干香菇可以增加料理的香味与鲜味，而利用鲜香菇则可增加料理的口感层次，而且香菇不易抢味，不管怎么搭都很适合。

016 芦笋鸡柳

| 材料 |

鸡肉条…………180克
芦笋……………150克
黄甜椒条……… 60克
蒜末………………10克
姜末………………10克
红辣椒丝…………10克

| 腌料 |

盐 ………………… 少许
淀粉……………… 少许
米酒……………1小匙

| 调味料 |

盐 …………… 1/4小匙
鸡粉……………… 少许
细砂糖 ………… 少许

| 做法 |

1. 芦笋洗净切段，汆烫后捞起备用。
2. 鸡肉条加入所有腌料拌匀备用。
3. 热锅，加入适量色拉油，放入蒜末、姜末、红辣椒丝爆香，再放入鸡肉条拌炒至颜色变白，接着放入芦笋段、黄甜椒条、所有调味料炒至入味即可。

好吃秘诀

食材切成差不多大小，烹调时间才会均匀一致，如果遇到比较不易熟的食材，像是芦笋，就能先汆烫过再放入一起炒，这样可以保持颜色翠绿，且更容易熟。

017 葱尾炒鸡柳

| 材料 |

鸡胸肉 ………… 200克
葱尾……………100克
红辣椒 …………10克
蒜 ………………10克

| 腌料 |

酱油……………… 少许
米酒……………1小匙
淀粉……………… 少许

| 调味料 |

盐 …………… 1/4小匙
细砂糖 ………… 少许
酱油……………… 少许
米酒……………1大匙

| 做法 |

1. 红辣椒洗净切片；蒜切末，备用。
2. 鸡胸肉去皮，洗净切条状，与腌料拌匀腌约15分钟，再放入油锅中，稍微过油后捞出备用。
3. 热锅，加入1大匙色拉油、蒜末和红辣椒片爆香，再放入葱尾拌炒，接着放入鸡胸肉和所有调味料，均匀拌炒至入味即可。

好吃秘诀

葱尾因为较干没有水分，所以许多人会将葱尾舍弃不用，其实葱尾洗净后，拿来煎炒香气很足，反而能够增添整道菜的风味。

018 豆芽炒鸡丝

| 材料 |

鸡胸肉 …………100克
绿豆芽 ………… 200克
红甜椒丝…………15克
黄甜椒丝…………15克
蒜末………………10克

| 调味料 |

盐 …………… 1/4小匙
鸡粉………… 1/4小匙
白胡椒粉……… 少许
香油……………… 少许

| 做法 |

1. 绿豆芽洗净去头尾，放入沸水中汆烫，再捞起泡入冰水中；鸡胸肉去皮，洗净烫熟后再剥成丝，备用。
2. 热锅，加入2大匙色拉油，放入蒜末爆香后放入红甜椒丝、黄甜椒丝和绿豆芽拌炒均匀。
3. 续放入鸡丝、调味料略炒，放入少许水淀粉（材料外）拌匀，最后加入少许香油即可。

好吃秘诀

在做这道料理时，可以将鸡胸肉剥成鸡丝再炒，剥成鸡丝的鸡胸肉吃起来没那么干涩，搭配蔬菜一起炒或凉拌都很适合。

019 照烧鸡

| 材料 |

鸡肉…………… 600克
青椒………………30克
红甜椒 ……………30克

| 调味料 |

酱油…………… 3大匙
米酒…………… 3大匙
味醂…………… 3大匙
细砂糖 …………1小匙

| 做法 |

1. 青椒、红甜椒洗净后去籽、切片，备用；鸡肉洗净烫熟后切块，备用。
2. 热锅，加入2大匙色拉油，放入青椒片、红甜椒片略炒一下后盛出备用。
3. 原锅放入鸡肉块和调味料拌匀，烧至鸡肉块入味且汤汁微干，再放入青椒片、红甜椒片拌炒均匀即可。

好吃秘诀

煮鸡的汤汁别倒掉，这是鲜美的鸡汤，可以拿来煮汤做菜，美味又省钱。鸡肉煮熟后立刻放入冰水中，可以让肉质紧缩有弹性，口感更好，再料理一样美味不变！

020 香芒柠檬鸡

材料

鸡腿……1只
芒果……1/2个
酸奶……适量
柠檬果肉碎……少许
柠檬皮……少许

调味料

盐……1/4小匙
米酒……1/2大匙
柠檬汁……2大匙

做法

1. 鸡腿洗净、去骨、沥干，放入大碗中。
2. 在碗中加入米酒、盐、柠檬汁、柠檬果肉碎与柠檬皮一起拌匀，腌约30分钟。
3. 芒果削皮、切小丁，加少许酸奶拌匀备用。
4. 取一平底锅烧热后，把鸡腿取出，皮朝下煎至出油、呈金黄色，再翻面煎熟至上色，取出切块摆盘，淋上酸奶芒果丁即可。

好吃秘诀

利用柠檬汁腌渍，效果最好，除肉质快速软化，肉中的柠檬汁在烹煮时，味道仍能保留，尝起来味道清爽，也有去油腻的功能。夏天的芒果非常香甜，再搭配上酸奶蘸酱，好吃到没话说！

021 洋葱煎鸡腿排

材料

去骨鸡腿肉……1只
蒜末……5克
洋葱片……40克
百里香……1克

调味料

A 黑胡椒粉……1/4小匙
盐……1/4小匙
B 番茄酱……3大匙
细砂糖……2小匙
米酒……2小匙
水……4大匙

做法

1. 取一容器，加入百里香及调味料A混合拌匀，放入去骨鸡腿肉抓匀后，腌渍约20分钟备用。
2. 取平底锅烧至温热，放入腌渍好的去骨鸡腿肉，以小火干煎约5分钟，表面呈现金黄色时即可翻面，续煎约4分钟后取出盛盘。
3. 锅底留少许油，放入蒜末及洋葱片以小火爆香，再加入番茄酱略炒香，加入细砂糖、米酒及水，以小火煮沸约30秒呈黏稠状，再将酱汁淋至鸡腿排上即可。

鸡腿排的肉质较厚，下锅油煎前，可在腿排内侧交叉划刀，以切断筋膜。如此一来就能使鸡腿排快速熟透，也比较不会在煮熟后过度收缩。

022 黑椒牛柳

材料

牛腿肉……300克
洋葱……1/2个
蒜……2粒
姜片……2片

腌料

盐……1/8小匙
细砂糖……1/8小匙
米酒……1大匙
水……1/4杯

调味料

黑椒酱……1/4杯
水……2大匙

做法

1. 牛腿肉洗净切条，加入腌料抓匀，腌约20分钟备用。
2. 蒜切片；洋葱洗净切条；姜片切小片，备用。
3. 起锅，倒入1杯色拉油，冷油下牛肉条过油至变色，立即捞起沥油备用。
4. 锅中留少许油，爆香姜片、蒜片及洋葱片，加入所有调味料煮至沸腾后，加入牛肉条，拌炒至收汁即可。

黑椒酱

材料：奶油3大匙、酱油1/4杯、梅林辣酱油1/2杯、黑胡椒3大匙、细砂糖2大匙、盐2小匙、水1杯

做法：所有材料混合均匀，煮至沸腾即可。

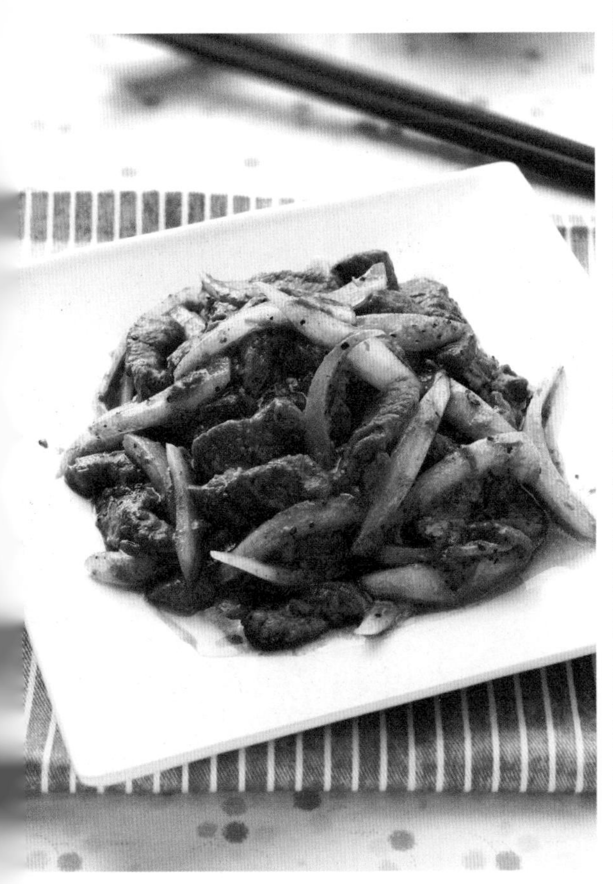

023 葱爆牛肉

材料

牛肉……200克
葱……2根
蒜……2粒
红辣椒……1根

腌料

淀粉……1大匙
酱油……1大匙
香油……1小匙
细砂糖……1/2小匙

调味料

酱油……1大匙
香油……1小匙
细砂糖……1小匙
白胡椒粉……1小匙
沙茶酱……1小匙
水……3大匙

做法

1. 将牛肉以逆纹方式切长条状，加入所有腌料腌约10分钟，再将腌好的牛肉条以约80℃的温油过油一下，捞起备用。
2. 将葱洗净，切段状；红辣椒和蒜洗净，切片状备用。
3. 起一个炒锅，将做法2的所有材料先爆香，加入所有调味料和牛肉一起以大火翻炒均匀即可。

好吃秘诀

切牛肉时要以肉的横纹来切，就是所谓的逆纹切，这样原先顺着排列的纤维会被切断，烹调时也不会因高温而让肉质紧缩。切好的牛肉先以淀粉、酱油和香油腌过后，再过油，这样口感会变得很嫩。

024 甜椒牛肉

材料

牛霜降肉片………1盒
青椒………………1/2个
黄甜椒…………1/2个
红甜椒…………1/2个
葱……………………1根
姜…………………少许

调味料

蚝油…………1.5大匙
米酒……………1小匙
细砂糖…………1小匙
水………………3大匙
淀粉……………少许
香油……………少许

腌料

葱……………………1根
姜片………………2片
酒水……………1大匙
胡椒粉…………少许
酱油……………1大匙
蛋清……………1小匙
淀粉……………少许

做法

1. 牛霜降肉片切小片；其余材料洗净切小片；所有调味料（香油除外）拌匀，备用。
2. 将牛肉片加入所有腌料腌约10分钟后，过油备用。
3. 热锅，倒入1大匙色拉油烧热，放入葱片、姜片爆香后，放入牛肉片与椒片拌炒，再加入拌匀的调味料炒匀，起锅前淋上香油即可。

025 沙茶牛肉

材料

牛肉……………150克
芥蓝……………200克
蒜末………………20克

调味料

A 淀粉…………1小匙
酱油…………2小匙
沙茶酱………2大匙
细砂糖……1/2小匙
米酒…………1小匙
水……………1大匙
B 香油…………1小匙

做法

1. 牛肉洗净切片，放入碗中，加入调味料A拌匀备用。
2. 芥蓝洗净沥干，切小段备用。
3. 热锅，倒入约2大匙色拉油烧热，放入牛肉片以中火快炒至牛肉松散，加入蒜末续炒至散出香味，加入芥蓝炒约1分钟至熟，最后淋入香油即可。

好吃秘诀

肉片料理大多都会先腌过，而且在所有材料下锅之后还会再经过一次调味，其实可以在腌肉的时候就将所有调味料一起加进去，下锅的时候连腌肉片的酱汁一起下，如此不但可以省掉另一次调味的步骤，同时也可以让肉片更入味。

026 蚝油牛肉

材料

牛肉180克、鲜香菇50克、葱段少许、姜片8克、红辣椒片少许

调味料

A 嫩肉粉1/8小匙、小苏打1/8小匙、水1大匙、淀粉1小匙、酱油1小匙、蛋清1大匙
B 色拉油1大匙、蚝油1大匙、酱油1小匙、水1大匙、水淀粉1小匙、香油1小匙

做法

1. 牛肉洗净切片以调味料A抓匀,腌渍约20分钟后加入1大匙色拉油抓匀；鲜香菇汆烫冲凉，沥干切片，备用。
2. 热锅，倒入200毫升色拉油，大火将油温烧热至约100℃后放入牛肉片，快速拌开至牛肉表面变白即捞出。
3. 将油倒出，于锅底留少许油，以小火爆香姜片、葱段、红辣椒片后，放入鲜香菇片、蚝油、酱油及水炒匀，再加入牛肉片，以大火快炒约10秒后加入水淀粉勾芡炒匀，最后洒入香油即可。

好吃秘诀

蚝油牛肉是许多人上餐馆必点的一道家常菜，想要用少少成本做出这道料理，可以选择用牛臀腿肉，不仅价格较便宜，切成片后先腌渍再用来炒，可以使肉质更滑嫩，口感不会太差。

027 芥蓝牛肉

材料

芥蓝200克、牛肉180克、鲜香菇片50克、葱段20克、姜末10克、姜片8克、红辣椒片10克

调味料

A 嫩肉粉1/8小匙、水1大匙、淀粉1小匙、酱油1小匙、蛋清1大匙
B 蚝油1大匙、酱油1小匙、水1大匙、水淀粉1小匙、香油1小匙

做法

1. 牛肉洗净切片后以调味料A抓匀，腌渍约20分钟后加入1大匙色拉油抓匀；芥蓝洗净挑出嫩叶，再将较老的菜梗剥去粗丝后切小段，备用。
2. 热锅，倒入约200毫升的色拉油，以大火烧热油温至约100℃，放入牛肉片后快速拌开至牛肉片表面变白即捞出。
3. 锅底留少许油，放入姜末及芥蓝，加入2大匙水及1/4小匙盐（材料外），炒至芥蓝菜软化且取出沥干，排放至盘中垫底。
4. 锅洗净，加入少许色拉油，以小火爆香葱段、姜片、红辣椒片后放入鲜香菇片、蚝油、酱油及水炒匀，加入牛肉片以大火快炒约10秒，再加入水淀粉勾芡拌匀后洒入香油，放至芥蓝上即可。

028 芦笋牛肉

材料

牛肉片…………100克
芦笋……………100克
胡萝卜…………80克
姜丝……………20克

调味料

A 淀粉…………1小匙
嫩肉粉…… 1/6小匙
酱油…………1大匙
米酒…………1小匙
蛋清…………1大匙
B 味噌酱……… 2小匙
细砂糖………1小匙
米酒…………1大匙
水……………1大匙

做法

1. 牛肉片用调味料A抓匀，腌渍约5分钟；芦笋洗净切小段；胡萝卜去皮切长条，备用。
2. 热锅，加入约2大匙色拉油，放入腌渍好的牛肉片大火快炒约30秒至表面变白，捞起沥油。
3. 锅中留少许油，放入姜丝以小火爆香，再加入芦笋段、胡萝卜条及调味料B，用小火煮约1分钟后，再放入牛肉片快速翻炒约30秒即可。

029 滑蛋牛肉

材料

牛肉片…………150克
鸡蛋……………3个
葱………………1根

腌料

酱油……………1小匙
米酒……………1小匙
蛋清……………1小匙
淀粉……………1小匙
香油…………1/2小匙

调味料

盐……………1/2小匙
米酒……………1小匙
高汤……………2大匙

做法

1. 将牛肉片以腌料腌约10分钟后，放入热油锅中过油，捞出放凉备用。
2. 鸡蛋打散入碗中，加入所有调味料拌匀。
3. 葱洗净切花后放入做法2的碗中，再放入牛肉片拌匀备用。
4. 取一锅，倒入约1/2碗色拉油烧热，放入做法3的材料搅拌数下后随即熄火，再继续搅拌至蛋熟，捞出即可。

好吃秘诀

如果选择的牛肉是油脂含量较高的胸、腹部位，不需要特别腌渍，只要注意不要烹煮过久而使牛肉口感过老即可。

030 干丝牛肉

材料

宽干丝…………100克
牛肉………………80克
姜丝………………30克
红辣椒丝…………30克
葱丝………………30克

调味料

A 淀粉…………1小匙
酱油…………1小匙
蛋清…………1大匙
色拉油………适量
B 酱油…………3大匙
细砂糖………1大匙
水……………5大匙
香油…………1小匙

做法

1. 牛肉加入调味料A的淀粉及酱油拌匀，再加入蛋清搅拌，最后加入色拉油，腌渍备用。
2. 热油锅，加入牛肉炒开，待表面变白后，起锅沥油备用。
3. 原锅中加入姜丝及红辣椒丝拌炒；加入干丝及酱油；再加入细砂糖及水，烧至酱汁快干；最后加入牛肉及葱丝，炒至酱汁收干，淋入香油即可。

豆制品比较难入味，烹煮时务必让汤汁收干，如此一来味道才会够浓。

031 牛肉炒牛蒡

材料

牛肉片……………1盒
牛蒡……………1/2条
红辣椒……………1根
蒜…………………1粒

腌料

酱油…………1.5小匙
细砂糖………1/2小匙
米酒……………1小匙
淀粉……………1大匙

调味料

水………………1/2杯
酱油…………1.5大匙
细砂糖…………1大匙
味醂……………2大匙

做法

1. 牛肉片以所有腌料腌约10分钟后，放入热油锅中过油、捞起备用。
2. 牛蒡以刀背刮去皮、切丝；红辣椒洗净切丝；蒜洗净切末，备用。
3. 热锅，倒入1.5大匙色拉油烧热，放入蒜末爆香后，放入牛蒡丝略炒，再加入所有调味料煮沸，最后放入牛肉片、红辣椒丝炒至汤汁收干即可。

好吃秘诀

腌渍牛肉时加入油，可以防止牛肉下锅后粘成一团，红辣椒如果已去籽，不会辣，可以为料理配色。

032 牛肉粉丝

材料

粉丝2捆、牛肉片80克、鲜香菇40克、葱丝10克、姜末5克、蒜末5克、蒜苗片20克、芹菜末5克、红辣椒丝5克

调味料

A 淀粉1小匙、嫩肉粉1/6小匙、酱油1大匙、米酒1小匙、蛋清1大匙

B 沙茶酱2大匙、蚝油1大匙、鸡高汤150毫升、细砂糖1/2小匙、香油1小匙

做法

1. 粉丝泡水约20分钟至完全变软后，切成约6厘米的长段；鲜香菇洗净切片；牛肉片用调味料A抓匀，腌渍5分钟，备用。
2. 热锅，倒入2大匙色拉油，放入牛肉片大火快炒约30秒，至表面变白捞出备用。
3. 锅中留少许油，放入鲜香菇片、葱丝、姜末、蒜苗片及蒜末以小火爆香，再加入沙茶酱略炒香后；加入蚝油、鸡高汤、细砂糖及粉丝段煮至滚沸后，放入牛肉片，以中火拌炒约1分钟至汤汁略收干。
4. 再加入芹菜末、红辣椒丝和香油炒匀即可。

好吃秘诀

粉丝料理前可先放入水中浸泡至软，拌炒料理时才容易吸附汤汁又入味，更可加速烹调的时间。

033 甜椒牛小排

材料

牛小排…………150克
红甜椒…………20克
黄甜椒…………20克
蒜片…………少许

调味料

黑胡椒酱…………2大匙
水…………300毫升

做法

1. 红甜椒、黄甜椒洗净切碎炒香，与所有调味料炒匀即为甜椒黑胡椒酱。
2. 热锅，放入蒜片，将牛小排放入以中大火煎约2分钟翻面，续煎2~3分钟至八分熟时起锅排盘，淋上甜椒黑胡椒酱即可。

只用市售的方便酱感觉太单调，其实只要简单加点料炒匀，又是一个新口味了，菜色变化就是这么简单！

034 辣炒羊肉空心菜

材料

空心菜………… 250克
羊肉片…………100克
姜末………………10克
蒜末………………10克
辣椒片……………10克

调味料

红辣椒酱………1大匙
米酒……………1大匙
鸡粉……………… 少许
盐………………… 少许

做法

1. 空心菜洗净切段备用。
2. 热锅，倒入适量的色拉油，放入姜末、蒜末、红辣椒片爆香，再加入羊肉片炒至变色，加入辣椒酱炒均匀，取出羊肉片备用。
3. 锅中先加入空心菜梗炒至颜色变翠绿，再加入空心菜叶、羊肉片炒匀，再加入所有调味料拌炒入味即可。

035 沙茶羊肉

材料

羊肉片200克、油菜100克、蒜1粒、红辣椒1根、葱1根

腌料

酱油1小匙、沙茶酱少许、米酒1大匙、淀粉1小匙

调味料

沙茶酱2大匙、酱油1小匙、盐少许、细砂糖少许

做法

1. 羊肉片用所有腌料腌约10分钟后，放入热油锅中过油、捞起备用。
2. 蒜洗净切末、红辣椒洗净切片、葱洗净切花；油菜洗净切段，备用。
3. 热锅，倒入1大匙的色拉油烧热，放入蒜末、红辣椒片、葱花爆香，再放入沙茶酱炒香，续加入油菜段及其余调味料炒匀，最后加入羊肉片炒匀即可。

036 羊肉炒茄子

材料

圆茄350克、羊肉片100克、姜末10克、蒜末10克、红辣椒片10克、罗勒适量

调味料

细砂糖1/4小匙、水2大匙、鱼露1大匙、鸡粉少许、米酒1/2大匙、辣椒酱1大匙

做法

1. 圆茄洗净后切圆片，热油锅，倒入较多的色拉油，待油温热至160℃，放入茄子片炸至微软，取出沥油备用。
2. 锅中留少许油，放入蒜末、姜末及红辣椒片爆香，再放入羊肉片炒至变色。
3. 加入茄片、罗勒与所有调味料拌炒入味即可。

鱼露有分两种，一种是南洋风味的，一种是韩式风味的，这道菜比较适合使用南洋风味鱼露，整道菜就有南洋味了，不过记得鱼露非常咸，可以不要再加盐。

037 八宝肉酱

材料

豆干丁……80克
猪肉泥……50克
榨菜丁……50克
毛豆……50克
胡萝卜丁……50克
香菇丁……30克
虾米……20克
蒜末……10克
高汤……少许

调味料

辣豆瓣酱……1大匙
甜面酱……1大匙
米酒……1大匙
细砂糖……2小匙
水淀粉……2小匙
香油……1小匙

做法

1. 将榨菜丁、虾米、毛豆、胡萝卜丁一起放入滚水中汆烫，捞出冲凉后沥干备用。
2. 热锅，倒入少许色拉油烧热，放入猪肉泥、香菇丁、豆干丁及蒜末以中火炒散，加入辣豆瓣酱及甜面酱继续炒出香味，再加入高汤及做法1的材料翻炒均匀。
3. 加入细砂糖、米酒调味，以水淀粉勾薄芡并淋上香油即可。

好吃秘诀

要快又要有好味道其实有很多方法，例如调味时就不能少了传统酱料的帮忙，这些酱料都经过长时间的精心酿造与调配，只要新鲜材料加上一点辣豆瓣酱、甜面酱，随手都能做出味道层次丰富的好料理。

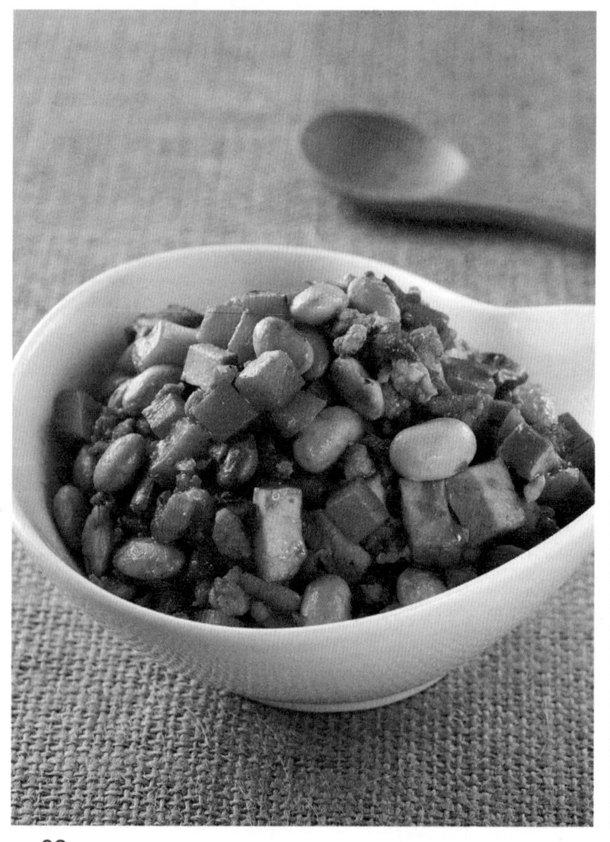

038 苍蝇头

材料

韭菜花……200克
猪肉泥……100克
豆豉……50克
红辣椒片……30克
蒜末……30克

调味料

酱油……1小匙
盐……1/2小匙
细砂糖……1小匙
香菇粉……1小匙
米酒……1大匙
胡椒粉……1/2小匙
水……60毫升
香油……适量

做法

1. 韭菜花洗净，切粒备用。
2. 热油锅，以小火爆香豆豉、蒜末及红辣椒片，再放入猪肉泥与韭菜花粒拌炒均匀。
3. 加入所有调味料，以大火炒至收汁即可。

好吃秘诀

“苍蝇头”这道川菜乍听之下，常让初次听闻的人有点害怕，其实菜名的由来是由于食材中使用了豆豉、韭菜花丁、红辣椒以及肉末一同拌炒，因为外观很像苍蝇头般，所以被称为“苍蝇头”。虽然名称不甚雅致，但是香味四溢，口感丰富，是一道集香、咸、辣为一体的佐饭良品。

040 泡菜炒肉片

材料

猪肉片………… 200克
泡菜……………150克
洋葱丝 …………20克
葱段………………15克
韭菜段 …………15克

调味料

细砂糖 ……… 1/4小匙
盐 ………………… 少许
鸡粉……………… 少许
米酒…………1/2大匙

做法

1. 热锅，加入2大匙色拉油，爆香葱段、洋葱丝，再放入猪肉片炒至颜色变白。
2. 再放入泡菜拌炒，接着放入韭菜段、所有调味料炒至入味即可。

好吃秘诀

利用泡菜当调味，简单快炒就香气十足。要注意的是，不同品牌的泡菜口感不一，有的偏咸，有的偏酸或偏辣，因此炒完要调味时，要依口感增减调味分量，才能最符合自己的口味喔！

039 豆干回锅肉

材料

猪五花肉（熟）300克
豆干…………… 300克
蒜末………………10克
葱段………………50克
红辣椒片…………10克

调味料

酱油………………1大匙
酱油膏 ………1/2大匙
盐 ………………… 少许
细砂糖 ………1/2小匙
白胡椒粉………… 少许

做法

1. 熟五花肉切片；葱段洗净分葱白及葱绿，备用。
2. 热锅加入2大匙色拉油，放入肉片炒1分钟，再放入蒜末、葱白和豆干炒香。
3. 锅中放入所有调味料拌炒入味，再放入红辣椒片和葱绿拌炒均匀即可。

好吃秘诀

在做回锅肉时，先将熟猪五花肉入锅炒，逼出大部分猪油，吃起来才会香脆不腻。炒的时候火不需要太大，慢慢炒到表面有点焦黄就可以关火。

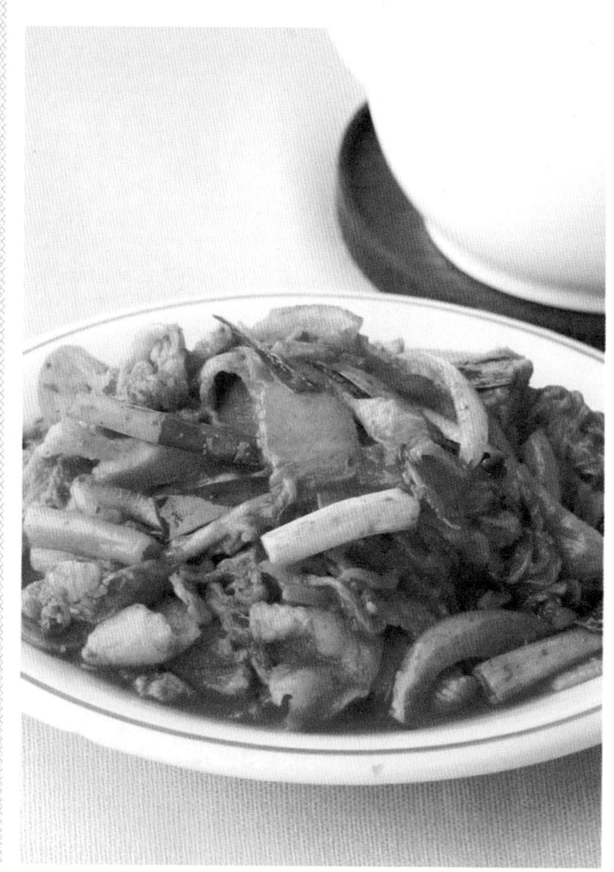

041 酸白菜炒肉片

材料

酸白菜片……250克
五花肉……250克
蒜片……10克
红辣椒片……10克
葱段……15克

调味料

盐……少许
酱油……1小匙
细砂糖……1/4小匙
鸡粉……1/4小匙
乌醋……1/2大匙

做法

1. 酸白菜片略洗一下马上捞出；猪五花肉汆熟切片，备用。
2. 热锅，倒入2大匙色拉油，放入蒜片、葱段、红辣椒片爆香，再放入熟的五花肉片拌炒。
3. 锅中续放入酸白菜片略炒，再放入所有调味料拌炒均匀即可。

好吃秘诀

酸白菜的酸味可以让肉片更鲜嫩，同时让肉片带有淡淡的酸香味，熟了的酸白菜也不需要花长时间烹煮，只要事先洗掉过多的酸味即可，又不需担心蔬菜的保存期限较短，非常方便。

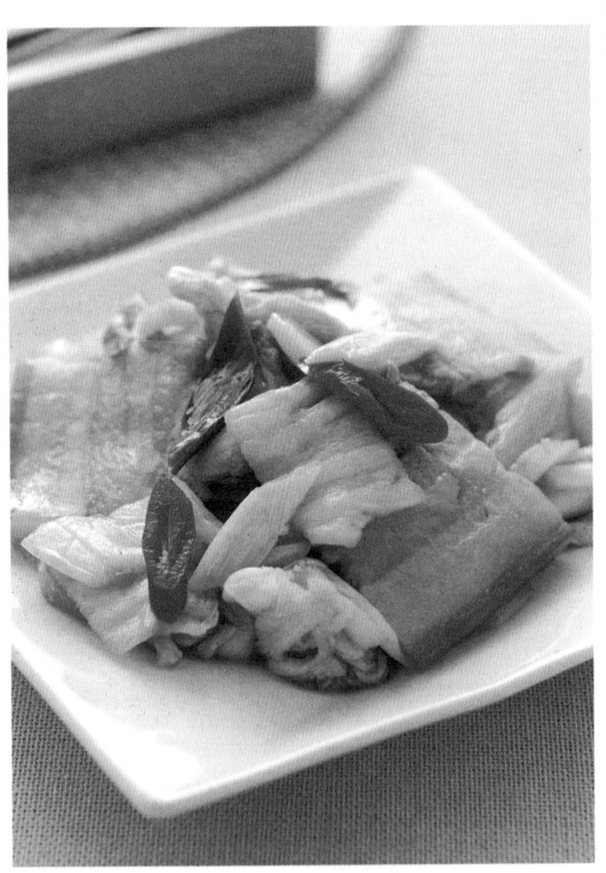

042 酸菜炒五花肉

材料

猪五花肉……200克
酸菜……300克
蒜片……10克
红辣椒片……15克

调味料

盐……1/2小匙
酱油……1/2匙
细砂糖……1/2小匙
米酒……1大匙
胡椒粉……少许
乌醋……1小匙

做法

1. 猪五花肉洗净切片；酸菜略为冲洗后切小段，备用。
2. 热锅倒入2大匙色拉油，放入猪五花肉片炒至油亮，加入蒜片和红辣椒片爆香。
3. 锅中放入酸菜段拌炒均匀，加入所有调味料翻炒至入味即可。

酸菜盐分较高而且制作后不一定有清洗过，因此烹煮料理前要先用水洗去酸菜多余的盐分和杂质，避免炒出来的菜品过咸或者有杂质。

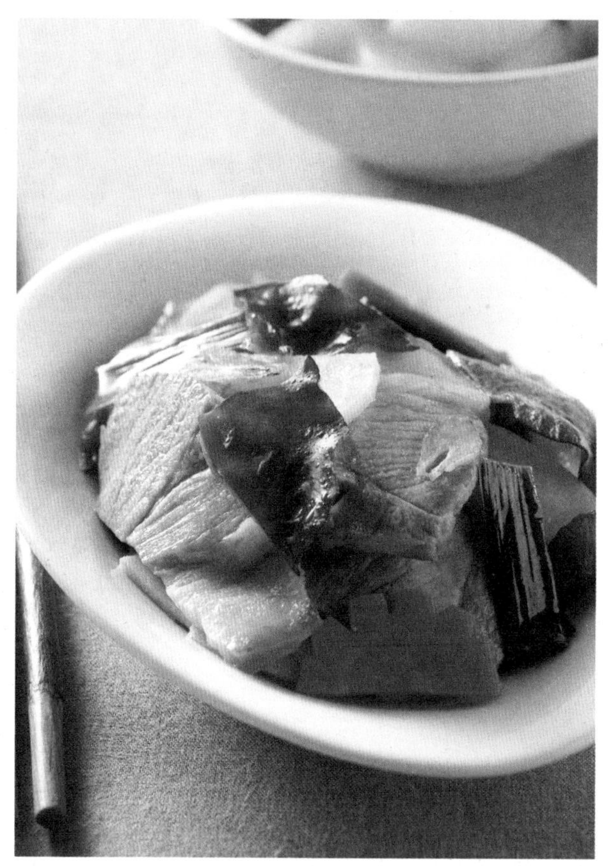

043 蒜尾炒肉片

材料

蒜尾……………200克
猪肉片…………200克
沙拉笋片…………30克
胡萝卜片…………30克
黑木耳片…………30克
蒜片………………10克

调味料

蚝油………………1小匙
盐………………1/4小匙
细砂糖…………1/2小匙
米酒……………1/2小匙
鸡粉……………1/2小匙

做法

1. 热锅，加入2大匙色拉油，再放入猪肉片，炒至猪肉片变白后取出，备用。
2. 原锅，加入2大匙色拉油，放入蒜末爆香，再加入胡萝卜片、黑木耳片和沙拉笋片拌炒，接着放入蒜尾和猪肉片和调味料，炒至所有材料均匀入味即可。

好吃秘诀

和葱尾一样，蒜尾也是因为容易失去水分而常被舍弃不用，其实蒜尾和肉类及海鲜的味道很搭，只要洗干净，一样可以用来搭配各种肉类料理，尤其是用来炒或煮汤，不怕吃起来的口感不好。

044 椒盐猪颈肉

材料

猪颈肉…………150克
黄甜椒…………1/4个
红甜椒…………1/4个
口蘑………………5颗
蒜片………………5克
红辣椒片…………少许

调味料

A 盐………………少许
黑胡椒…………少许
B 盐………………少许
白胡椒…………少许

做法

1. 猪颈肉洗净用调味料A腌渍约10分钟；甜椒洗净切片，备用。
2. 热锅，倒入少许色拉油，将猪颈肉放入锅中，以中火煎至两面上色至熟，取出备用。
3. 锅中再倒入少许色拉油，放入蒜片、红辣椒片爆香，加入口蘑、黄甜椒、红甜椒片炒匀，加入调味料B拌匀，起锅备用。
4. 将煎好的猪颈肉切片放入盘中，旁边再放入做法3的炒料即可。

想做点盘饰甜椒这类颜色鲜艳的食材相当好搭配，但是盘饰通常用得不多，剩下的部分记得要彻底利用，搭配其他食材，就可以做出不同的美味。

045 香煎味噌猪排

材料

猪里脊肉排 ···· 200克
蒜泥······················5克
姜泥······················5克
熟白芝麻··········· 少许

调味料

味噌酱 ·············1小匙
酱油·················1大匙
米酒·················1大匙
细砂糖 ·············1小匙

做法

1. 猪里脊肉排洗净，切成厚约0.4厘米的肉片，再用刀尖在猪里脊肉排的筋上划上数刀。
2. 取一容器，放入蒜泥、姜泥及所有调味料拌匀。
3. 于容器中，放入猪里脊肉排抓匀后，盖上保鲜膜腌渍约20分钟，备用。
4. 热平底锅，加入少许色拉油，将腌好的猪里脊肉排放入以小火煎约3分钟至两面焦香上色，再撒上熟白芝麻即可。

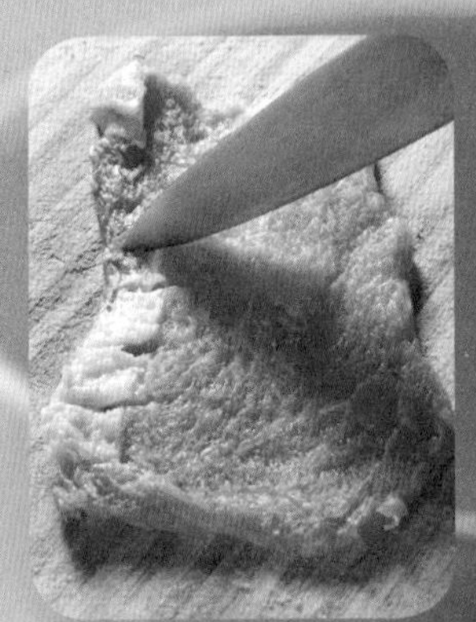

好吃秘诀

猪排腌渍大约30分钟即可，因为腌渍时间太久，肉不会比较入味，反而肉质本身的鲜甜味会被味噌酱盖过。

046 葱爆五花肉

材料

猪五花肉……300克
红辣椒……15克
葱段……100克

调味料

酱油……2大匙
细砂糖……1小匙
盐……少许
米酒……1大匙

做法

1. 先将猪五花肉洗净，烫熟后切条；红辣椒洗净后切丝；葱段分葱白与葱绿，备用。
2. 热锅，加入2大匙色拉油，放入猪五花肉条炒至油亮后取出备用。
3. 原锅放入葱白爆香后加入红辣椒片、葱绿和五花肉条拌炒，再加入调味料拌炒均匀即可。

好吃秘诀

五花肉要先下锅炒香，逼出油分后才会好吃。而且记得炒香后要先盛起，因为肉炒太久容易太硬，只要最后起锅前再将肉入锅，让葱的香气和五花肉结合，吃起来就不容易腻。

047 蒜苗炒腊肉

材料

腊肉片……200克
蒜苗片……80克
红辣椒片……10克

调味料

米酒……1/2大匙
细砂糖……1/2小匙
酱油……1/2小匙

做法

1. 热锅，倒入1大匙色拉油，放入腊肉片炒香至油亮。
2. 锅中加入红辣椒片、蒜苗片快炒，再加入所有调味料拌炒均匀至入味即可。

腊肉是熟的食材，用来作为材料调理时，目的是要烹调出腊肉特有的香气与口感，所以要先单炒腊肉，以半煎半炒的方式可以更快逼出香气，接下来就只要加入其他材料拌炒均匀即可。

048 糖醋里脊

材料

猪里脊肉250克、青椒50克、洋葱50克、西红柿20克、水淀粉适量

调味料

A 淀粉1小匙、米酒1/2小匙、盐1/8小匙、蛋液1大匙

B 番茄酱2大匙、白醋2大匙、细砂糖3大匙、水2大匙、水淀粉1大匙、香油1小匙

做法

1. 猪里脊肉洗净，切成约2厘米见方的小块，加入调味料A拌匀，腌渍约5分钟备用。
2. 青椒、洋葱及西红柿洗净沥干，切小块备用。
3. 将里脊肉均匀沾裹上淀粉，并用手捏紧一下，以防止淀粉脱落。
4. 取锅烧热，倒约2碗色拉油，油热后放入里脊肉，以中小火炸约5分钟至熟，捞起沥油备用。
5. 另取锅加热，倒入少许油，加入青椒块、洋葱块及西红柿块，倒入番茄酱、白醋、细砂糖和水煮滚后，加入水淀粉勾芡，再放入里脊肉拌炒均匀，淋上香油即可。

先炒好糖醋酱汁先勾芡，否则炸过的里脊肉在未勾芡的酱汁中拌炒，表面的淀粉会因吸附水分而变得软糊。

049 酸甜三彩肉

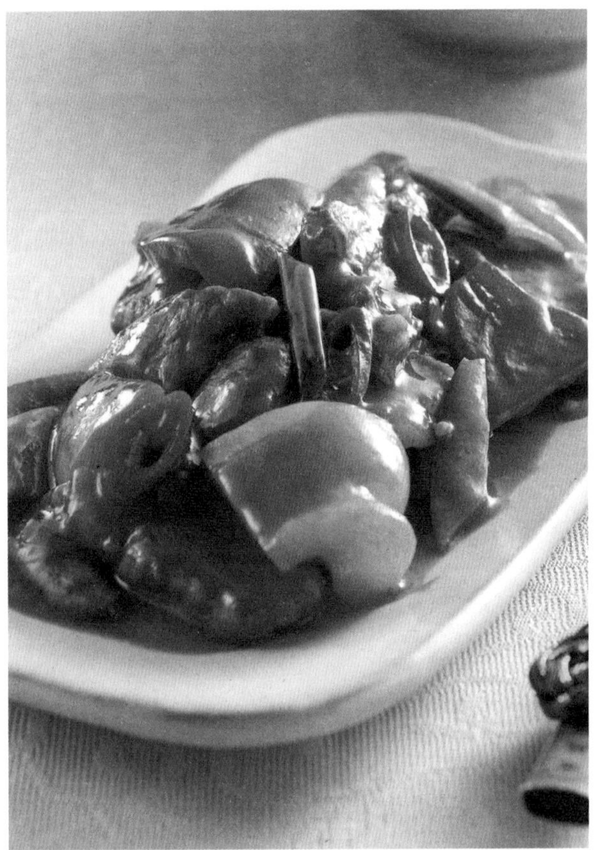

材料

黄甜椒1/3个、红甜椒1/3个、甜豆荚20片、猪肉片150克、葱1根、蒜3粒、红辣椒1根

腌料

淀粉1小匙、盐少许、白胡椒少许、香油1小匙粒、红辣椒1根

调味料

番茄酱1大匙、桔酱1小匙、盐少许、白胡椒少许、香油1小匙、鸡粉少许

做法

1. 黄甜椒、红甜椒去籽洗净再切成小片状；甜豆荚洗净切小片；葱洗净切小段；蒜与红辣椒切片，备用。
2. 猪肉片加入腌料腌渍15分钟，再放入油锅中先过油至表面变白，沥油备用。
3. 热锅，加入1大匙色拉油，再加入做法1的材料，以中火先爆香。
4. 再加入猪肉片与所有的调味料，转大火翻炒均匀即可。

这是糖醋排骨的变化菜色，改用肉片来取代排骨，肉片比起排骨便宜许多，卖相也比排骨来得美观。

051 葱爆肉丝

材料

猪肉丝…………180克
葱…………150克
姜…………10克
红辣椒…………10克

调味料

A 水…………1大匙
淀粉…………1小匙
酱油…………1小匙
蛋清…………1大匙
B 酱油…………2大匙
细砂糖…………1小匙
水…………1大匙
水淀粉…………1小匙
香油…………1小匙

做法

1. 猪肉丝以调味料A抓匀，腌渍2分钟；葱洗净切小段；姜切片；红辣椒洗净切小片，备用。
2. 热锅，倒入约2大匙的色拉油，将猪肉丝下锅大火快炒至肉表面变白即捞出。
3. 锅底留少许油，以小火爆香葱段、姜片、红辣椒丝后放入酱油、细砂糖及水炒匀，再加入猪肉丝，以大火快炒约10秒后加入水淀粉勾芡炒匀，最后洒入香油即可。

好吃秘诀

这道菜若要煮得像餐厅一样好吃，葱的分量一定要足够，才能衬托出肉的好滋味。节省成本方面，则可选择猪后腿肉。

050 京酱肉丝

材料

猪肉丝…………250克
葱…………60克

调味料

甜面酱…………3大匙
番茄酱…………2小匙
细砂糖…………2小匙
香油…………1大匙
水淀粉…………1小匙
水…………50毫升

做法

1. 先将葱洗净后切丝，放置于盘上垫底。
2. 热锅，倒入2大匙色拉油，将猪肉丝与水淀粉抓匀后下锅，以中火炒至猪肉丝变白后加入水、甜面酱、番茄酱及细砂糖，持续炒至汤汁略收干后加入香油拌匀即可熄火。
3. 最后将肉丝盛至葱丝上，撒上红辣椒丝（材料外）装饰即可。

好吃秘诀

京酱肉丝是一道有名的北京菜，其实这道菜非常容易做，重点是使用甜面酱，有了这一味京酱肉丝就道地，此外垫在肉丝下面的葱丝也可以换成小黄瓜丝，口感不同，一样美味。

052 青椒炒肉丝

材料

猪肉丝…………150克
青椒………………50克
红辣椒丝………… 少许

腌料

蛋液……………… 2小匙
盐 ……………… 1/4小匙
酱油…………… 1/4小匙
米酒……………1/2小匙
淀粉……………1/2小匙

调味料

盐 ……………… 1/8小匙
胡椒粉 ………… 少许
香油……………… 少许
水淀粉 ………1/2小匙

做法

1. 猪肉丝加入所有腌料，同一方向搅拌2分钟拌匀；青椒洗净切丝，备用。
3. 将所有调味料拌匀成兑汁备用。
4. 热锅，加入2大匙色拉油润锅后，放入肉丝以大火迅速轻炒至变白，再加入青椒丝、红辣椒丝炒1分钟后，一面翻炒一面加入做法3的酱汁，以大火快炒至均匀即可。

青椒基本上可以生吃，因此别炒太久，否则青椒会没脆度而且颜色会变黄，不但口感不好，卖相也不佳。

053 榨菜炒肉丝

材料

猪肉……………100克
榨菜…………… 250克
红辣椒丝…………30克
蒜末………………20克
葱花……………… 适量
香油……………… 适量

调味料

盐 ……………… 1/4小匙
细砂糖 …………1小匙
香菇精 ………1/2小匙
米酒……………1大匙
白醋……………1小匙
水 …………… 200毫升

做法

1. 猪肉洗净，切丝备用。
2. 榨菜洗净，切丝，浸泡在水中约30分钟，捞出挤干水分备用。
3. 热油锅，以小火爆香红辣椒丝、蒜末，加入榨菜丝、猪肉丝及所有调味料，以大火快速拌炒至收汁，最后淋上香油，拌入葱花即可。

好吃秘诀

榨菜因为是腌渍食品，可以事先泡水洗去多余盐分，这样吃起来才不会太咸；而这道料理除了可以当配菜，也能变成加入烫好的面条中，就变成榨菜肉丝面，所以冰箱中可以常备榨菜肉丝，当宵夜也非常方便。

054 京都排骨

材料

猪排骨500克、熟白芝麻少许

调味料

A盐1/4小匙、细砂糖1小匙、料酒1大匙、水3大匙、蛋清1大匙、小苏打1/8小匙、

B低筋面粉1大匙、淀粉1大匙、色拉油2大匙、

CA1酱1大匙、梅林辣酱油1大匙、白醋1大匙、番茄酱2大匙、细砂糖5大匙、水3大匙

D水淀粉1小匙、香油1大匙

做法

1. 猪排骨剁小块洗净，用调味料A拌匀腌约20分钟（见图1）后，加入低筋面粉及淀粉拌匀（见图2），再加入色拉油略拌备用。
2. 热锅，倒入约400毫升色拉油，待油温烧至约150℃，将猪排骨下锅（见图3），以小火炸约4分钟后起锅沥干油备用。
3. 另热一锅，倒入调味料C，以小火煮滚后用水淀粉勾芡。
4. 加入猪排骨，迅速翻炒至芡汁完全被排骨吸收后（见图4），熄火加入香油及熟白芝麻拌匀即可。

好吃秘诀

A1酱是由蔬果泥及香料发酵制成的酸味调味料，加入料理中可增添果香味，就跟餐馆里的京都排骨一样好吃。若没有A1酱，可以用意大利陈醋酱代替，虽味道不同，但都有果香味。

055 橙汁排骨

材料

小排骨……500克
柳橙……1个
水淀粉……少许

腌料

柳橙汁……2大匙
米酒……1小匙
盐……少许
细砂糖……1/4小匙
柳橙皮……少许

调味料

柳橙汁……200毫升
细砂糖……1小匙
盐……少许
柳橙皮……少许

做法

1. 小排骨洗净、沥干，加入所有腌料中腌约1小时。
2. 热一油锅，至油温约160℃，把小排骨放入锅中炸至小排骨呈金黄色，捞出备用。
3. 把柳橙削皮后取出果肉，皮切细丝。
4. 起一锅，烧热后加入柳橙汁、盐、细砂糖煮滚，再放入炸好的小排骨拌匀，最后以水淀粉勾芡，加入果肉与少许果皮拌匀即可。

柳橙腌渍、入菜历史久远，而柳橙皮是好用的工具，皮上的酵素与营养让肉完全吸收，又可以帮助肉质软化，添加一些又可以增加口感。但用量不可以太多，柳橙皮有些苦味，可别放太多影响了原来想要呈现的味道。

056 干烧排骨

材料

猪排骨……500克
洋葱……100克
姜……10克
蒜末……15克
红葱末……10克

调味料

甜辣酱……4大匙
水……200毫升
米酒……1大匙
细砂糖……2大匙

做法

1. 猪排骨洗净剁小块；洋葱洗净切丝；姜洗净切末备用。
2. 热锅，加入2大匙色拉油，放入洋葱丝、姜末、蒜末及红葱末以小火爆香。
3. 续于锅中加入甜辣酱炒香，再放入排骨及其他调味料炒匀。
4. 盖上锅盖，用小火慢煮约20分钟至排骨熟软后，打开锅盖煮至汤汁收干即可。

料理中的洋葱用量要多，因久煮后洋葱会释放出水分，只剩一点点，而且煮至收汁起锅时，洋葱要呈现微焦的褐色，吃起来才会又香又入味。

057 蒜香排骨

材料

猪排骨 ………… 500克
蒜 ………………… 100克
红辣椒 …………… 2根
葱花 ……………… 少许

调味料

A 米酒 ………… 1小匙
  淀粉 ………… 2大匙
  盐 ………… 1/4小匙
  蛋清 ………… 1大匙
B 椒盐粉 …… 1/2小匙

做法

1. 猪排骨洗净沥干，以刀在较厚的一面切深出交叉刀痕至骨头深处，再剁成小块备用。
2. 取80克蒜加50毫升水，放入果汁机打成汁，倒入碗中加入调味料A拌匀，放入猪排骨腌渍约3分钟。
3. 剩余的20克蒜与红辣椒均切碎备用。
4. 热锅，倒入约500毫升色拉油烧热至160℃，放入猪排骨以中火炸约6分钟至表面微焦，捞出沥干油分备用。
5. 将做法4锅中的油倒出，余油继续加热，放入蒜碎及红辣椒碎以小火爆香，加入猪排骨，撒入椒盐粉炒匀并撒上葱花即可。

058 沙茶排骨干锅

材料

猪排骨500克、芹菜100克、红辣椒1根、姜末10克、蒜末20克

调味料

A 盐1/4小匙、细砂糖1/2小匙、嫩肉粉1/8小匙、蛋清1大匙、米酒1/2小匙、水1大匙、淀粉2大匙
B 沙茶酱2大匙、蚝油1大匙、细砂糖1小匙、绍兴酒3大匙、水250毫升、水淀粉1小匙、香油1小匙

做法

1. 猪排骨洗净沥干，加入调味料A抓匀，腌渍5分钟备用。
2. 芹菜洗净沥干切段；红辣椒洗净沥干切圈，备用。
3. 热锅，倒入2碗色拉油加热至约150℃，放入猪排骨，以小火炸约10分钟至表面酥脆，捞起沥油备用。
4. 将锅中的油倒出，留约1大匙油于锅中，放入红辣椒圈、姜末及蒜末以小火爆香，加入沙茶酱略炒香。
5. 将猪排骨放入锅中，再加入水、绍兴酒、蚝油及细砂糖，以大火煮滚，改转小火煮约2分钟；先加入水淀粉勾芡，再加入芹菜段炒匀，淋上香油后，盛入小铁锅中，放至炉上煮至再次滚沸、汤汁略干即可。

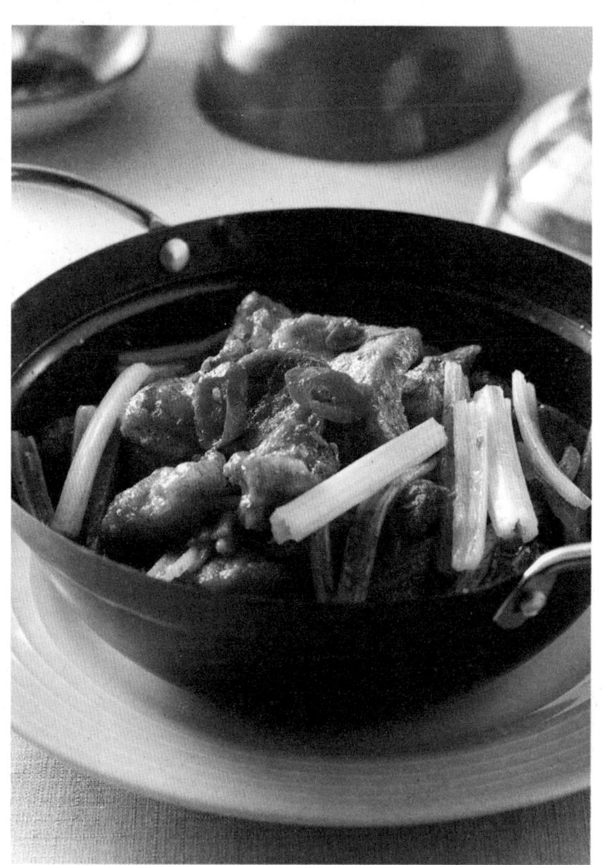

059 蒜香烧肉

材料

猪五花肉400克、蒜100克、姜片20克、干辣椒4克、花椒2克

调味料

酱油1大匙、蚝油2大匙、绍兴酒50毫升、细砂糖1大匙、水600毫升

做法

1. 猪五花肉洗净剁块，加入1大匙酱油拌匀略为腌渍上色。
2. 热油锅至约150℃，先将蒜炸至金黄后沥干油（见图2）。
3. 再将猪五花肉块放入锅中，炸至表面略焦黄后捞出（见图3）。
4. 将油倒出，锅底留少许油，小火爆香姜片、干辣椒及花椒至微焦香（见图4）。
5. 再将蒜、猪五花肉块放入锅中，接着加入蚝油、酱油及细砂糖拌匀。
6. 将水和绍兴酒加入锅内（见图4），煮滚后盖上锅盖转小火，焖煮约30分钟，烧至汤汁略干后即可（见图5）。

好吃秘诀

在做蒜香烧肉时，将猪五花肉先腌再炸，不但能够让猪五花肉的色泽变亮，看起来更好吃，也能够逼出多余的油脂，将肉汁锁在肉里，让整道料理更美味。

1 2 3 4 5

060 烤麸烧肉

材料

猪肉300克、烤麸6个、葱1根、姜10克、红辣椒10克

调味料

酱油5大匙、绍兴酒2大匙、细砂糖3大匙、水600毫升、香油1大匙

做法

1. 先将每个烤麸切成3小块；猪肉洗净切块；葱洗净切段；姜洗净切片；红辣椒对切，备用。
2. 热一锅油至约160℃，将烤麸块下锅炸约2分钟至焦脆（见图1），再捞起沥干油。
3. 另起一锅，加入少许色拉油，以小火爆香葱段、姜片、红辣椒。
4. 放入猪肉块，以中火炒至肉块表面变白，续于锅中加入酱油、绍兴酒、细砂糖及水拌匀（见图2）。
5. 盖上锅盖，以小火煮约30分钟后加入烤麸块（见图3），与猪肉块拌炒均匀（见图4）。
6. 再盖上锅盖烧煮约20分钟至汤汁收干，加入香油拌匀即可（见图5）。

好吃秘诀

烤麸里的缝隙，可以吸收很多汤汁，除了做烧肉或卤味外，如果要拌炒的话，最好不要用太多重口味的酱料调味，因为在水分不够多的情形下，烤麸没有吸到水分，反而容易吸进很多盐分，会变得太咸。

1

2

3

4

5

061 炒肉白菜

材料

大白菜………… 500克
梅花肉片………100克
蒜末………………10克
葱末………………10克
白芝麻…………… 少许

腌料

细砂糖……… 1/4小匙
米酒………………1小匙
酱油………………1小匙
姜汁………………1小匙
淀粉……………… 适量

调味料

盐………………… 少许
鸡粉……………… 少许

做法

1. 大白菜洗净切段；梅花肉片加入所有腌料腌约15分钟，备用。
2. 将大白菜段放入沸水中汆烫至软，捞出备用。
3. 热锅，倒入3大匙色拉油，放入肉片炒至颜色变白，加入蒜末、葱末、白芝麻一起拌炒均匀。
4. 放入大白菜段、所有调味料拌炒入味即可。

大白菜是属于水分充足的蔬菜，料理后容易大量出水，如果不想让料理产生太多水分，可以事先将大白菜汆烫过，再去快速拌炒，就不容易产生太多水分了。

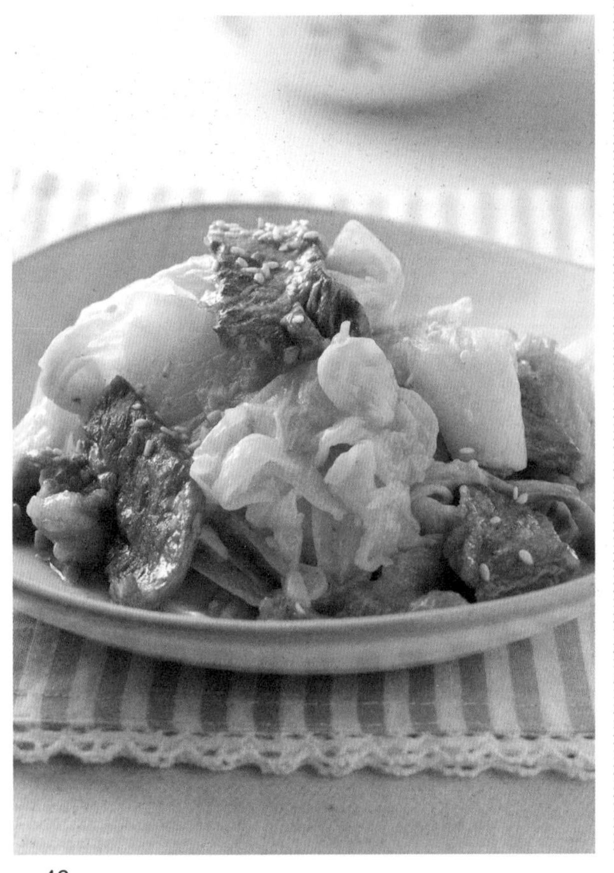

062 丁香鱼干烧肉

材料

猪五花肉……… 200克
丁香鱼干…………50克
葱……………………20克
姜……………………20克
蒜……………………50克
干辣椒………………5克

调味料

酱油……………… 3大匙
绍兴酒…………… 2大匙
细砂糖…………… 2大匙
水……………… 600毫升
香油………………1大匙

做法

1. 先将猪五花肉洗净切小块；丁香鱼干用水略洗后沥干，备用。
2. 葱洗净切段；姜及蒜洗净切小片，备用。
3. 热锅，加入少许色拉油，以小火爆香葱段、姜片、蒜片及干辣椒至微焦香，加入猪五花肉块炒至肉块变白后加入丁香鱼干、酱油、绍兴酒、细砂糖和水拌匀。
4. 煮滚后盖上锅盖转小火，焖烧约40分钟，烧至汤汁略干后再洒上香油即可。

丁香鱼有独特的香气，是很好搭配的干货食材，但由于口感干硬，有些人不是很能接受。不妨选用较大的丁香鱼，因为肉质多，吃起来较不干硬，而且一样好味道。

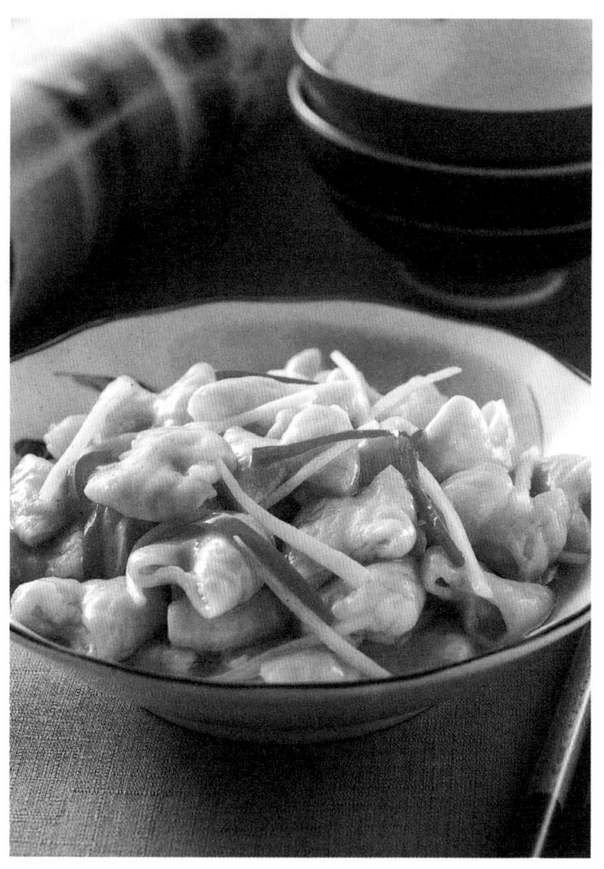

063 姜丝炒猪大肠

材料

猪大肠……………600克
姜丝………………20克
红辣椒丝…………15克
水淀粉……………适量

调味料

盐…………………1/2小匙
鸡粉………………1/4小匙
细砂糖……………1.5大匙
白醋………………2大匙
米酒………………1大匙

做法

1. 猪大肠洗净切段，放入滚沸的水中汆烫一下，捞出泡冰水至冷却，再沥干水分，备用。
2. 热锅倒入2大匙色拉油，放入姜丝和红辣椒丝爆香，放入猪大肠段拌炒。
3. 锅中加入所有调味料炒匀，倒入水淀粉勾芡炒匀即可。

好吃秘诀

自己做姜丝炒猪肠总觉得没有餐厅的那么酸爽，原因就在于餐厅使用的是醋精，而醋精是酿造醋时发酵沉淀浓缩的物质，量少因此价格较高，市面上也不易买到。如果没有醋精，可以多加点白醋增加酸味，但记得不要太早放入烹调以免酸味散失。

064 香油炒腰花

材料

猪腰………………2个
姜丝………………20克
黑香油……………2大匙

调味料

盐…………………少许
鸡粉………………1/4小匙
米酒………………150毫升

做法

1. 猪腰洗净，在表面切出十字纹路。
2. 猪腰切块，放入滚水中迅速汆烫一下，捞起备用。
3. 锅烧热，加入2大匙黑香油，放入姜丝爆香，至边缘略焦。
4. 再放入汆烫后的猪腰块略炒，淋入米酒，最后再放入其余的调味料略翻炒即可。

好吃秘诀

香油炒腰花是坐月子时常吃的补品之一，黑香油可滋养五脏，拿来炒猪腰食用后有补肾的效果，因为猪腰已烫过，所以略煮一下即可，煮过久怕口感过老不好吃。

065 菠菜炒猪肝

材料

猪肝……………200克
菠菜……………250克
姜丝……………15克
黑香油…………2大匙
枸杞子…………少许

调味料

盐……………1/4小匙
鸡粉……………少许
米酒……………1大匙

做法

1. 猪肝洗净切片；菠菜洗净切段，备用。
2. 锅烧热，加入2大匙黑香油，放入姜丝爆香，再放入猪肝片炒至变色。
3. 淋入米酒后，放入菠菜段炒微软，放入泡软的枸杞子，最后再加入其余的调味料拌匀即可。

066 猪肝炒韭菜

材料

猪肝200克、韭菜100克、蒜2粒、红辣椒1/2根、姜丝少许、淀粉适量

调味料

沙茶酱2大匙、白胡椒粉1小匙、水2小匙、细砂糖1/2小匙

做法

1. 将猪肝洗净，切成片状，沾上薄薄的淀粉，放入60~70℃的温水里煮约5分钟，再捞起泡入冷水中。
2. 韭菜洗净，切段状；蒜洗净切末；红辣椒洗净，切片状备用。
3. 热锅，将姜丝、蒜和红辣椒入锅先爆香，再放入猪肝、韭菜段和所有调味料以中火拌炒均匀即可。

好吃秘诀

猪肝是很容易皱缩的材料，烹调太久或是温度过高，都容易让猪肝变老，切片后先以温水烫一下，可以维持嫩度，防止变硬，接下来也会更容易入味。

067 沙茶爆猪肝

材料

猪肝150克、红辣椒片1条、姜末5克、葱段50克

调味料

A 米酒1大匙、淀粉1小匙
B 沙茶酱2大匙、盐1/4小匙、细砂糖1/2小匙、米酒2大匙、香油1小匙

做法

1. 猪肝洗净沥干，切成厚约0.5厘米的片状，用调味料A抓匀腌渍约2分钟。
2. 热锅，倒入4大匙色拉油，放入猪肝片大火快炒至表面变白后，捞起沥油备用。
3. 锅底留少许油，以小火爆香葱段、姜末及红辣椒片，加入沙茶酱炒香后；放入猪肝片快速翻炒，最后加入盐、细砂糖和米酒炒约30秒至汤汁收干，再淋上香油即可。

好吃秘诀

猪肝用淀粉抓匀过再下锅快炒，约八分熟盛盘，利用余温使猪肝在上桌时就全熟，如此能使口感软滑不干硬。

068 芥蓝炒香肠

材料

香肠……………………2条
芥蓝……………… 300克
蒜 ……………………15克
红辣椒末…………10克

调味料

盐 ……………… 1/4小匙
鸡粉…………… 1/4小匙
米酒………………1大匙

做法

1. 先将芥蓝洗净后切段；香肠、蒜都切成片状，备用。
2. 热锅，加入2大匙色拉油，先放入蒜片和红辣椒末爆香，再放入芥蓝炒至变色，最后放入香肠片和调味料，将所有材料拌炒均匀至入味即可。

好吃秘诀

香肠一定要趁热吃完，因为切片后的香肠香气仍相当足够，如果再回锅就真的不太美味了。另外，除了炒芥蓝很对味外，炒蒜苗或炒小黄瓜也是相当不错的选择。

069 大黄瓜炒贡丸

材料

大黄瓜………… 350克
小贡丸…………150克
蒜末……………… 2小匙
红辣椒………………1根
胡萝卜…………1/2根
水淀粉…………… 适量

调味料

盐 …………………1小匙
细砂糖…………1/2小匙
鸡粉………………1小匙
米酒………………1大匙
水 …………… 240毫升

做法

1. 大黄瓜去皮，对剖成4份长条状后去籽，再切成菱形块，放入沸水中汆烫一会，捞出备用。
2. 小贡丸洗净切片；胡萝卜切花片；红辣椒洗净切片，备用。
3. 热一锅倒入适量色拉油，放入蒜末与红辣椒片爆香后，放入大黄瓜块、小贡丸片、胡萝卜片及所有调味料煮至汤汁沸腾。
4. 转小火后盖上锅盖，焖至小贡丸片膨胀后，以水淀粉勾芡即可。

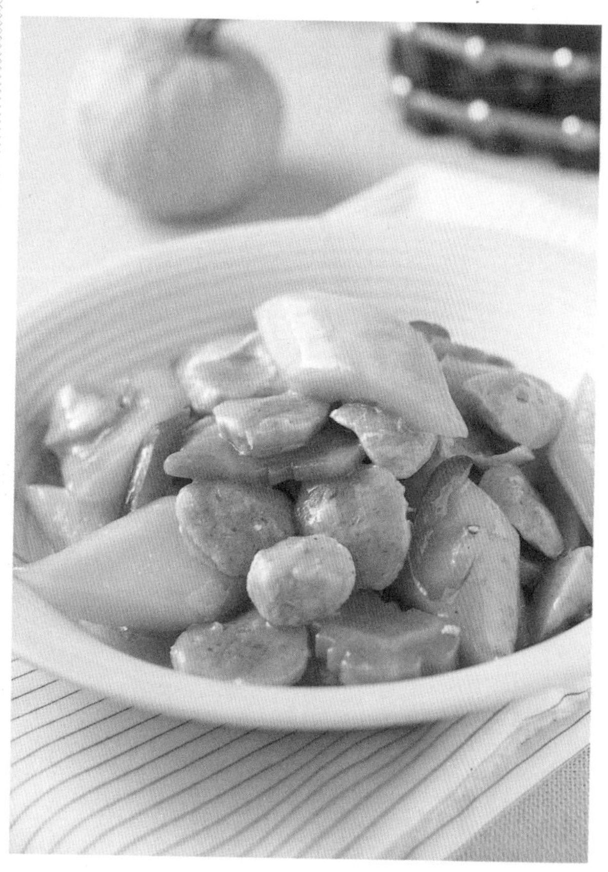

070 糖醋鱼

材料

炸鱼……………………1条
洋葱…………………20克
青椒…………………20克
红甜椒………………20克
菠萝…………………20克
水………………200毫升
水淀粉……………少许

调味料

番茄酱…………3大匙
细砂糖…………2大匙
盐……………1/4小匙
白醋……………2大匙

做法

1. 洋葱洗净切丁；青椒、红甜椒洗净去籽后切丁；菠萝切丁（见图1），备用。
2. 将炸鱼放入约160℃的油温中略回炸，再捞起沥油，备用。
3. 热锅，加入1大匙色拉油，放入洋葱丁炒香（见图2）后盛起，放入番茄酱稍微拌炒（见图3），再加入其余调味料和水煮开。
4. 续放入做法1的炸鱼，煮约2分钟后将鱼翻面（见图4），加入洋葱丁、青椒丁、红甜椒丁和菠萝丁略煮（见图5），最后以水淀粉勾芡，煮滚即可。

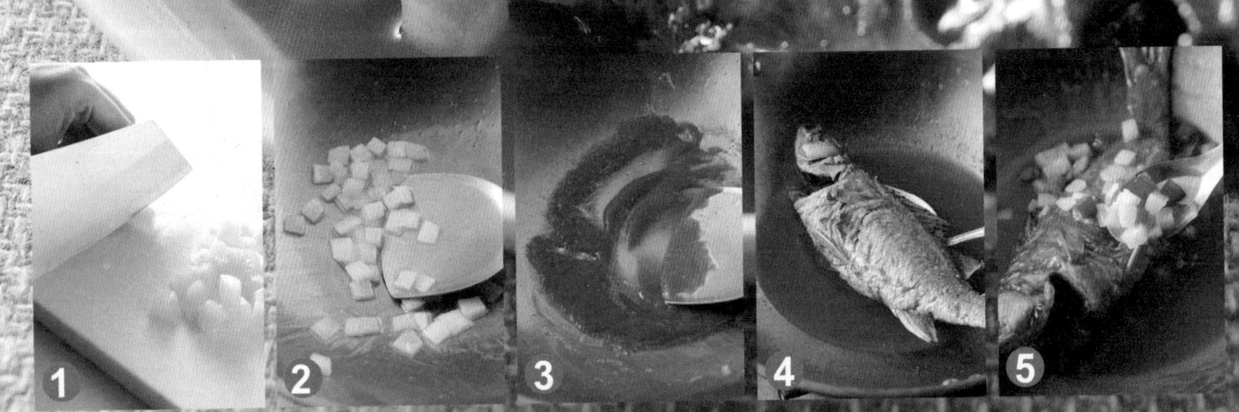

072 红烧鱼

材料

炸鱼……1条
姜……15克
蒜……10克
葱……20克
红辣椒……15克
水……250毫升

调味料

酱油……2大匙
酱油膏……1大匙
细砂糖……1小匙
米酒……1大匙
盐……少许

做法

1. 姜洗净切丝；蒜洗净切片；葱洗净切段；红辣椒洗净切片，备用。
2. 热锅，加入2大匙色拉油，放入姜丝、蒜片、葱段和红辣椒片爆香，再加入所有调味料和水煮滚。
3. 加入炸鱼，煮约2分钟后将鱼翻面，续煮至鱼入味即可。

071 豆瓣鱼

材料

A 鲜鱼……1条
猪肉泥……40克
水淀粉……少许
B 姜末……10克
蒜末……10克
红辣椒末……10克
葱末……10克

调味料

A 辣豆瓣酱……2大匙
细砂糖……1小匙
米酒……1大匙
盐……少许
白醋……1小匙
B 水……300毫升

做法

1. 热锅，倒入适量色拉油，放入鲜鱼煎至两面呈金黄色，取出备用。
2. 另热锅，加入1大匙油，先将肉泥炒至变白，放入材料B爆香，再放入调味料A炒香。
3. 锅中放入水及干煎鱼烧煮入味，再加入少许水淀粉勾芡拌匀即可。

好吃秘诀

现成的豆瓣酱有分辣或不辣等口味，辣豆瓣酱的香味较浓，做出来的菜味道也更为开胃下饭，加上冷掉的鱼容易有鱼腥味，除非不敢吃辣，否则以选择辣豆瓣酱较好。

073 五柳鱼

材料

金目鲈鱼1条、胡萝卜丝30克、洋葱丝30克、黑木耳丝20克、熟笋丝30克、青椒丝20克、面粉适量、水淀粉适量、水200毫升

腌料

姜片10克、葱段10克、米酒1大匙、盐少许

调味料

细砂糖1大匙、盐1/4小匙、酱油1小匙、乌醋1大匙、番茄酱1小匙

做法

1. 金目鲈鱼处理后洗净沥干，加入所有腌料腌约10分钟后取出沾上面粉备用。
2. 热锅，倒入稍多的色拉油，待油温热至约160℃，放入金目鲈鱼炸至表面上色且熟，捞出沥油备用。
3. 锅中留约1大匙油，放入洋葱丝炒香后，放入胡萝卜丝、黑木耳丝、熟笋丝拌炒均匀。
4. 于锅中加入水煮沸后，加入所有调味料、青椒丝拌匀，以水淀粉勾芡，即成五柳酱。
5. 将五柳酱淋在金目鲈鱼上即可。

好吃秘诀

红烧、五柳或是需要先将炸过的鱼料理，如果怕麻烦，可以去菜市场买炸好的鱼。

075 蒜烧黄鱼

材料

炸黄鱼……1条
蒜……50克
葱段……10克
红辣椒片……10克
水……200毫升

调味料

酱油……2大匙
蚝油……1大匙
细砂糖……少许
米酒……1大匙

做法

1. 热锅，加入2大匙色拉油，放入蒜以小火将蒜爆香并炒至上色，再放入葱段和红辣椒片炒香。
2. 加入调味料和水，再放入黄鱼烧煮约2分钟后翻面，续烧至黄鱼两面皆入味即可。

好吃秘诀

将蒜先炒至外观略带金黄焦色，再放入炸黄鱼一起烧煮，不仅成品外观好看，整道料理吃起来也香气十足。

074 姜味烧黄鱼

材料

小黄鱼……1条（约200克）
蒜碎……10克
红辣椒碎……10克
豆瓣酱……20克
姜丝……10克
葱丝……10克
盐……5克
中筋面粉……适量

调味料

酱油……20毫升
细砂糖……10克
白醋……10毫升
水……50毫升
淀粉……30克

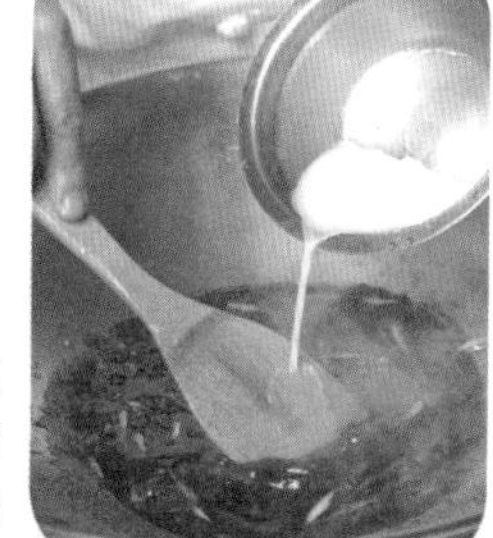

做法

1. 小黄鱼洗净、拭干水分，鱼身两面各划3刀，两面再撒上少许盐，并沾上薄薄的中筋面粉后，放入已烧热的油锅中煎熟备用。
2. 另起油锅，将蒜碎、红辣椒碎、豆瓣酱、姜丝、葱丝略加以拌炒，加入调味料的酱油、细砂糖、白醋及20毫升的水以小火滚煮，再将剩余的水与淀粉调匀倒入勾芡，起锅，淋在小黄鱼上即可。

076 葱烧鲫鱼

材料

鲫鱼……………………3条
葱……………………2条
姜……………………1小块
水……………300毫升

调味料

辣豆瓣…………1大匙
蚝油……………1大匙
米酒……………1大匙
酱油……………1小匙
乌醋……………2大匙
白醋……………1小匙
冰糖……………1大匙

做法

1. 鲫鱼洗净擦干；葱洗净切段；姜洗净切片，备用。
2. 热油锅至约160℃，放入鲫鱼略炸，再转小火慢慢炸至外观酥脆，捞起沥油备用。
3. 另取一锅，加入2大匙色拉油，放入葱段、姜片爆香至微焦，续放入所有调味料炒香，再放入鲫鱼，盖上锅盖，以小火烧至汤汁略收干即可。

好吃秘诀

烹调过程中，鲫鱼需不时翻面以免烧焦。

077 避风塘三文鱼

材料

三文鱼片………600克
蒜末………………1大匙
豆酥…………1/2大匙
葱花………………1大匙

调味料

盐……………1/4小匙
白胡椒粉……1/4小匙
米酒………………1小匙

做法

1. 三文鱼片洗净，以餐巾纸吸干水分；所有调味料调匀抹上三文鱼片，备用。
2. 取一平底锅，放入三文鱼片以小火煎至两面呈金黄色至熟，取出盛盘备用。
3. 取锅，锅内倒入1大匙色拉油，放入蒜末和豆酥以小火炒至酥脆状，加入葱花拌炒均匀后淋至三文鱼片上即可。

豆酥过油拌炒后会比较香酥，炒的时候用小火比较不易烧焦，炒到豆酥起泡的程度就差不多了。

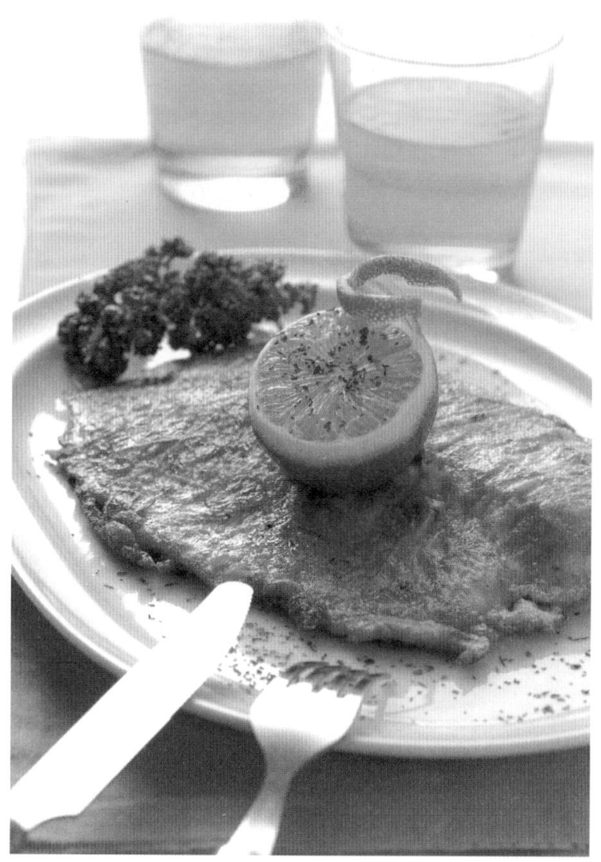

078 蔬菜鲷鱼

材料

鲷鱼片……………1片（约150克）
胡萝卜碎…………20克
洋葱碎……………20克
西芹碎……………10克
蒜苗碎……………10克
鸡蛋………………2个
中筋面粉…………20克
巴西里叶碎……适量

调味料

盐…………………适量
白胡椒粉…………适量

做法

1. 鸡蛋打散，加入胡萝卜碎、洋葱碎、西芹碎、蒜苗碎拌匀为蔬菜蛋液备用。
2. 鲷鱼片表面撒上盐与白胡椒粉调味，再拍上薄薄的中筋面粉，最后沾上蔬菜蛋液。
3. 热油锅，放入鲷鱼片以中火煎熟盛盘，并撒上巴西里叶碎。

好吃秘诀

拍上薄薄的中筋面粉、并沾上有蔬菜碎的蛋液再煎，可以让鱼在煎的过程均匀受热，保持鱼肉的完整，在吃鱼肉的同时能品尝各种蔬菜碎的不同口感。

079 香煎柳橙芥末三文鱼

材料

三文鱼片…………1片（约160克）
西红柿……………1个（约30克）
百里香叶碎……2~3克
油………………10毫升
盐…………………适量
白胡椒粉…………适量
巴西里叶碎……适量

调味料

法式芥末酱……30克
蜂蜜……………10克
柳橙汁…………20毫升
盐…………………适量
白胡椒粉…………适量

做法

1. 西红柿去头尾、切成厚片，撒上适量盐、白胡椒粉、百里香叶碎并加入10毫升色拉油后，放进以160℃温度预热5分钟的烤箱中，以180℃烤约10分钟取出备用。
2. 将所有调味料拌匀后涂在三文鱼片上，腌约5分钟至入味备用。
3. 热油锅，以中火将三文鱼片煎熟后排盘，再摆上西红柿，并撒上巴西里叶碎即可。

好吃秘诀

法式芥末酱具有酸味，搭配蜂蜜、柳橙汁所调匀的酱汁来腌三文鱼片，具有去腥的作用，鱼肉也会呈现酸甜的多重口感。若选用浓缩柳橙汁，可减量为10毫升。

081 芹菜炒鲷鱼片

材料

鲷鱼肉片……300克
芹菜……200克
蒜末……1大匙
红辣椒……1根
淀粉……适量

腌料

葱段……少许
姜片……6片
盐……2小匙
黑胡椒……2小匙
米酒……1大匙
水……1杯

调味料

细砂糖……1小匙
鸡粉……1小匙
米酒……1大匙
米豆酱……1大匙
水……100毫升

做法

1. 鲷鱼肉片洗净擦干切小片，放入腌料中腌约3小时后取出，沾裹淀粉后放入沸水中汆烫至熟；红辣椒洗净切斜片；芹菜洗净切段，备用。
2. 热一锅倒入适量色拉油，放入蒜末、红辣椒片爆香。
3. 再加入所有的调味料、芹菜段、鲷鱼肉片以大火拌炒均匀即可。

080 蟹黄鱼片

材料

鲷鱼片……600克
蟹脚肉……50克
胡萝卜泥……100克
香菜……1/2小匙
洋葱末……1小匙

腌料

盐……1/4小匙
淀粉……1大匙

调味料

米酒……2大匙
白胡椒粉……1/4小匙
水……2大匙
香油……1/4小匙
盐……1/4小匙
米酒……1小匙

做法

1. 鲷鱼片洗净，以餐巾纸吸干水分后切成4片，加入所有腌料抓匀静置腌渍约5分钟备用。
2. 平底锅加入少许色拉油，放入鲷鱼片煎熟，取出备用。
3. 起锅倒入少许油，放入洋葱末和胡萝卜泥炒香，加入蟹脚肉和所有调味料拌匀煮熟，加入鲷鱼片，以大火拌炒均匀，再撒上香菜即可。

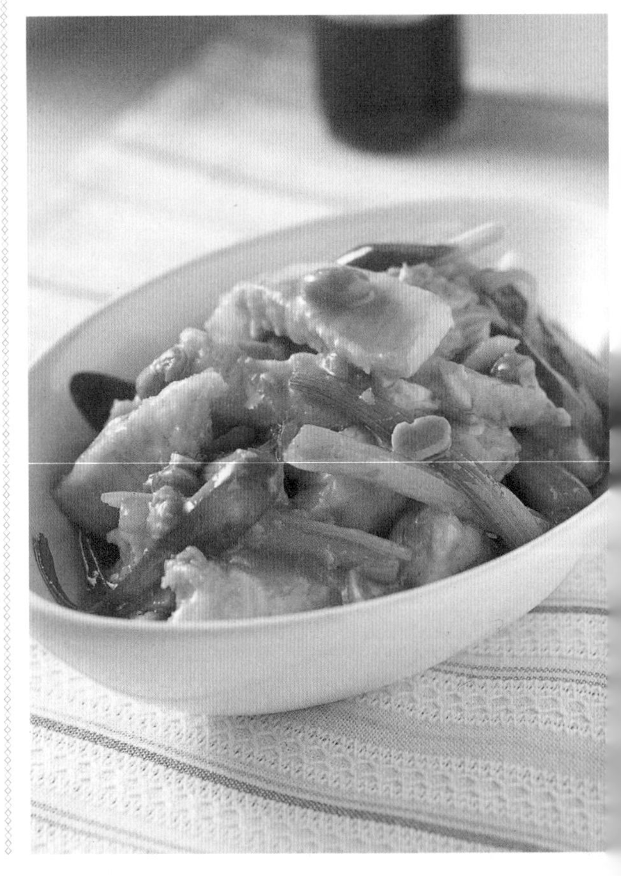

082 蒜尾炒鱼柳

材料

鲷鱼……120克
蒜尾段……50克
红辣椒片……10克
蒜末……10克
姜末……10克
芹菜梗……15克

调味料

盐……少许
细砂糖……1/4小匙
酱油……少许
乌醋……少许

做法

1. 鲷鱼洗净切成条状，加入腌料腌15分钟备用。
2. 锅烧热加入2大色拉匙油，放入蒜末、姜末和红辣椒片爆香，再放入鱼柳拌炒。
3. 再加入蒜尾段、芹菜梗和所有调味料拌炒入味即可。

常用来做辛香料的蒜苗，在炒菜时添加少许，可以让香气十足，但每次用量不多，而且蒜尾很容易发黄，不妨刚买回来时就将蒜尾和蒜白分开使用，蒜白因为不怕变色适合用来卤炖，而蒜尾香气十足，用来炒海鲜恰到好处。

083 酸菜炒鱼肚

材料

鱼肚……170克
酸菜……100克
姜……20克
红辣椒……2根

调味料

A 盐……1/4小匙
细砂糖……1大匙
白醋……1大匙
水……50毫升
米酒……1大匙
B 水淀粉……1小匙
香油……1小匙

做法

1. 把鱼肚、酸菜分别洗净切丝；姜及红辣椒洗净切丝，备用。
2. 热锅后，加入1大匙色拉油，以小火爆香姜丝、红辣椒丝，再加入鱼肚丝、酸菜丝转大火炒匀。
3. 锅中加入所有调味料A炒约1分钟，再用水淀粉勾芡并洒上香油即可。

酸味在料理上有很大的作用，也是开胃的好帮手，利用酸菜的自然酸味，可以提高鱼肚的鲜美滋味，帮助更快入味，同时也能让鱼肚口感更软嫩。

084 花生炒丁香鱼

材料

丁香鱼干……50克
葱……70克
红辣椒……2根
蒜……15克
蒜香花生……70克

调味料

酱油……2大匙
水……2大匙
细砂糖……1大匙
香油……2大匙

做法

1. 丁香鱼干略冲洗沥干；葱洗净沥干切段；红辣椒洗净沥干切斜片；蒜切碎，备用。
2. 取锅，倒入少许色拉油烧热，以小火爆香葱段、红辣椒片、蒜碎后，放入丁香鱼干以中火炒约10秒至水分略干后加入酱油、水及细砂糖，以小火炒约2分钟至水分收干后，加入蒜香花生拌炒均匀，再洒入香油即可。

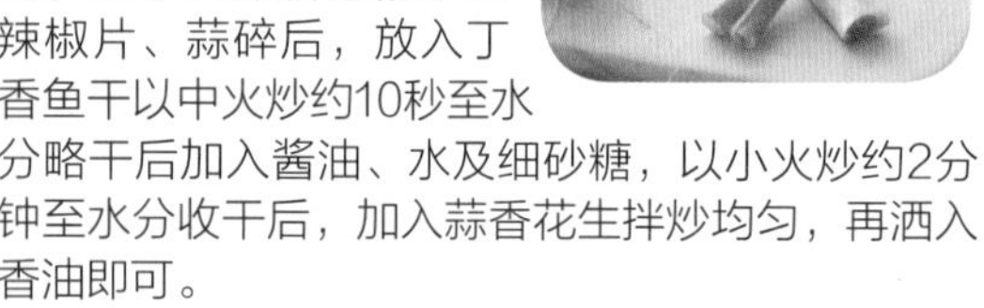

085 豆豉小鱼干

材料

丁香鱼干……150克
豆豉……100克
红辣椒……80克
蒜……100克

调味料

酱油……3大匙
细砂糖……2大匙
米酒……4大匙
香油……2大匙

做法

1. 丁香鱼干放入滤网中，用冷水稍微冲洗后沥干水分备用。
2. 豆豉以水略冲洗过，沥干水分；红辣椒洗净切片；蒜洗净切碎，备用。
3. 热锅，倒入约200毫升色拉油，以大火加热至约160℃，放入丁香鱼干以大火半煎炸约1分钟，待鱼干表面略酥脆后盛出沥干油，备用。
4. 锅底留约3大匙油继续烧热，放入豆豉和红辣椒片、蒜碎以小火爆香，加入丁香鱼干炒匀；再加入酱油、细砂糖、米酒，以小火炒约2分钟至水分收干，最后均匀淋入香油即可。

因为小鱼干里含有容易变质的内脏，所以处理上必须更加小心，清洗时要快速且不要浸泡，沥干之后以煎炸或油炒的方式处理过，才能去掉腥味并维持鲜味与香味。

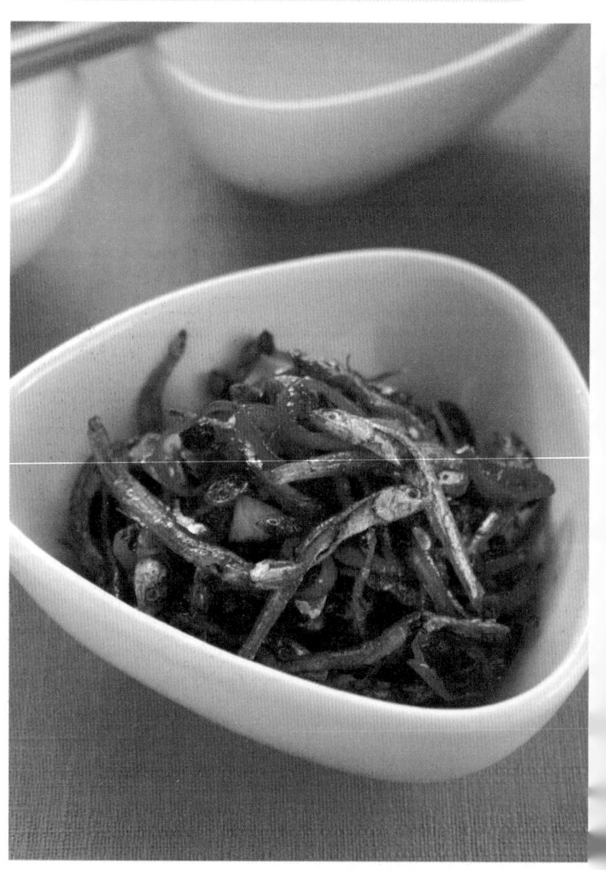

086 酸辣柠檬虾

【材料】

白甜虾……200克
红辣椒……3根
青椒……2根
蒜……10克

【调味料】

柠檬汁……2大匙
白醋……1大匙
鱼露……1大匙
水……2大匙
细砂糖……1/4小匙

好吃秘诀

柠檬汁最常与海鲜类食材一起搭配入菜，有了天然果酸的提味，能让海鲜的风味提升、口感鲜甜，又能去腥，真是一举数得的好帮手。

【做法】

1. 将红辣椒、青椒及蒜洗净剁碎；白甜虾洗净、沥干水分，备用。
2. 热一锅，加入少许色拉油，先将白甜虾倒入锅中，两面略煎过，盛出备用。
3. 另热一锅，加入少许色拉油，放入辣椒碎、蒜末略炒。
4. 再加入白甜虾及所有调味料，以中火烧至汤汁收干即可。

087 茄汁煎虾

材料

鲜虾……………10只
西红柿…………100克
洋葱……………50克
青椒……………50克
蒜末……………10克

调味料

番茄酱…………3大匙
色拉油…………1大匙
水………………50毫升
细砂糖…………1大匙

做法

1. 鲜虾剪去长须及脚，再用剪刀从虾背剪至虾尾，深至虾身一半的深度，挑出肠泥，洗净沥干。
2. 西红柿、洋葱和青椒洗净沥干，切丁备用。
3. 取锅烧热，加入1大匙色拉油（分量外），将鲜虾平铺至锅中，以小火煎约1分钟后翻面，再煎约1分钟至虾身两面变红、香气溢出；改转中火，续加入蒜末、洋葱丁、青椒丁和西红柿丁，一起翻炒约30秒。
4. 续于锅中加入番茄酱、水和细砂糖拌匀，改转小火煮约3分钟后，再改转中火让汤汁略收干即可。

先热油把鲜虾煎至表面微焦有香气，让虾壳的鲜味及颜色融入油中，再利用虾油来烹煮，整道料理的味道会更香浓，色泽更漂亮。

088 干烧大虾

材料

草虾……………10只
洋葱……………50克
蒜末……………10克
葱花……………少许

调味料

红辣椒酱………1大匙
番茄酱…………2大匙
水………………50毫升
细砂糖…………1大匙

做法

1. 草虾以剪刀剪去长须及足，再从背部剪至尾部，深至虾身一半的深度，挑出肠泥，洗净沥干备用。
2. 洋葱去皮，洗净后切丁备用。
3. 热锅，倒入1大匙色拉油烧热，将草虾排放平铺至锅中，以小火煎约1分钟，翻面续煎约1分钟至两面变红香气溢出。
4. 将蒜末、洋葱丁加入，转中火与虾一起翻炒约30秒钟，再加入红辣椒酱、番茄酱、水、盐及细砂糖；拌匀后盖上锅盖转小火焖煮，约3分钟后打开锅盖，转中火将汤汁收干，撒上葱花即可。

体形较大的虾不容易入味，尤其是带壳烹调的时候酱汁更不容易进入，要维持虾的完整又兼顾快熟好入味，最好的方式就是先以剪刀将虾背剪开，除了剪开外壳，虾背部分的肉也剪开约一半的深度，加热后虾也能卷成更漂亮的形状。

089 胡椒虾

材料

白虾……………200克
蒜……………………2粒
红辣椒………………1根
葱段………………少许

调味料

白胡椒粉…………1大匙
盐……………………1小匙
香油………………1小匙

做法

1. 将白虾的尖头和长虾须剪掉，再放入滚水中快速汆烫捞起备用。
2. 将红辣椒、蒜洗净，都切片状备用。
3. 热锅，加入做法2的材料和葱段先爆香，再放入白虾和所有的调味料一起翻炒均匀即可。

白虾烫过可以去除腥味，因为肉质在汆烫时收缩过，再次炒的时候就不会有出水问题，能够更均匀地沾附上胡椒粉，让味道更浓郁、更快入味。

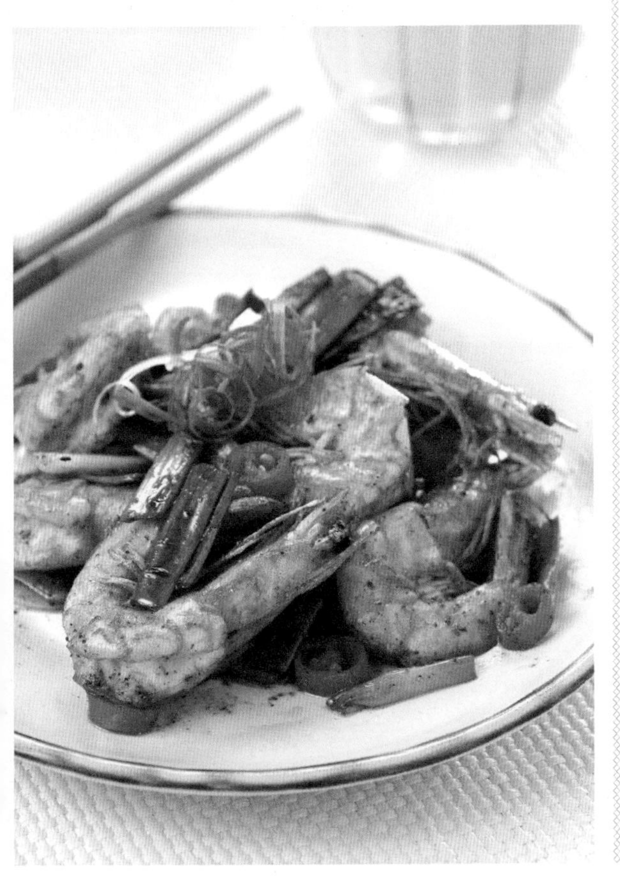

090 咸酥虾

材料

白虾……………300克
葱……………………2根
红辣椒………………2根
蒜……………………15克

调味料

白胡椒盐…………1小匙

做法

1. 白虾洗净沥干水分；葱洗净切葱花；红辣椒、蒜洗净切碎，备用。
2. 热油锅至约180℃，将白虾放入油锅中，炸约30秒至表皮酥脆即可起锅。
3. 另热锅，加入少许色拉油，以小火爆香葱花、蒜碎、红辣椒碎，放入白虾，撒入白胡椒盐后快速以大火翻炒均匀即可。

新鲜的活虾虽然好吃，但价格并不便宜，比起新鲜的活虾，利用冷冻白虾做这道料理更能节省大半成本，而且因为这道菜的口味较重，较不容易吃出虾本身的鲜甜，所以利用新鲜活虾也较无法突显鲜味反而可惜。

091 宫爆虾仁

材料

虾仁……300克
青椒……1/3个
葱……1根
蒜……3粒
干辣椒……少许

调味料

盐……少许
香油……1小匙
干辣椒……1大匙
黑胡椒粉……少许

做法

1. 虾仁去肠泥洗净备用。
2. 青椒洗净切小块；葱洗净切小段；蒜与干辣椒洗净切片，备用。
3. 热锅，加入1大匙色拉油，加入做法2的材料，以中火爆香。
4. 再加入虾仁及所有调味料，以中火翻炒均匀即可。

虾仁除了自己剥壳可以省成本外，也能买较小的虾仁，价格也会便宜许多，而且分量看起来较多。

092 XO酱炒虾仁

材料

虾仁……100克
西芹……50克
蒜片……5克
红辣椒……40克
葱……10克

调味料

XO酱……2大匙
盐……1/4小匙
细砂糖……1/4小匙
米酒……1大匙
水……2大匙
水淀粉……1小匙
香油……1小匙

做法

1. 红辣椒去籽洗净切片；西芹洗净切片；葱洗净切小段；虾仁由虾背处从头到尾切一刀但勿切断，洗净备用。
2. 热一锅，加入少许色拉油，放入葱段、蒜片及XO酱略炒香，接着加入虾仁，以中火炒约10秒，再加入红辣椒片及西芹片炒匀。
3. 锅中入盐、细砂糖、米酒及水，以中火炒约30秒后，接着以水淀粉勾芡，再淋上香油即可。

XO酱是非常好搭配的酱料，尤其是跟海鲜料理，能呈现鲜上加鲜的效果，此外与蔬菜也非常速配。虽然小小一罐价格不斐，但是XO酱味道浓郁，只要少量就非常足够，是厨房酱料中非常好的帮手。

093 葱爆虾球

材料

虾仁……………120克
红甜椒……………60克
姜……………………5克
葱……………………30克

调味料

A 盐…………1/8小匙
蛋清…………1小匙
淀粉…………1小匙
B 沙茶酱………1大匙
盐…………1/4小匙
细砂糖……1/2小匙
米酒…………1大匙
水……………1大匙
淀粉………1/2小匙
香油…………1小匙

做法

1. 虾仁洗净沥干水分，用刀从虾背划开，深至1/3处，加入调味料A抓匀，腌渍约2分钟。
2. 红甜椒及姜洗净切片；葱洗净切段；调味料B调匀成酱汁，备用。
3. 取锅加热，加入4大匙色拉油，放入虾仁大火快炒至卷缩成球状后，捞起沥油备用。
4. 于锅中留少许油，放入葱段、姜片及红甜椒片以小火爆香；加入虾仁大火快炒5秒，边炒边将做法2的酱汁淋入炒匀，最后淋入香油即可。

好吃秘诀

如果要让虾仁呈现完美的球状，要在虾背上纵剖一刀，不切断虾，这样下锅加热后，虾仁就会卷成漂亮的球状了。

094 大白菜炒虾仁

材料

大白菜梗……200克
虾仁…………200克
蒜……………………1粒
橄榄油…………1小匙

调味料

盐……………1/2小匙

腌料

细砂糖………1/4小匙
米酒……………1小匙
酱油……………1小匙
姜汁……………1小匙
淀粉……………适量

做法

1. 虾仁洗净，放入腌料搅拌均匀放置10分钟；大白菜梗洗净切粗丝；蒜洗净切片，备用。
2. 煮一锅水，将虾仁汆烫至变红后捞起沥干备用。
3. 取一不沾锅放色拉油后，爆香蒜片，放入大白菜丝拌炒后，加1杯水焖煮至软化，再放入虾仁拌炒后，加盐调味拌匀即可。

好吃秘诀

虾仁还是建议买带壳虾回来自己剥，因为市售的虾仁通常是不太新鲜的虾，大都是外壳变色、虾头翻黑才剥掉外壳当虾仁卖，且去壳之后风味会散失，因此还是买新鲜的带壳虾自己剥成虾仁，好吃又卫生。

095 核桃炒虾仁

材料

虾仁……………200克
甜豆荚…………150克
核桃仁……………50克
胡萝卜片…………20克
姜片………………10克
蒜片………………10克

腌料

米酒………………少许
姜片………………少许
葱段………………少许

调味料

盐 ……………1/4小匙
鸡粉…………1/4小匙
白胡椒粉…………少许
米酒………………1小匙

做法

1. 虾仁洗净，加入所有的腌料腌约10分钟备用。
2. 甜豆荚去头尾洗净，和胡萝卜片一起放入滚水中略汆烫，捞起沥干备用。
3. 取锅烧热，加入2大匙色拉油，放入姜片和蒜片爆香，再放腌虾仁拌炒一下。
4. 续放入胡萝卜片和甜豆荚拌炒，再加入所有的调味料和烤熟的核桃仁拌炒均匀即可。

好吃秘诀

核桃无论是生吃，烧菜，都有补肾养气、止咳平喘、润肺的效果，是一个营养和美味兼具的食材。

096 白果百合虾仁

材料

虾仁……………150克
白果………………80克
新鲜百合…………50克
豌豆荚……………70克
姜片………………10克
蒜片………………10克

调味料

盐 ……………1/4小匙
鸡粉…………1/4小匙
米酒……………1小匙
高汤……………2大匙

做法

1. 虾仁洗净，在背部划一刀备用。
2. 豌豆荚去头尾洗净；新鲜百合剥下洗净，备用。
3. 白果放入滚水中汆烫一下捞出，再放入虾仁汆烫一下捞起备用。
4. 取锅烧热，放入2大匙色拉油，放入姜片和蒜片爆香，再放入做法2、做法3的所有材料拌炒2分钟，最后再加入所有的调味料拌炒至入味即可。

百合性平，润肺止咳，有微微苦涩味，有止咳之说。白果和百合常入药，医食同源，为极佳的食疗良品。

097 三色蔬菜炒虾仁

材料

冷冻三色蔬菜 125克
虾仁……50克
蒜末……10克
葱末……10克
米酒……1小匙
淀粉……1/2小匙

调味料

盐……1/4小匙
鸡粉……少许
米酒……1小匙
香油……少许

做法

1. 虾仁洗净沥干，加入米酒、淀粉，腌渍约5分钟，再放入滚水中汆烫后捞出，备用。
2. 将冷冻三色蔬菜放入滚水中汆烫，再捞起沥干，备用。
3. 热锅，加入2大匙色拉油，爆香蒜末、葱末，再放入虾仁快炒，续加入三色蔬菜与所有调味料拌炒均匀即可。

098 三椒虾球

材料

虾仁120克、蒜末5克、红甜椒30克、黄甜椒30克、青椒30克、洋葱30克

调味料

A 蛋清1小匙、淀粉1小匙、盐1/8小匙
B 辣豆瓣酱1大匙、细砂糖1小匙、米酒1大匙、水2大匙、淀粉1小匙
C 香油1小匙

做法

1. 红甜椒、黄甜椒、青椒和洋葱洗净切片；虾背从头到尾切一刀，但勿切断，洗净后用调味料A抓匀备用。
2. 将调味料B混合拌匀成酱汁备用。
3. 热锅，加入2大匙色拉油，放入蒜末、洋葱片及虾仁以中火炒约10秒至虾仁卷缩起；加入甜椒及青椒翻炒均匀后，边炒边淋入做法2的酱汁炒匀，最后淋上香油即可。

虾仁烹煮前先用水淀粉和蛋清抓匀过，让表面形成一层保护膜可锁住水分，烹煮后口感会更滑嫩。

099 甜豆荚炒虾仁

材料

甜豆荚200克、虾仁100克、姜末小1匙

腌料

米酒少许、盐少许、胡椒粉少许、淀粉少许、香香油少许

调味料

米酒1大匙、盐少许、胡椒粉少许

做法

1. 甜豆荚撕去两旁的粗纤维后，洗净沥干。
2. 虾仁洗净沥干后，加入所有腌料拌匀备用。
3. 热锅，加入适量色拉油后，放入甜豆荚过油后捞起。
4. 续放入虾仁，煎至双面上色，放入姜末炒香后，加入甜豆荚拌炒，再加入所有调味料略炒至入味即可。

100 避风塘蟹脚

材料

蟹脚……150克
蒜……8粒
豆酥……20克
葱花……少许

调味料

细砂糖……1小匙
七味粉……1大匙
辣豆瓣酱……1/2小匙

做法

1. 蟹脚洗净用刀被将外壳拍裂，放入沸水中煮熟，捞起沥干备用。
2. 蒜洗净剁成末，放入油锅中炸成蒜酥，捞起沥干备用。
3. 锅中留少许油，放入豆酥炒至香酥，再放入蟹脚、蒜酥、葱花拌炒均匀即可。

好吃秘诀

避风塘炒蟹是道地的香港菜，是将螃蟹油炸过，再与炒到酥香的蒜末与豆酥一起拌炒。但是整只蟹入锅炸在家做难免麻烦，选用蟹脚就方便多，也不会用到太多油。而这道菜的重点就在蒜末与豆酥一定要炒到焦香才够味。

101 呛辣炒蟹脚

材料

蟹脚……150克
葱……1根
蒜……4粒
红辣椒……1根
罗勒……5克

调味料

细砂糖……1小匙
香油……少许
米酒……1大匙
酱油膏……1大匙
沙茶酱……1小匙

做法

1. 蟹脚洗净用刀被将外壳拍裂，放入沸水中煮熟，捞起沥干备用。
2. 葱洗净切小段；蒜洗净切末；红辣椒洗净切末，备用。
3. 热锅倒入适量色拉油，放入葱段、蒜末、红辣椒末爆香。
4. 再加入蟹脚及所有调味料拌炒均匀，最后放入罗勒炒熟即可。

在炒蟹脚前记得先将蟹脚的外壳拍裂，否则煮再久都不会入味的，而且到时候要吃也不容易剥开。红色干净、上覆有白霜及呈现光泽、气味闻起来有一股海味的腥香味者为佳。

102 芹菜炒鱿鱼

材料

干鱿鱼……1/2只
芹菜……300克
姜……10克
蒜……10克
红辣椒……10克
蒜苗……30克

调味料

盐……1/4小匙
鸡粉……1/4小匙
细砂糖……少许
米酒……1大匙
白胡椒粉……少许

做法

1. 先把干鱿鱼泡水至软，再切条；芹菜去根去叶，洗净切段；姜洗净切末；蒜洗净切末；红辣椒洗净切丝，备用。
2. 热锅，加入2大匙色拉油，放入姜末、蒜末和红辣椒丝、蒜苗爆香，再放入鱿鱼条拌炒均匀。
3. 续加入芹菜段略炒，再加入所有调味料，炒至均匀入味即可。

好吃秘诀

市面上较常见的干鱿鱼有长形以及椭圆形两种，挑选干鱿鱼时以体形均匀整齐、肉质厚实且干燥、形长并平整、颜色淡红干净、上覆有白霜及呈现光泽、气味闻起来有一股海味的腥香味者为佳。

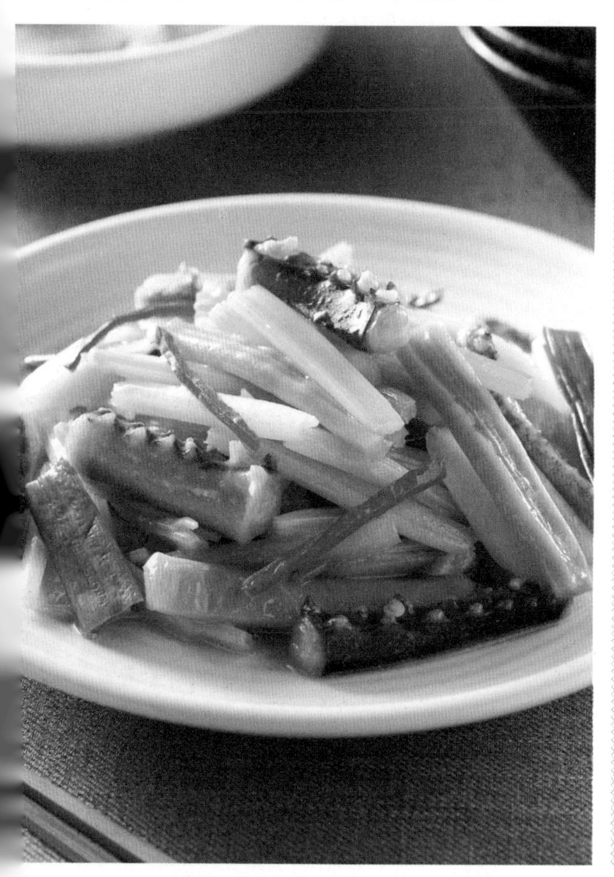

103 宫保鱿鱼

材料

水发鱿鱼尾……400克
干辣椒段……10克
姜……5克
葱……2根

调味料

A 白醋……1小匙
酱油……1大匙
细砂糖……1小匙
米酒……1小匙
水……1大匙
淀粉……1/2小匙
B 香油……1小匙

做法

1. 将鱿鱼尾切粗条，汆烫约10秒后沥干；姜洗净切丝；葱洗净切段，备用。
2. 将调味料A的所有材料调匀成兑汁备用。
3. 热锅，倒入约2大匙色拉油，以小火爆香葱段、姜丝及干辣椒后加入鱿鱼条，以大火快炒约5秒后，边炒边将做法2的兑汁淋入，翻炒均匀再洒上香油即可。

好吃秘诀

做这道宫保鱿鱼要注意，选用生鱿鱼或是泡发好的鱿鱼口感较好，若想节省成本，可以利用鱿鱼尾取代鱿鱼身，价格虽然较便宜却不影响口感。

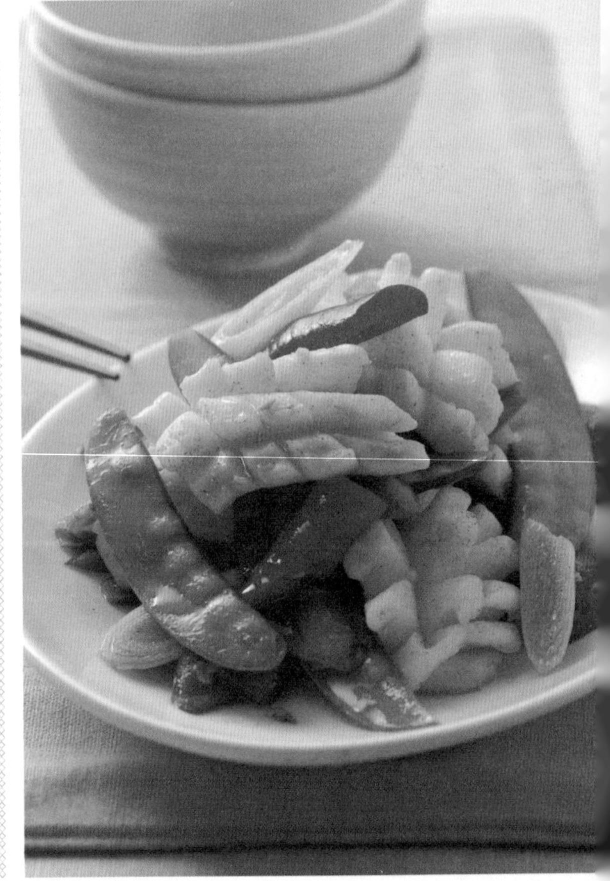

104 沙茶炒鱿鱼

材料

水发鱿鱼……500克
蒜末……20克
红辣椒片……10克
姜丝……10克
葱段……30克

调味料

沙茶酱……2大匙
蚝油……1大匙
米酒……1大匙
水淀粉……1小匙

做法

1. 泡发鱿鱼洗净后去软骨、剥除外层薄膜，表面先切花再切大片（卷曲后就不会太小），鱿鱼脚切段，放入滚水中汆烫至熟，捞出沥干。
2. 锅中加入适量色拉油，放入蒜末、红辣椒片、姜丝、葱段一起拌炒爆香，续加入沙茶酱略炒香，再依序加入蚝油、鱿鱼、米酒，拌炒均匀，最后以水淀粉勾薄芡即可。

泡发鱿鱼是干鱿鱼用碱水泡发而来，会有碱水味。而且海鲜一遇热就容易出水，所以要先利用汆烫来去掉一些水分以及去除碱水味，这样料理起来更美味。

105 辣酱鱿鱼

材料

鱿鱼肉……200克
西红柿……80克
豌豆荚……30克
蒜片……20克

调味料

甜辣酱……3大匙
细砂糖……1小匙
米酒……1大匙

做法

1. 鱿鱼肉先切花刀后，分切小片；西红柿洗净切小块，备用。
2. 热锅，加入2大匙色拉油，放入蒜片以小火爆香，再放入鱿鱼片、西红柿块及豌豆荚用大火炒匀。
3. 续加入所有调味料，翻炒约2分钟至汤汁略收干即可。

鱿鱼切花要切内面，才会卷起来，切的时候刀子要斜一点，刀痕必须深入鱿鱼肉内超过一半的深度，煮时才会卷得漂亮。

106 椒盐鲜鱿

材料

A鲜鱿鱼180克、葱2根、蒜20克、红辣椒1根
B玉米粉1/2杯、吉士粉1/2杯

调味料

A盐1/4小匙、细砂糖1/4小匙、蛋黄1个
B 白胡椒盐1/4小匙

做法

1. 鲜鱿鱼洗净剪开后去除表面皮膜，在内面交叉以刀斜切出花刀，以厨房纸巾稍微擦干水分，切成小片后放入大碗中加入所有调味料A拌匀备用。
2. 葱、蒜及红辣椒去籽，均洗净、切碎备用。
3. 材料B放入碗中混合均匀成炸粉，将鱿鱼片均匀沾上炸粉，放入烧热至约160℃的炸油中，以大火炸约1分钟至表皮呈金黄酥脆，捞出沥干备用。
4. 将锅中油倒出，余油继续烧热，放入做法2的材料以小火爆香，再加入炸好的鱿鱼片和白胡椒盐，转大火快速翻炒均匀即可。

好吃秘诀

油炸料理通常不需要太长的时间，但是缺点就是几乎只能表现出食材的新鲜原味，味道的变化少。酥炸之后以椒盐快速翻炒一下，让酥脆的口感外再包覆一层咸香，美味也更上一层。

107 豌豆荚炒墨鱼

材料

豌豆荚300克、墨鱼300克、蒜苗1根、红辣椒1根

调味料

细砂糖1/2小匙、盐1/2小匙、香油1/2小匙、米酒1小匙

做法

1. 将墨鱼内脏清除干净后，将内侧的部分朝上，以斜刀方式划出十字形花纹图案，再切成长4厘米、宽2厘米的大小。
2. 将豌豆荚的头尾两端剥去，并且撕除两侧边缘的筋丝，洗净后备用。
3. 红辣椒洗净切段；蒜苗洗净斜切成段备用。
4. 煮一锅水至滚，放入墨鱼片快速过水汆烫后捞起。
5. 热一油锅，先放入红辣椒段爆香后放入豌豆荚一起炒熟，再放入墨鱼、细砂糖、盐、香油、米酒及蒜苗段，一起拌炒约1分钟即可。

墨鱼的汆烫时间不宜太久，只要稍微汆烫一下就可捞起，以免失去原本爽脆的口感。

108 西蓝花炒墨鱼片

材料

墨鱼……120克
西蓝花……200克
蒜……2粒
红辣椒……1根
橄榄油……1小匙

调味料

米酒……1大匙
盐……1/2小匙
细砂糖……1/4小匙

做法

1. 墨鱼洗净切片；西蓝花洗净切小朵；红辣椒洗净切片；蒜洗净切片，备用。
2. 煮一锅水，将西蓝花烫熟捞起沥干；接着将墨鱼片放入汆烫捞起沥干备用。
3. 取一不沾锅放橄榄油爆香蒜片，放入西蓝花、墨鱼片和红辣椒片略拌后，调味盛盘即可。

好吃秘诀

墨鱼如果切片后在内侧画刀就可以卷成漂亮的形状；但是相反地，在外侧划刀，墨鱼就不易卷起，所以可以视料理的需求选择划刀的位置。

109 姜丝炒小墨鱼

材料

小墨鱼……300克
姜片……15克
姜丝……5克
红辣椒丝……少许

调味料

细砂糖……1/4小匙
鸡粉……少许
米酒……1大匙

做法

1. 小墨鱼洗净泡水5分钟，沥干水分尽量擦干，备用。
2. 锅中加入3大匙色拉油，先放入姜片爆香至微焦后，再放入小墨鱼炒至微干，加入姜丝、红辣椒丝拌炒，最后加入所有调味料炒至入味即可。

小墨鱼洗净泡水后，一定要尽量将水分擦干，否则下锅时会油花四溅，非常危险。

110 白果海鲜

材料

虾仁……………100克
墨鱼……………100克
水发鱿鱼………100克
鱼板………………3片
白果………………80克
胡萝卜片…………30克
西蓝花…………100克
蒜片………………10克
姜片………………10克
葱段………………10克
高汤…………250毫升
水淀粉……………少许

调味料

A 盐…………1/4小匙
鸡粉………1/4小匙
蚝油………1/4小匙
细砂糖……1/2小匙
乌醋……………少许
B 香油……………少许

做法

1. 虾仁洗净，背部划一刀；墨鱼洗净先切花刀再切片；水发鱿鱼洗净先切花刀再切片，备用。
2. 将西蓝花切小朵洗净，再依序与胡萝卜片、白果和虾仁、墨鱼片、鱿鱼片放入滚水中汆烫至熟后，分别捞起备用。
3. 取锅烧热，加入2大匙色拉油，放入姜片、蒜片和葱段爆香。
4. 接着放入虾仁、墨鱼片和鱿鱼片拌炒，续加入鱼板、西蓝花、胡萝卜片、白果和高汤煮至滚沸。
5. 最后再加入所有的调味料A拌匀，以水淀粉勾芡，再淋上香油拌匀即可。

111 肉片炒双鲜

材料

猪肉片……………40克
鱿鱼肉……………50克
虾仁………………50克
竹笋片……………40克
胡萝卜片…………30克
姜末…………………5克
葱段………………30克

调味料

A 水……………1小匙
淀粉……………1小匙
盐…………1/4小匙
料酒……………1小匙
蛋清……………1大匙
B 甜辣酱………3大匙
料酒……………1大匙
水淀粉…………1小匙
香油……………1小匙

做法

1. 鱿鱼肉先切花刀，分切小片；虾仁洗净后开背，加入混合后的调味料A抓匀，备用。
2. 将猪肉片、虾仁、鱿鱼片及竹笋片、胡萝卜片放入滚水中汆烫10秒，取出冲冷水，捞起沥干备用。
3. 热锅，加入2大匙色拉油，放入姜末和葱段以小火爆香，再放入做法2的全部食材大火快炒10秒后；加入甜辣酱及料酒翻炒，并以水淀粉勾芡，最后淋入香油炒匀即可。

料理海鲜时，可先汆烫后再放入油锅中快炒，如此可避免海鲜在锅中加热太慢，而使口感变得软烂不脆。

112 客家小炒

材料

猪五花肉300克、豆干250克、虾米20克、干鱿鱼1/2只、葱2根、蒜苗1根、芹菜2根、红辣椒1根、姜末5克

调味料

盐少许、细砂糖1小匙、香油少许、酱油2大匙、鸡粉1/2小匙、米酒1大匙、五香粉1/4小匙

做法

1. 猪五花肉洗净切条状；豆干切条状；虾米泡发；干鱿鱼加少许盐（分量外）泡水一晚，再去表皮薄膜后切条状，备用
2. 葱洗净切段，区分葱白与葱尾；蒜苗洗净切片，区分蒜白与蒜尾；芹菜去叶片洗净切段；红辣椒洗净切丝，备用。
3. 将豆干条放入热油锅炸至表面微焦后沥油备用。
4. 另热锅，倒入1大匙色拉油，放入猪五花肉条炒至颜色变白，加入姜末炒香。
5. 于锅中加入葱白与蒜白、虾米、鱿鱼条炒香，再加入豆干条与所有调味料炒至入味。
6. 再加入葱尾、蒜尾、芹菜段与红辣椒丝炒匀即可。

113 蛤蜊丝瓜

材料

丝瓜……………………1条
蛤蜊……………… 200克
姜丝………………… 适量
葱段………………… 适量
水 …………… 100毫升

调味料

米酒……………1大匙
鸡粉……………… 适量
盐 ………………… 适量

做法

1. 丝瓜去皮，先切块状，再切成粗条状备用。
2. 热锅，加入适量色拉油，放入姜丝和葱段爆香，加入丝瓜条拌炒，加入米酒、水拌炒至丝瓜变软。
3. 再放入洗净的蛤蜊煮至开口，加入鸡粉与盐调味即可。

蛤蜊泡盐水吐沙，比泡清水更干净。比例大约是2碗的水搭配1小匙的盐。

114 罗勒炒蛤蜊

材料

蛤蜊…………… 400克
姜 ……………………10克
蒜 ……………………10克
红辣椒 ……………… 1根
罗勒…………………20克

调味料

A 酱油膏……… 2大匙
细砂糖………1小匙
米酒 ………… 2大匙
B 水淀粉………1小匙
香油 …………1小匙

做法

1. 蛤蜊吐沙后洗净；罗勒挑去粗茎洗净沥干；姜洗净切丝；蒜、红辣椒洗净切片，备用。
2. 热锅，倒入1大匙色拉油，以小火爆香姜丝、蒜片、红辣椒片后加入蛤蜊及调味料A，转中火略翻炒均匀；待煮开出水后再略翻炒几下，炒至蛤蜊大部分开口后转大火，用水淀粉勾薄芡，再放入罗勒及香油略炒几下即可。

蛤蜊若要炒得好吃，新鲜度是关键，所以在购买时要注意外壳是否完整、新鲜。若要省钱，可以选用较小的蛤蜊，因为小蛤蜊鲜味不变，但价格却便宜许多。

115 豆豉牡蛎

材料

牡蛎…………200克
盒装豆腐…………1盒
姜…………10克
葱…………30克
蒜…………8克
红辣椒…………10克
豆豉…………20克

调味料

A 米酒…………1小匙
酱油膏…………2大匙
细砂糖…………1小匙
B 水淀粉…………1小匙
香油…………1小匙

做法

1. 先将牡蛎洗净沥干；盒装豆腐切丁；姜、蒜和红辣椒皆洗净切末；葱洗净切葱花，备用。
2. 将牡蛎用开水汆烫约5秒后捞出沥干。
3. 热锅，倒入1大匙色拉油，以小火爆香姜末、蒜末、红辣椒末、葱花及豆豉后，加入牡蛎及豆腐丁拌匀。
4. 续加入所有调味料A煮开，再用水淀粉勾芡，洒入香油即可。

好吃秘诀

许多人喜爱吃海鲜，尤其是中国台湾养殖的牡蛎更是鲜美受欢迎，牡蛎虽然好吃但并不便宜，若想要让这道菜吃起来更满足，可以增加豆腐丁一起烹煮，因为豆腐吃起来的口感滑嫩，能增加饱足感，也能提升整道菜的营养价值。

116 罗勒炒螺肉

材料

螺肉…………250克
葱（切碎）…………1根
蒜（切碎）…………4粒
红辣椒（切碎）…1根
罗勒…………20克

调味料

酱油膏…………1大匙
沙茶酱…………1小匙
细砂糖…………1小匙
米酒…………1大匙
香油…………1小匙

做法

1. 螺肉洗净，放入滚水中汆烫，备用。
2. 热锅，加入适量色拉油，放入葱碎、蒜碎、红辣椒碎炒香，再加入螺肉及所有调味料拌炒均匀，起锅前加入洗净的罗勒快炒均匀即可。

海鲜料理最重要的就是口感和鲜香气味，在海鲜下锅炒之后淋一点米酒，起锅前加一点罗勒叶翻炒几下，就能快速地为海鲜提鲜增香。

117 XO酱西芹干贝

材料

鲜干贝……………10颗
西芹……………………2根
蒜……………………1粒
水………………… 2大匙

调味料

XO酱……………1大匙
鸡粉………………1小匙
香油………………1大匙

做法

1. 鲜干贝浸泡沸水（不开火）至熟，捞起沥干备用。
2. 蒜洗净切碎；西芹剥除粗丝洗净切段，放入沸水中汆烫去涩味沥干，备用。
3. 热锅，倒入少许色拉油，爆香色拉蒜碎，加入XO酱炒香，加水煮至沸腾。
4. 加入西芹段与干贝拌炒均匀，加入鸡粉调味。
5. 起锅前加香油拌匀即可。

鲜干贝与干燥的干贝不一样，鲜干贝口感鲜嫩，可以直接料理食用，而干燥的干贝则多用于熬汤或取其味道料理。而鲜干贝煮过老则不好吃，因此仅以沸水浸泡的方式保持鲜嫩。

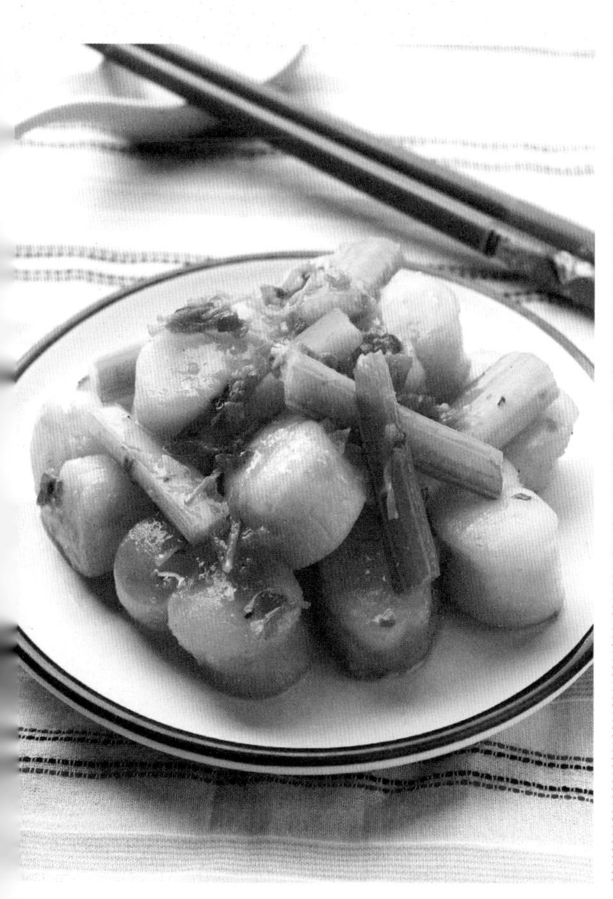

118 海参娃娃菜

材料

娃娃菜………… 250克
海参…………… 200克
甜豆荚……………30克
红辣椒……………1根
葱……………………1根
姜片………………10克
高汤…………200毫升
水淀粉…………… 少许

调味料

盐……………… 1/4小匙
鸡粉………… 1/4小匙
细砂糖……… 1/4小匙
料酒……………1大匙
蚝油……………1/2大匙

做法

1. 娃娃菜洗净后去底部、切半；海参洗净、切小块；甜豆荚去头尾、洗净切段；红辣椒去籽、洗净切片；葱洗净切片，备用。
2. 煮一锅滚水，分别将娃娃菜、甜豆荚及海参放入滚水中汆烫后捞出。
3. 热锅，倒入2大匙色拉油烧热，先放入姜片、葱段和红辣椒片一起爆香，再加入海参和所有调味料一起快炒均匀。
4. 于锅中加入高汤、娃娃菜和甜豆荚拌匀后，盖上锅盖烧煮至入味，起锅前再以水淀粉勾芡即可。

119 清炒圆白菜

材料

圆白菜 400克
姜丝 10克
枸杞子 适量

调味料

盐 1/4小匙
香菇粉 少许
米酒 1小匙

做法

1. 圆白菜洗净并切片；枸杞子洗净并沥干，备用。
2. 热锅，加入2大匙色拉油，将姜丝爆香后，放入圆白菜、枸杞子炒至微软后。
3. 加入所有调味料拌炒至入味即可。

好吃秘诀

圆白菜买来后最外层的叶片不要摘除，就可以多放好几天，如果已经切开的圆白菜没用完记得要用保鲜膜包好，防止水分散失。

120 培根圆白菜

材料

圆白菜 400克
培根 50克
蒜 10克
红辣椒 1根
水 3大匙

调味料

盐 1/2小匙
细砂糖 1/2小匙

做法

1. 圆白菜洗净后切片；培根及红辣椒洗净切小片；蒜洗净切末，备用。
2. 热锅，加入适量色拉油，以小火爆香蒜末、红辣椒片及培根片。
3. 续加入圆白菜、水、盐及细砂糖，炒至圆白菜变软即可。

圆白菜营养丰富，现在几乎一年四季都能买得到，好吃又方便购买，广受人们喜爱。想要将这道菜做得便宜又好吃，除了购买冬天盛产的圆白菜外，培根也可以选择国产培根，会比进口培根要便宜许多。

121 豆酥圆白菜

材料

- 圆白菜……300克
- 红辣椒末……10克
- 葱末……10克
- 蒜末……10克
- 豆酥……2大匙

调味料

- 盐……少许
- 鸡粉……少许

做法

1. 圆白菜洗净切片备用。
2. 热锅，倒入适量色拉油，放入豆酥炒至香味溢出，再放入红辣椒末、葱末炒香后，取出备用。
3. 于原锅中再倒入适量的色拉油，放入蒜末爆香，加入圆白菜片炒至微软，加入所有调味料炒匀。
4. 将圆白菜盛盘，撒上豆酥末即可。

豆酥最好与主材料分开炒，才炒得透、炒得香，加入红辣椒末跟葱末一起拌炒，则可以增加豆酥的风味与颜色。

122 腐乳圆白菜

材料

- 圆白菜……300克
- 红辣椒……1根
- 蒜……1粒

调味料

- 香油腐乳……20克（辛辣口味）
- 水……45毫升
- 细砂糖……1/3小匙
- 米酒……15毫升

做法

1. 圆白菜洗净撕成片状；蒜去膜切成片状；红辣椒洗净切成片状，备用。
2. 将所有调味料混合调匀备用。
3. 热锅，加入1大匙色拉油，以中火炒香蒜片，再依序加入红辣椒片、圆白菜，续以中火拌炒一下，最后倒入做法2的混合调味料，转大火拌炒均匀即可。

圆白菜又称甘蓝菜，有绿色跟紫色两种，绿色的口味清甜，适合用来快炒，而紫色味道较苦，但是口感更脆，适合拿来做沙拉食用。

123 小鱼炒空心菜

材料

空心菜……300克
小鱼干……5克
蒜……2粒
红辣椒丝……适量

调味料

盐……1小匙
鸡粉……1/2小匙

做法

1. 空心菜洗净切段；小鱼干洗净沥干；蒜洗净切片，备用。
2. 热锅，倒入适量色拉油，放入蒜片爆香，再放入小鱼干炒香。
3. 放入空心菜以大火快炒至颜色变深，加入所有调味料及红辣椒丝拌匀即可。

好吃秘诀

空心菜要炒得好吃火侯要大，只要炒到颜色变深、叶片变软，就可以加入调味料拌匀起锅，千万别加太多水分又炒太久，以免变得软软烂烂的，口感就很差。

124 苹果丝炒空心菜

材料

空心菜……150克
苹果……100克
胡萝卜……30克
蒜末……10克

调味料

盐……1/4小匙
鸡粉……少许
米酒……1大匙

做法

1. 空心菜洗净切段；苹果、胡萝卜去皮切丝，备用。
2. 热锅，倒入适量色拉油，放入蒜末爆香，加入胡萝卜丝及空心菜梗炒匀。
3. 再加入空心菜叶、苹果丝炒匀，加入所有调味料炒入味即可。

好吃秘诀

在家炒空心菜看起来总是黑黑灰灰，不像餐馆的空心菜那么翠绿，其实只要在炒的过程中加入米酒这种秘密武器，并且以大火快炒，空心菜看起来就会比较翠绿。

125 鲜菇番薯叶

材料

番薯叶……200克
胡萝卜……少许
鲜香菇……10克
蒜……2粒

调味料

盐……1小匙
鸡粉……1/2小匙

做法

1. 番薯叶挑除粗茎后洗净；胡萝卜去皮切丝；鲜香菇洗净切片；蒜洗净切片，备用。
2. 热锅，倒入适量色拉油，放入蒜片爆香。
3. 加入番薯叶、胡萝卜丝、香菇片炒匀，加入所有调味料调味即可。

好吃秘诀

番薯叶不管是清脆还是软烂的口感都很美味，如果喜欢吃软烂一点可以加少许水，盖上锅盖稍微焖一下就可以。

126 大白菜梗炒肉丝

材料

猪肉丝…………100克
大白菜梗………150克
红甜椒丝…………20克
黄甜椒丝…………20克
蒜末………………10克
葱花………………10克

腌料

酱油……………1/2小匙
细砂糖…………… 少许
米酒……………1/2大匙
淀粉……………… 少许

调味料

盐 …………… 1/4小匙
鸡粉………… 1/4小匙

做法

1. 先将猪肉丝与腌料混合拌匀，腌约10分钟，再放入油锅中，稍微过油即捞出沥油备用。
2. 大白菜梗洗净，切丝。
3. 热锅，加入2大匙色拉油和蒜末爆香，再放入甜椒丝、肉丝、大白菜梗炒至微软，加调味料，撒上葱花即可。

白菜的品种多样，常见的有卷心白菜、山东大白菜、天津白菜等等，各有不同风味与口感。山东大白菜与卷心白菜叶片多适合快炒；而梗较多的品种就适合炖煮。

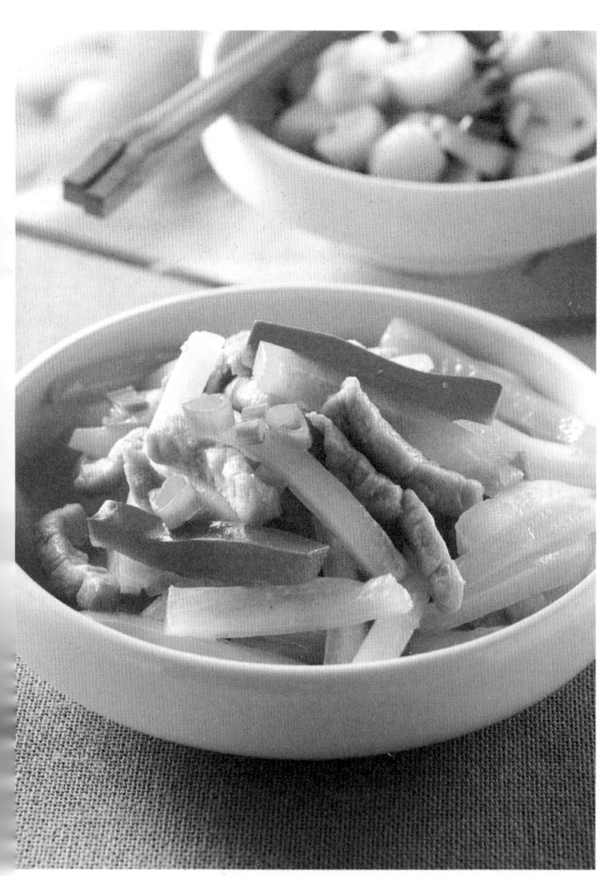

127 白果炒白菜

材料

山东白菜…………50克
白果………………80克
胡萝卜……………30克
黑木耳……………20克
葱…………………15克
姜片………………10克
蒜片………………10克
高汤………… 100毫升
水淀粉…………… 少许

调味料

盐………………1/2小匙
鸡粉……………1/2小匙
料酒………………1小匙
香油……………… 少许

做法

1. 山东白菜去头后剥下叶片洗净、切块；胡萝卜洗净切片；黑木耳洗净切片；葱切段分葱白段与葱绿段，洗净备用。
2. 煮一锅水，滚沸后放入白菜块煮至软后，捞出备用。
3. 分别将胡萝卜片、黑木耳片与白果放入做法2的滚水中汆烫后捞出。
4. 热锅，倒入约2大匙色拉油烧热，先放入葱白段、姜片与蒜片爆香，再加入白果、高汤、胡萝卜片与黑木耳片一起煮至滚。
5. 锅内加入盐、鸡粉、料酒和剩下的葱绿段一起拌匀，倒入水淀粉勾芡，最后滴入香油拌匀即可。

128 大白菜炒魔芋

材料

大白菜……………400克
魔芋………………150克
姜片………………10克
葱段………………15克

调味料

盐………………1/4小匙
鸡粉……………1/4小匙
胡椒粉……………少许
香油………………少许

做法

1. 大白菜洗净切片；魔芋泡水，备用。
2. 取锅，煮一锅滚水，依序将大白菜和魔芋放入沸水中汆烫后捞出备用。
3. 热锅，倒入2大匙色拉油，将姜片和葱段爆香后，放入大白菜拌炒，再放入魔芋略拌炒，加入调味料炒至入味即可。

好吃秘诀

处理大白菜的方式跟圆白菜差不多，保留最外面那一层叶片，就可以防止水分散失；切开后没用完的部分也必须用保鲜膜包好，才能保存较久。

129 开洋白菜

材料

大白菜……………600克
虾皮………………20克
姜…………………5克

调味料

高汤……………50毫升
盐………………1/2匙
细砂糖…………1/4匙
水淀粉…………2小匙
香油……………1小匙

做法

1. 大白菜切块，放入滚水中汆烫后捞起；虾皮用开水泡约2分钟后洗净；姜洗净切末，备用。
2. 热锅，倒入少许色拉油，以小火略炒姜末及虾皮后放入大白菜及高汤、盐、细砂糖拌炒均匀，再以中火稍拌炒约2分钟，加入水淀粉勾芡，洒入香油即可。

开洋白菜好吃的秘诀在于放了虾米来增加鲜味，但是也可以利用价格较便宜的虾皮取代虾米，虽然口感上没有虾米好，但仍然有着独特的鲜味。

130 肉丝炒小白菜

材料

小白菜…………300克
猪肉丝…………100克
鲜香菇……………2朵
胡萝卜……………15克
蒜末………………10克

调味料

盐………………1/2小匙
鸡粉……………1/2小匙
香油………………1小匙
料酒……………1/2大匙

做法

1. 小白菜去根部后洗净、切段；鲜香菇洗净、切丝；胡萝卜洗净、切丝，备用。
2. 热锅，倒入2大匙色拉油烧热，先放入蒜末爆香，再加入猪肉丝炒至肉色变白后盛盘。
3. 重热原锅，加少许色拉油，放入鲜香菇丝炒香，再加入胡萝卜丝和小白菜段一起快炒均匀，最后加入猪肉丝与所有调味料一起炒匀即可。

小白菜其实也是白菜的一种，只是外观与大白菜最不相似，由于叶片多梗也不硬，非常适合清炒。

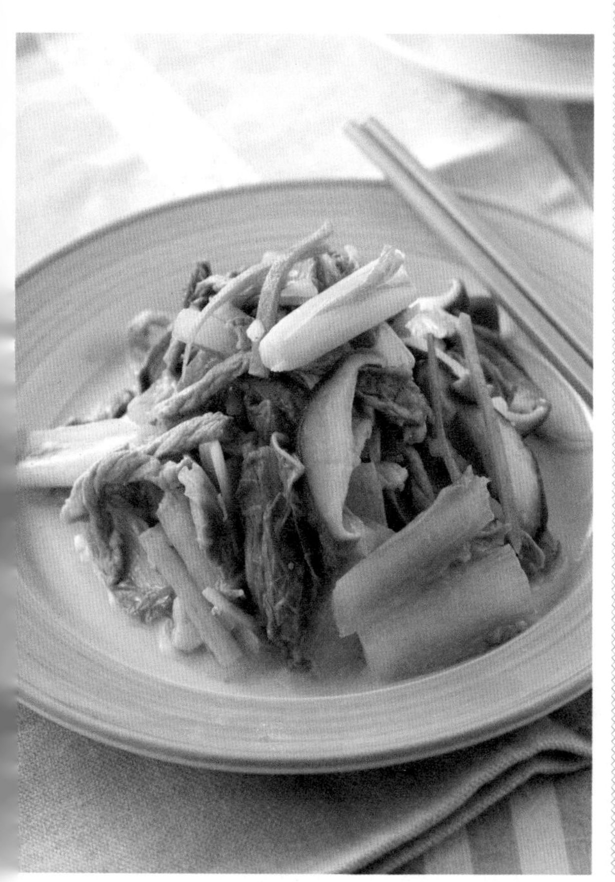

131 干贝丝娃娃菜

材料

娃娃菜…………250克
干贝………………5颗
蒜末………………5克
姜末………………5克
水淀粉……………适量
红辣椒片…………少许

调味料

料酒…………150毫升
盐……………………少许
鸡粉…………1/4小匙
香油………………少许

做法

1. 娃娃菜去头、剥片后洗净；干贝以料酒泡至软，一起蒸约20分钟至凉后取出沥干、剥成丝，备用。
2. 热油锅，放入干贝丝炸至酥脆后捞起、沥油备用。
3. 另热锅，倒入1大匙色拉油烧热，放入蒜末、红辣椒片和姜末一起爆香后，加入娃娃菜拌炒均匀。
4. 锅内加入剩余的调味料一起拌炒入味，再倒入水淀粉勾芡后盛盘。
5. 最后将炸干贝丝放在娃娃菜上即可。

132 蚝油生菜

材料

生菜……………500克
杏鲍菇…………120克
姜末………………10克

调味料

盐 ………………1/2小匙
蚝油……………3大匙
米酒……………1大匙
水 ………………4大匙
水淀粉 …………1小匙
香油……………1小匙

做法

1. 将生菜剥小块后洗净沥干；杏鲍菇洗净切片；姜洗净切成末，备用。
2. 热锅，倒入2大匙色拉油，以小火炒香姜末后加入生菜、盐及约50毫升的水（分量外），再转中火炒约30秒至生菜熟后捞起装盘。
3. 另热一锅，倒入约2大匙色拉油，放入杏鲍菇片略煎香后，加入蚝油、米酒、水，以小火煮滚，用水淀粉勾薄芡，洒上香油拌匀后淋在生菜上即可。

好吃秘诀

生菜在超市卖是以个计价，而非以重量计价，所以在选择时记得挑选拿起来较重的生菜，重一点的生菜不仅叶片水分较多，叶片与叶片间也比较扎实，烹煮后的分量较多。

133 芥蓝炒素肝

材料

芥蓝……………350克
素猪肝片………100克
红辣椒 …………10克
姜…………………10克
葵花籽油……… 2大匙

调味料

盐 ……………… 1/4小匙
高鲜味精………… 少许
香油……………… 少许

做法

1. 红辣椒、姜洗净切丝备用。
2. 芥蓝取嫩叶，并剔除梗部粗纤维后洗净切段，放入滚水中快速汆烫，捞出沥干水分备用。
3. 热锅倒入葵花籽油，爆香姜丝，再加入素猪肝片、红辣椒丝略炒均匀。
4. 最后于锅中放入芥蓝和所有调味料拌炒均匀即可。

想吃到清脆的芥蓝菜，要挑选中型且梗较短、色泽深绿的。料理前将老叶稍修剪，用加了少许油的滚水汆烫后，捞起泡冷水，再入锅快炒更能保持好口感。

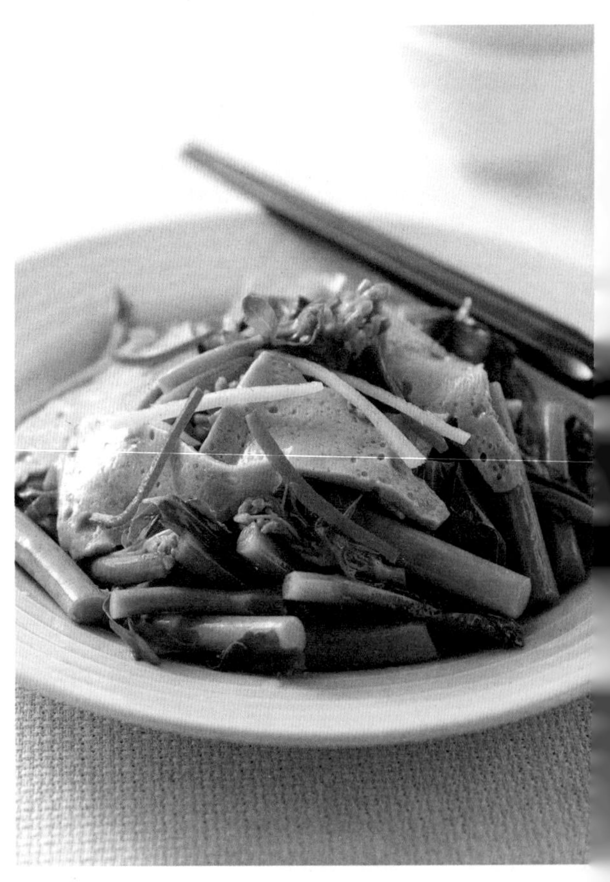

134 丁香鱼炒山苏

材料

山苏…………… 300克
丁香鱼干…………20克
蒜…………………… 10克

调味料

水………………… 2大匙
米酒………………1大匙
盐………………1/2小匙
细砂糖 ……….1/2小匙

做法

1. 山苏挑去硬梗后洗净沥干；丁香鱼干略洗净；蒜切末，备用。
2. 热锅，倒入适量色拉油，以小火爆香蒜末及丁香鱼干。
3. 再加入山苏、水、米酒、盐及细砂糖，炒约30秒至山苏软后即可。

好吃秘诀

山苏尾端较老，许多人会直接舍弃不用，但其实只要将山苏较粗的梗挑除，保留粗梗旁的叶子，不仅吃起来不影响鲜嫩口感，分量也足够。

135 树子炒山苏

材料

山苏…………… 200克
树子……………… 2大匙
姜片………………… 适量
红辣椒片………… 适量
小鱼干 …………1大匙

调味料

树子酱汁……… 2大匙

做法

1. 山苏剪去中间老梗，从中间切对半，洗净备用；小鱼干泡水，备用。
2. 滚水中加入些许盐（材料外）、山苏，捞起沥干备用。
3. 热锅放入少许色拉油，爆香姜片、红辣椒片。
4. 将小鱼干、树子与树子酱汁加入锅中，略拌炒至煮沸。
5. 加入氽烫好的山苏，略拌炒即可。

好吃秘诀

现在一般家中成员较少，酱菜、罐头多半一次食用不完。以玻璃罐装的酱菜，每次食用前以干净的汤匙、筷子夹取，就比较不怕它坏掉。以铁罐装的酱菜，开罐之后，若一餐未食用完毕，要将酱菜移至干净的保鲜盒中保存，当然能尽快食用完毕是最好的。

136 清炒菠菜

材料

菠菜……………400克
葱……………………2根
蒜末………………2小匙
红辣椒………………1根

调味料

盐……………………1小匙
鸡粉…………………1小匙
米酒…………………1大匙
水………………60毫升

做法

1. 菠菜洗净切成约5厘米的段状；葱洗净切段；红辣椒洗净切片，备用。
2. 热一锅倒入适量色拉油，放入蒜末、葱段、红辣椒片爆香。
3. 再加入波菜段及所有的调味料，以大火拌炒至菠菜软化即可。

好吃秘诀

葱也有让菠菜苦涩口感减少的特殊作用，只要在料理菠菜时加入葱，你会发现菠菜吃起来更顺口了，而且葱正好可以当作爆香材料，炒菠菜时不妨加一些葱。

137 菠菜炒蛋皮

材料

菠菜……………300克
鸡蛋…………………1个
蒜末………………10克

调味料

盐……………1/4小匙
鸡粉………………少许
香油………………少许

做法

1. 菠菜洗净切段备用。
2. 将鸡蛋打散，以少许油煎成蛋皮，再切成丝状备用。
3. 另热锅，倒入适量色拉油，放入蒜末爆香，再加入菠菜段炒匀。
4. 加入蛋皮丝与所有调味料拌炒均匀即可。

138 山药炒菠菜

材料

菠菜……………250克
山药……………100克
姜片………………15克
枸杞子……………适量

调味料

盐……………1/4小匙
鸡粉………………少许

做法

1. 菠菜洗净切段；山药去皮切片后泡水，备用。
2. 热锅，倒入适量色拉油，放入姜片爆香，再放入山药片及菠菜段炒匀。
3. 加入所有调味料、枸杞子拌炒均匀即可。

好吃秘诀

山药带有独特的黏滑特性，正好可以减去菠菜苦涩的口感。此外如果要煮汤最好选择中国台湾品种的山药，比较耐煮，不易在过程中碎散，而想吃黏滑口感的凉拌山药，则可考虑选择黏液多的日本品种。

139 咸蛋炒苦瓜

| 材料 |

山苦瓜………… 350克
咸蛋……………………2个
蒜末…………………10克
红辣椒圈…………10克
葱末…………………10克

| 调味料 |

盐…………………… 少许
细砂糖……… 1/4小匙
鸡粉………… 1/4小匙
米酒…………… 1/2大匙

| 做法 |

1. 山苦瓜洗净去头尾，剖开去籽切片，放入沸水略汆烫捞出，冲水沥干；咸蛋去壳切小片，备用。
2. 取锅烧热后倒入2大匙色拉油，放入咸蛋片爆香，加入蒜末、葱末炒香，再放入红辣椒圈与汆烫过的山苦瓜片拌炒，最后加入所有调味料拌炒至入味即可。

仔细去除苦瓜内部的白膜，并且下锅汆烫，可以有效去除那股苦涩味。汆烫后浸泡冷开水则可以保持苦瓜清脆的口感。

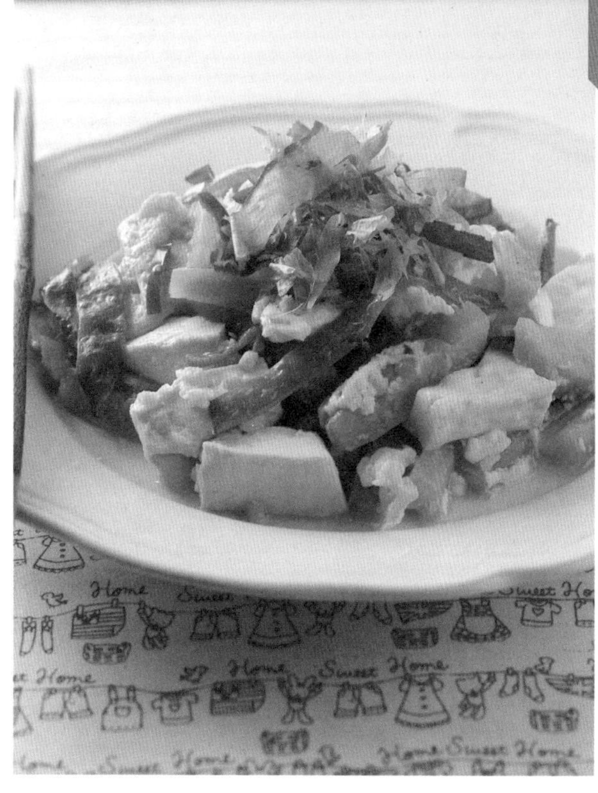

140 和风炒苦瓜

| 材料 |

苦瓜…………… 250克
老豆腐……………… 1块
黑木耳丝…………30克
鸡蛋…………………1个
蒜末…………………10克
柴鱼片…………… 适量
红辣椒丝………… 少许

| 调味料 |

盐……………… 1/4小匙
味醂………………1大匙
鸡粉……………… 少许

| 做法 |

1. 苦瓜洗净去籽，刮除内侧白膜后切片，切片后放入沸水中汆烫一下；鸡蛋打散成蛋液；老豆腐切片，备用。
2. 热锅，倒入适量色拉油，放入蒜末、红辣椒丝爆香，加入黑木耳丝、老豆腐片及苦瓜片炒匀。
3. 加入所有调味料炒匀，淋上蛋液炒熟，起锅前撒上柴鱼片即可。

好吃秘诀

日本冲绳盛产苦瓜，因此家家户户都会以冲绳苦瓜来入菜，几乎什么都可以与苦瓜一起拌炒，是非常家常的菜色。很多人都会将冲绳苦瓜与山苦瓜认为是同一品种，其实冲绳苦瓜的味道比起山苦瓜温和。

141 福菜炒苦瓜

材料

白玉苦瓜……600克
福菜……30克
姜片……10克
红辣椒丝……30克
水……200毫升

调味料

酱油……1大匙
细砂糖……1/2小匙
盐……少许
米酒……1小匙

做法

1. 白玉苦瓜洗净去头尾，剖开去籽后切大块；福菜洗净切小段，备用。
2. 将白玉苦瓜块放入热油锅略炸，捞出沥油。
3. 取锅烧热后倒入适量色拉油，加入姜片爆至微香，放入白玉苦瓜块、福菜段、红辣椒丝及所有调味料拌炒均匀，倒入水以小火拌炒入味即可。

许多蔬菜都会在下锅之前先烫过，但这道苦瓜要做得爽口，应该选择油炸的方式，才能清香爽口，同时也能让肉质较厚的苦瓜更快熟透。

142 苦瓜炒小鱼干

材料

苦瓜……1条
小鱼干……20克
干辣椒段……2克

调味料

水……100毫升
米酒……1大匙
细砂糖……1小匙
酱油……1小匙

做法

1. 苦瓜洗净，纵切剖开去籽，随意切成1厘米的小块状，放入沸水中汆烫至稍稍变软，捞起沥干备用。
2. 小鱼干浸泡入米酒（分量外）中，捞出放入锅中炒干。
3. 热锅，加入适量色拉油后，放入小鱼干、干辣椒段和苦瓜块充分拌炒均匀，续加入调味料，盖上锅盖煮至汁略收即可。

若觉得小鱼干有鱼腥味，建议可以先浸泡米酒，或稀释过的酒水，可以减少鱼腥味，且会让小鱼干变得比较有水分，吃起来更可口。

143 丝瓜炒肉片

材料

丝瓜……………………1条
猪里脊肉片 ……60克
黑木耳 ……………50克
洋葱（小）……1/2个
蒜末……………1/2小匙

腌料

米酒………………1小匙
酱油……………1/3大匙
盐 …………………… 少许
淀粉………………… 少许

调味料

米酒………………1大匙
水 …………… 100毫升
盐 …………………… 少许

做法

1. 丝瓜去皮，洗净后纵切成4等份，再横切成1厘米厚片状；黑木耳洗净沥干，切小片状；洋葱去外皮切片，备用。
2. 猪里脊肉片切小片状，加入混合后的腌料拌匀。
3. 热锅，加入适量的色拉油，放入蒜末爆香，加入黑木耳片、洋葱片拌炒后，放入丝瓜片略炒，淋入米酒后加水拌炒，最后放入腌好的猪里脊肉片拌炒，加盐调味即可。

144 丝瓜干贝

材料

干贝………………15克
丝瓜…………………1条
虾米………………15克
水 …………… 100毫升

调味料

米酒………………1大匙

做法

1. 干贝泡入可完全淹盖过干贝的水（分量外）中，放置一晚，取出剥丝（浸泡干贝的水需留着）。
2. 丝瓜去皮，先切成3厘米长段，再切成长条状备用。
3. 虾米洗净泡入温水中（分量外），待稍稍变软后沥干备用。
4. 热锅，放入虾米和干贝丝炒香，再加入丝瓜条拌炒，淋入米酒、水和浸泡干贝的水焖煮至入味即可。

145 小黄瓜炒肉片

材料

小黄瓜……3条
薄猪肉片……100克
葱末……少许
蒜末……1/2小匙
姜末……1/2小匙
红辣椒圈……少许

调味料

A 米酒……1大匙
酱油……1小匙
细砂糖……1/2小匙
胡椒粉……少许
B 盐……少许

做法

1. 小黄瓜洗净沥干，先切去头尾，纵切成2等份，再去籽切成长3厘米的段状备用。
2. 薄猪肉片切2厘米长段，加入调味料A拌匀备用。
3. 热锅，加入适量色拉油后，先放入小黄瓜段略拌炒后捞起备用。
4. 加入薄猪肉片炒至肉片变色后，加入葱末、蒜末、姜末和红辣椒圈拌炒，续加入小黄瓜段和盐调味。

146 金针菇炒黄瓜

材料

金针菇……300克
茭白……1条
小黄瓜……1条
红辣椒……1根
葱……2根
香菜……少许

调味料

味醂……1小匙
盐……少许

做法

1. 金针菇去根部后洗净；茭白剥去外皮洗净、切片，备用。
2. 红辣椒洗净、切长条；葱洗净、切段；小黄瓜洗净、对切后切长片备用。
3. 热一锅，倒入约1大匙色拉油烧热，先放入红辣椒条和葱段爆香，再放入茭白片、小黄瓜片以中火炒香。
4. 锅内加入金针菇、味醂和盐一起拌炒均匀后盛盘，再加入香菜装饰即可。

147 开洋大黄瓜

材料

大黄瓜……1条
虾米……20克
水……200毫升
水淀粉……适量

调味料

细砂糖……1/3小匙
盐……1/3小匙
鸡粉……1/3小匙

做法

1. 大黄瓜洗净沥干后，去皮去籽，先切成8厘米长段，再切成1厘米厚的长条备用。
2. 虾米洗净泡入温水中（分量外），待稍稍变软后沥干备用。
3. 热锅，加入2大匙色拉油，放入虾米爆香，加入黄瓜条略拌炒，续加入水和调味料煮至入味，起锅前再以水淀粉勾芡即可。

148 樱花虾炒韭菜

材料

韭菜……………250克
樱花虾……………15克
蒜末…………………10克
水………………20毫升

调味料

盐………………1/4小匙
鸡粉………………少许
白胡椒粉…………少许
米酒……………1/2大匙

做法

1. 韭菜洗净，切段备用。
2. 取锅烧热，加入2大匙色拉油，放入蒜末爆香，再加入樱花虾炒香后取出。
3. 续放入韭菜头，加水拌炒一下，再加入韭菜尾炒至微软。
4. 最后放入樱花虾和所有的调味料拌匀即可。

韭菜虽然略为辛辣，但可促进血液循环，搭配富含钙质的樱花虾，可补充钙质、帮助消化。

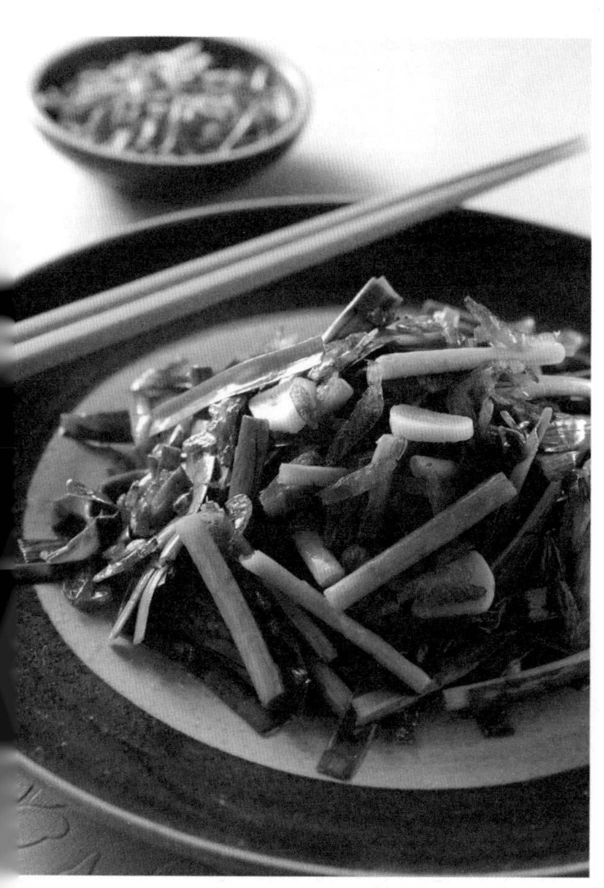

149 芹香樱花虾

材料

干樱花虾…………10克
芹菜……………200克
红辣椒……………2根
蒜……………………20克

调味料

盐………………1/2小匙
细砂糖……………1小匙
米酒………………1大匙
香油………………1小匙

做法

1. 芹菜洗净后连叶子切碎；红辣椒及蒜洗净切碎备用。
2. 热锅，倒入约2大匙色拉油，以小火爆香红辣椒末及蒜末后加入干樱花虾，改转小火将材料炒香。
3. 续加入芹菜碎、盐、细砂糖及米酒，以中火炒至芹菜变软，洒上香油即可。

一般使用芹菜都只取其梗而不用其叶，其实芹菜叶的味道虽然较重，但用来搭配樱花虾却反而能增添整道菜的香气，并不影响风味。下次料理这道菜时可别急着挑除芹菜叶，试着连芹菜叶一起入菜，不仅美味又不浪费。

150 芥菜叶辣炒肉丝

材料

芥菜叶……200克
猪肉……50克
蒜末……1/4小匙
红辣椒丝……1/2小匙

调味料

酱油……1/4小匙
香油……1/4小匙
米酒……1/2小匙
细砂糖……1/4小匙

做法

1. 芥菜叶洗净切丝；猪肉洗净切丝，备用。
2. 热锅倒入少许色拉油，放入蒜末和红辣椒末爆香，加入所有调味料、猪肉丝以及芥菜叶丝，以大火拌炒均匀即可。

好吃秘诀

可别轻易丢弃芥菜叶，切丝后与猪肉丝拌炒，加入调味料拌匀后就是一道清爽开胃的小菜了。

151 芥菜心炒百合

材料

芥菜心……1棵
干百合……1个
姜……15克
红辣椒……1/3根
蒜……3粒
葱……2根

调味料

盐……少许
枸杞子……1大匙
香油……1小匙
鸡粉……1小匙
酱油……1小匙
白胡椒粉……少许
水淀粉……少许

做法

1. 将芥菜心洗净，再切成小片状，放入滚水中汆烫过水备用。
2. 干百合去蒂，一片片剥开，泡水洗净备用。
3. 姜、红辣椒、蒜都洗净切成片状；葱洗净切段，备用。
4. 热锅，加入1大匙色拉油，再加入做法3的所有材料先爆香，加入芥菜心与所有的调味料，以中火煮约10分钟，再加入干百合以中火续煮3分钟后炒匀即可。

152 干贝酱芥菜

材料

芥菜……1棵
胡萝卜……20克
金针菇……1/2把

调味料

干贝酱……2大匙
白胡椒……少许
鸡高汤……500毫升
香油……1小匙
盐……少许

做法

1. 芥菜洗净切成大片状，再放入滚水中汆烫去苦涩备用。
2. 胡萝卜洗净切片；金针菇去根部，洗净备用。
3. 取一个汤锅，加入做法1、做法2的材料与所有的调味料，以中火煮约10分钟至芥菜变软后即可。

153 红烧冬瓜

材料

冬瓜……………500克
三角油豆腐………5个
姜片…………………3片
水……………350毫升

调味料

A 酱油………40毫升
细砂糖………15 克
蚝油……………10克
B 五香粉………少许

做法

1. 冬瓜去皮、去籽后切小块状，放入沸水中略汆烫后捞起；三角油豆腐放入沸水中略汆烫，去油渍后捞起，备用。
2. 热锅，加入适量色拉油后，放入姜片爆香，续放入冬瓜块和三角油豆腐拌炒，加入水煮至剩一半的分量，且冬瓜呈透明状。
3. 续加入调味料A煮至入味，起锅前撒入少许五香粉拌炒均匀即可。

好吃秘诀

三角油豆腐经过油炸处理，所以难免会有一股油味，为了不破坏料理的味道，可以事先以沸水汆烫过，去除多余的油脂与油味，不仅更好吃也更健康。

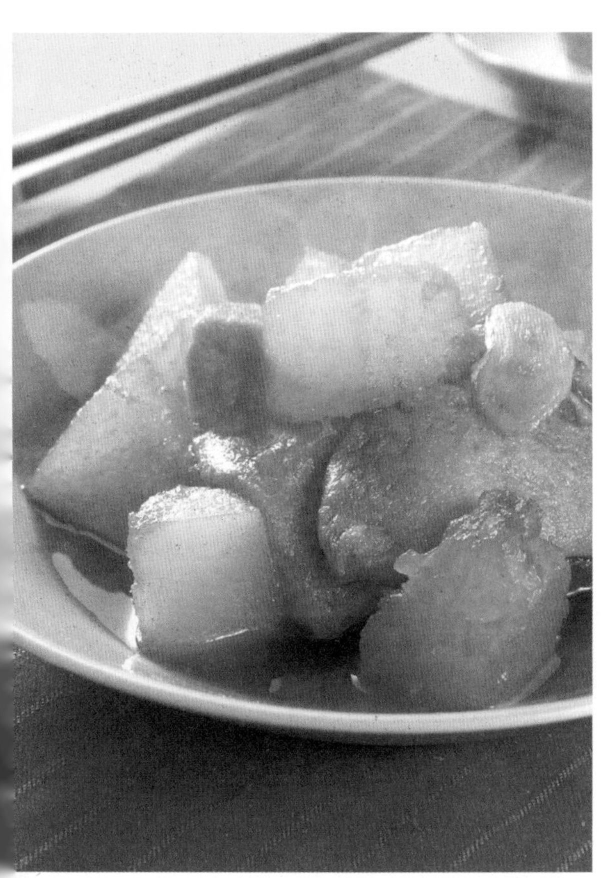

154 冬瓜粉丝

材料

冬瓜……………400克
虾米…………………10克
姜片…………………3片
粉条…………………20克
水……………400毫升

调味料

鸡粉…………1/2小匙
盐……………………少许

做法

1. 虾米洗净泡水，待稍稍变软后沥干；粉条泡水备用。
2. 冬瓜去皮、去籽后切小块状，放入沸水中略汆烫后捞起。
3. 热锅，加入适量色拉油后，放入虾米和姜片爆香，加入冬瓜拌炒，再加入水和鸡粉煮至冬瓜变软，放入粉条略煮，并加入少许盐调味即可。

粉条使用前必须泡水，不过下锅前记得要拧干多余的水分，否则已经吸饱水分的粉条会让原来锅中的味道稀释，味道就不足了，且会让料理汤汁变多。

155 炒香菇

材料

新鲜香菇……200克
葱……2根
洋葱……1/2个
辣椒粉……适量
蒜末……10克

调味料

A 烧肉酱……50克
水……50毫升
酱油……6毫升
B 香油……18毫升

做法

1. 所有调味料A混合调匀备用。
2. 香菇洗净沥干切片状；葱洗净切3厘米段状；洋葱洗净沥干，切片状，备用。
3. 取锅，倒入适量色拉油烧热，放入葱段和蒜末炒香，续加入香菇片和洋葱片炒匀；再放入辣椒粉和混合好的调味料A略拌炒至入味，起锅前淋入香油即可。

好吃秘诀

有些人会觉得鲜香菇有一股味道，因此不是很喜欢吃，不妨在料理前用稀释过的米酒水洗一下鲜香菇，这样菇上面的怪味道就会消失。

156 辣味鲜香菇

材料

鲜香菇……200克
葱……3根
红辣椒……2根
蒜……5粒
淀粉……3大匙

调味料

盐……1/4小匙

做法

1. 鲜香菇切小块后，泡水约1分钟后洗净，略沥干；葱、红辣椒、蒜洗净切碎，备用。
2. 热油锅至约180℃，香菇撒上淀粉拍匀，放入油锅中，以大火炸约1分钟至表皮酥脆立即起锅，沥干油分备用。
3. 锅中留少许油，放入葱碎、蒜碎、红辣椒碎以小火爆香，放入香菇、盐，以大火翻炒均匀即可。

通常干香菇因为味道浓郁，适合用来当爆香配料；而鲜香菇因为肉质厚实，但是味道较淡，适合用来当主食材使用。

157 甜椒杏鲍菇

材料

杏鲍菇……50克
红甜椒……10克
黄甜椒……10克
青椒……10克
姜……5克

调味料

盐……1小匙
细砂糖……1/2小匙
鸡粉……1/2小匙

做法

1. 将所有材料都洗净切条状备用。
2. 热锅，倒入少量色拉油，放入姜爆香。
3. 加入其余做法1的材料炒匀，再加入所有调味料炒熟，用姜丝（材料外）装饰即可。

因为杏鲍菇容易吸收油分，因此千万不要加太多油去拌炒，否则杏鲍菇吃起来会油腻腻的。

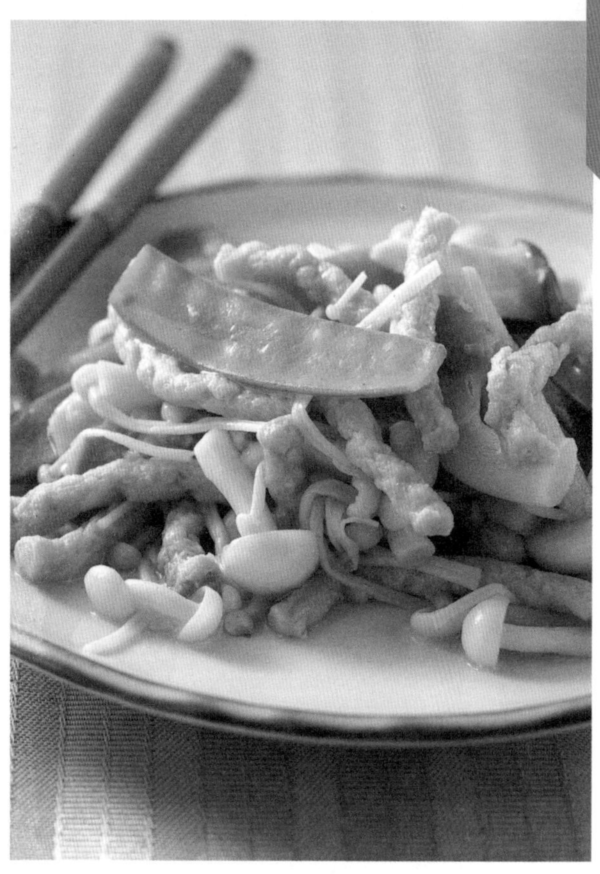

158 鲜菇炒素肉丝

材料

素肉丝……20克
什锦菇……300克
玉米笋……40克
胡萝卜……30克
豌豆角……30克
姜丝……10克
水……60毫升

调味料

盐……1/4小匙
细砂糖……少许
香菇粉……少许
胡椒粉……少许
香油……少许

做法

1. 素肉丝放入热水中浸泡至软，捞出沥干水分备用。
2. 什锦菇洗净；玉米笋、胡萝卜洗净切片；豌豆角洗净去头尾，一起放入滚水中快速氽烫，捞出沥干水分，备用。
3. 热锅倒入少许葵花籽油（材料外），爆香姜丝，再加入素肉丝炒匀。
4. 锅中加入玉米笋片、胡萝卜片、什锦菇略拌炒，再放入豌豆角、水以及所有调味料拌炒至入味即可。

159 干煸豆角

材料

豆角……200克
猪肉末……30克
蒜……10克

调味料

辣椒酱……1大匙
酱油……1大匙
细砂糖……1/2小匙
水……2大匙

做法

1. 豆角洗净切长段；蒜洗净切末备用。
2. 热锅，倒入约500毫升的色拉油烧热至约180℃，将豆角下锅炸约1分钟至微金黄后，捞起沥干油。
3. 另热锅，倒入适量色拉油，以小火爆香蒜末，加入猪肉末炒至散开后放入辣椒酱、酱油、细砂糖和水炒匀，再加入炸过的豆角，炒至汤汁收干即可。

好吃秘诀

当季的豆角便宜又美味，若想省钱可以选在豆角盛产时选购，但若非盛产期也想省钱做这道料理，建议改选用四季豆，吃起来的口感并不会比豆角差，价格上也便宜许多。

160 雪里蕻炒皇帝豆

材料

皇帝豆……200克
雪里蕻……100克
红辣椒……1根

调味料

盐……适量
香油……少许

做法

1. 雪里蕻洗净沥干，切粗末；皇帝豆放入加了少许盐的沸水中汆烫至浮起，捞起后去外皮；红辣椒洗净切圈状备用。
2. 热锅，加入适量色拉油后，放入雪里蕻拌炒，加入红辣椒圈和皇帝豆拌炒均匀，再加入盐调味，起锅前淋上香油即可。

好吃秘诀

雪里蕻是经过腌渍过的食材，所以使用前最好先稍微冲洗一下，去除多余的盐分及杂质，这样吃起来风味更佳，但是别清洗过久，否则味道会流失。

161 鸡汤口蘑

材料

口蘑……500克
上海青……320克
鸡高汤……250毫升
西红柿……1小个

调味料

味醂……1小匙
细砂糖……1小匙
水淀粉……1小匙
橄榄油……1/2小匙

做法

1. 口蘑去根部脏的部分后洗净；上海青洗净；西红柿洗净、切片，备用。
2. 煮一锅滚水，分别放入口蘑和上海青汆烫至熟后捞出，再分别泡入冰盐水中冷却、捞起。
3. 先将上海青围着盘缘摆盘，再将口蘑摆入中间，最后放上西红柿片装饰。
4. 热锅，倒入鸡高汤以小火煮沸后，放入味醂及细砂糖一起煮开，再以水淀粉勾薄芡后起锅，淋于口蘑上。
5. 最后将橄榄油均匀淋在口蘑上增加亮度即可。

162 丁香鱼炒豆角

材料

豆角……150克
丁香鱼……20克
蒜末……1/4小匙
红辣椒末……1/4小匙

调味料

酱油……1小匙
细砂糖……1小匙

做法

1. 豆角挑去头尾，洗净沥干后切长段备用。
2. 取锅，加入半锅油烧热至150℃，放入豆角和丁香鱼略炸过后，捞起沥干备用。
3. 另取锅，放入蒜末和红辣椒末炒香，加入调味料和已炸过的丁香鱼、豆角以大火略拌炒均匀即可。

163 腐乳炒肉豆

材料

肉豆……………300克
腐乳………………20克
水……………200毫升
蒜……………………2粒

调味料

盐…………………少许
鸡粉………………少许

做法

1. 肉豆撕去两旁的粗纤维后，洗净沥干；腐乳先加入少量水拌匀，再加入剩余的水；蒜去皮洗净，切片状，备用。
2. 热锅，加入2大匙色拉油后，放入蒜片爆香，再加入豆拌炒，倒入豆腐乳水拌炒，放入盐和鸡粉调味，盖上锅盖，将肉豆焖软即可。

好吃秘诀

腐乳基本上味道都非常浓郁，且咸味足够，因此在调味上如果要加入盐就要注意，千万不要加太多，以免过咸。

164 甜豆荚炒甜椒

材料

甜豆荚…………150克
蒜片………………10克
红甜椒……………60克
黄甜椒……………60克

调味料

盐……………1/4小匙
鸡粉………………少许
米酒……………1大匙

做法

1. 甜豆荚去除头尾及两侧粗丝，洗净；红甜椒、黄甜椒去籽，洗净切条状，备用。
2. 热锅，倒入适量色拉油，放入蒜片爆香。
3. 加入甜豆荚炒1分钟，再放入甜椒条炒匀，最后加入所有调味料拌炒均匀即可。

甜豆荚要有好口感，一定要先摘除两侧的粗丝，吃起来才会鲜嫩。而豆类都有一股特殊的豆腥味，如果不爱这味道的人，可以事先将豆类过油或汆烫，可以减少这股味道。

165 豌豆荚炒培根

材料

豌豆荚……………200克
口蘑……………………50克
培根……………………50克
蒜末………………1/2小匙

调味料

盐……………………少许
鸡粉……………1/3小匙
米酒…………………1大匙

做法

1. 豌豆荚洗净，撕去两旁的粗纤维；口蘑洗净切片状；培根切小片状，备用。
2. 热锅，加入适量色拉油后，放入蒜末和培根拌炒至香味溢出，再加入豌豆荚、口蘑片充分拌匀，淋入米酒后，再加入盐和鸡粉调味。

好吃秘诀

口蘑又称蘑菇，如果非产季买不到时，也可以选择使用罐头腌渍的口蘑，基本上这种口蘑罐头没有调味过，适合搭配各种料理，不过因为腌渍后会有一股味道，使用前要先汆烫过。

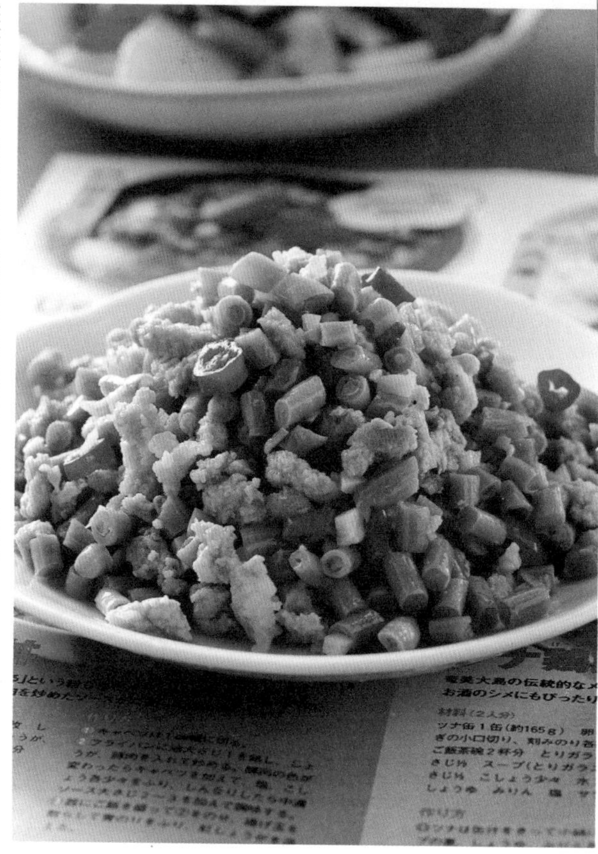

166 酸豆角炒肉末

材料

酸豆角……………300克
猪肉末……………150克
蒜末……………………10克
红辣椒丁……………15克

调味料

盐………………1/4小匙
细砂糖………………少许
鸡粉…………………少许
米酒…………………1大匙

做法

1. 酸豆角洗净切细丁备用。
2. 热锅加入蒜末和红辣椒丁爆香，放入猪肉末拌炒至猪肉末表面肉色变白。
3. 放入细酸豆角丁，翻炒约1分钟后加入所有调味料拌炒入味即可。

酸豆角是腌渍过的食材，味道非常浓郁，如果不喜欢酸豆角的酸呛味，使用前可以稍微冲洗一下，可以减少酸豆角的酸呛味。

167 酸辣炒三丝

材料

黄豆芽…………300克
胡萝卜丝…………30克
熟竹笋丝…………30克
黑木耳丝…………30克
蒜末…………10克
红辣椒片…………15克

调味料

A 盐…………1/2小匙
鸡粉…………1/4小匙
细砂糖…………1/4小匙
B 白醋…………1/2小匙
乌醋…………1小匙
辣椒油…………1小匙

做法

1. 黄豆芽去头尾后洗净，放入滚沸的水中略为汆烫后捞出，沥干水分备用。
2. 热锅倒入2大匙色拉油，加入蒜末和红辣椒片爆香。
3. 放入黄豆芽和其余材料拌炒1分钟，加入调味料A翻炒入味，再加入调味料B拌炒均匀即可。

好吃秘诀

常见的豆芽有绿豆芽及黄豆芽，许多人会把绿豆芽头尾摘除食用，但是黄豆芽就不适合这样做，因为黄豆芽豆子的部分口感清脆，可以替口感加分，摘除了会非常可惜。

168 辣炒酸菜

材料

酸菜…………300克
姜…………20克
红辣椒…………40克

调味料

细砂糖…………5大匙

做法

1. 酸菜剥成片，以清水冲洗干净，沥干水分后切粗丝，备用。
2. 红辣椒洗净切丝；姜去皮切碎，备用。
3. 热锅，倒入约4大匙色拉油烧热，放入红辣椒丝及姜碎以小火爆香，再加入酸菜丝及细砂糖，改中火翻炒约3分钟至水分完全收干即可。

酸菜本身的酸味和咸味都很重，清洗的时候可以稍微泡洗一下，味道才更好，下锅炒的时候也不需要加盐调味，稍微加点糖，反而可以让酸味和咸味变得温和。

169 培根XO酱西蓝花

材料

培根……20克
西蓝花……200克

调味料

XO酱……1/2大匙
米酒……1大匙

做法

1. 培根切丝；削去西蓝花表皮粗纤维，洗净切小朵，备用。
2. 煮一锅滚沸的水，放入西蓝花略微氽烫，捞出泡冷水，捞起备用。
3. 热锅放入少许色拉油，放入培根丝炒香，加入所有调味料和西蓝花以大火拌炒均匀即可。

好吃秘诀

XO酱是海鲜味十足的鲜美酱料，可广泛运用在各种食材，例如拌面、拌饭或者拌青菜等。利用XO酱调味也可以省去其他调味料的使用，迅速完成好吃又方便的美味料理。

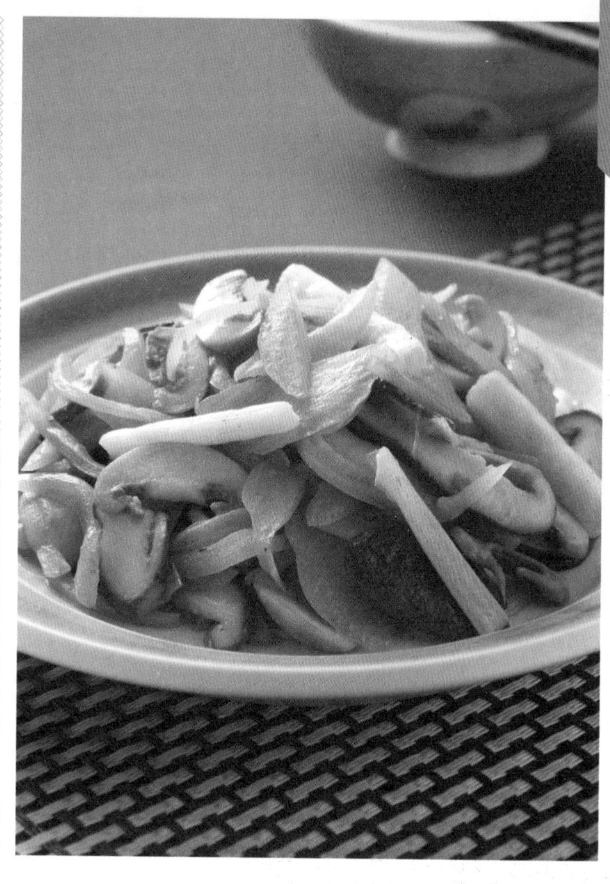

170 鲜菇炒双葱

材料

洋葱……120克
葱……80克
新鲜香菇……80克
口蘑……80克

调味料

鸡粉……适量
盐……适量
白胡椒粉……适量

做法

1. 洋葱洗净切丝；葱洗净切段；新鲜香菇及口蘑洗净切片，备用。
2. 热锅，倒入少许的色拉油烧热，放入洋葱丝以中火炒香，再加入鲜香菇片、口蘑片拌炒。
3. 最后放入所有调味料及葱段翻炒一下即可。

葱段最后再下锅翻炒，才不会因为水气而使得葱变软，吃起来才清甜爽口。

171 辣炒箭笋

材料

箭笋……………120克
水……………200毫升

调味料

辣豆瓣酱………1大匙
细砂糖……… 1/4小匙
素蚝油…………1小匙

做法

1. 箭笋放入滚水中汆烫约3分钟，再捞出沥干水分备用。
2. 热锅，加入1大匙色拉油，放入辣豆瓣酱略炒，再加入水、箭笋、其余调味料，以小火焖煮至汤汁收少即可。

172 杏鲍菇炒茭白

材料

杏鲍菇……………2条
茭白………………3条
青豆………………30克

调味料

盐………………少许
水………………1大匙
鸡粉……………少许

做法

1. 杏鲍菇洗净、切块备用。
2. 茭白剥除外皮后洗净、切长块。
3. 热一锅，倒入1大匙色拉油烧热至约80℃后放入做法1和做法2的所有材料及青豆以中火快炒均匀。
4. 锅内加入水、盐和鸡粉一起拌炒均匀至汤汁收干即可。

173 蒜味桂竹笋

材料

桂竹笋…………400克
甜豆荚…………50克
蒜………………30克

调味料

水……………150毫升
米酒…………30毫升
鸡粉……………3克
盐……………适量

做法

1. 桂竹笋煮熟去壳，拍裂成约5厘米的长段；蒜切成片状备用。
2. 热一锅，倒入适量色拉油，放入蒜片以中火炸至金黄色后捞起，再放入甜豆荚过油后捞起备用。
3. 再将桂竹笋段放入拌炒一下，加入水、米酒、鸡粉焖煮入味至略收汁，再放入蒜片、甜豆荚拌炒均匀，加盐调味即可。

174 红油桂竹笋

材料		调味料	
桂竹笋	250克	红油	4大匙
泡发香菇	60克	盐	1/2小匙
蒜末	20克	细砂糖	1大匙
		米酒	3大匙

做法

1. 桂竹笋切粗条，放入滚水中汆烫，捞出冲凉并沥干备用。
2. 泡发香菇洗净切丝备用。
3. 热锅，倒入红油和蒜末、香菇丝以小火爆香，再加入桂竹笋及盐、细砂糖、米酒，以中火翻炒约1分钟至水分收干即可。

好吃秘诀

桂竹笋汆烫后再下锅炒，可以去除竹笋上的怪味道，让笋香更纯粹地散发出来。而且搭配红油炒，香味会比使用色拉油更浓郁，添加较多的油分，可以降低氧化作用对好风味的影响，对于延长保存也很有帮助。

175 肉丝炒桂竹笋

材料		调味料	
桂竹笋	200克	客家豆酱	1大匙
猪肉丝	80克	酱油膏	1.5小匙
蒜末	1/2小匙		
水	100毫升		

做法

1. 桂竹笋切段洗净备用。
2. 猪肉丝加入腌料拌匀备用。
3. 热锅，加入适量色拉油，放入蒜末炒香，再加入猪肉丝炒至变白，续加入客家豆酱略炒，再加入水及酱油膏、桂竹笋，以小火煮至汤汁收少即可。

177 香菇竹笋

材料

泡发香菇……50克
竹笋……100克
上海青……200克
姜末……5克

调味料

盐……少许
蚝油……2大匙
水……3大匙
细砂糖……1/2小匙
白胡椒粉……1/4小匙
水淀粉……1小匙
香油……1小匙

做法

1. 泡发香菇去蒂洗净切小块；竹笋去壳洗净切滚刀块；上海青放入沸水中汆烫30秒后沥干，备用。
2. 热锅，倒入少许色拉油，放入上海青，加入少许盐，略翻炒后取出装盘备用。
3. 锅中倒入少许色拉油，放入姜末以小火爆香，再放入竹笋块及香菇块略炒香，加入蚝油、水、细砂糖及白胡椒粉。
4. 以小火煮约1分钟，待汤汁收至略干后以水淀粉勾芡，再洒上香油，装入做法2的盘中即可。

176 栗子炒竹笋

材料

干栗子……12颗
西蓝花……适量
虾仁……50克
鱼板……30克
杏鲍菇……1朵
鲜香菇……2朵
熟竹笋……100克
蒜末……10克
白果……30克

调味料

A 水……150毫升
盐……1/2小匙
鸡粉……1/2小匙
细砂糖……1/2小匙
米酒……1大匙
B 水淀粉……适量
香油……少许

做法

1. 干栗子泡水洗净，放入电饭锅内锅中，再加入可淹过栗子分量的水，并于外锅放入200毫升（分量外）的水，煮至开关跳起，再焖约10分钟备用。
2. 西蓝花切小朵，放入滚水中汆烫至颜色变深绿后捞出，放入冰水中略泡，沥干水分后排盘。
3. 虾仁去肠泥洗净；鱼板、杏鲍菇洗净切片；鲜香菇洗净切成四片；竹笋切块，备用。
4. 热一锅，放入2大匙色拉油，加入蒜末爆香，再加入鲜香菇片、杏鲍菇片略为拌炒，续放入栗子、虾仁、鱼板片、竹笋块与白果一起拌炒；加入调味料A炒至滚沸后，再以水淀粉勾薄芡，最后滴入香油增味，起锅盛入做法2的盘中即可。

178 皮蛋苋菜

材料

红苋菜 ………… 600克
皮蛋 ………………… 2个
蒜 …………………… 10克

调味料

高汤 ………… 100毫升
盐 ………………… 1小匙
细砂糖 ……… 1/2小匙
水淀粉 ………… 2大匙
香油 ……………… 1小匙

做法

1. 先将红苋菜洗净切小段；皮蛋去壳后切丁；蒜切片，备用。
2. 热锅，倒入少许色拉油爆香蒜片后放入红苋菜段略炒，再加入皮蛋、高汤煮滚。
3. 煮约2分钟至红苋菜软烂后加入盐及细砂糖，再用水淀粉勾薄芡，洒上香油即可盛盘。

好吃秘诀

一般煮菜时都会切去尾端较粗的根、茎，但在做这道料理时，因为要将苋菜煮得较软烂，所以只需切去根部即可，茎的地方完全保留，吃起来并不会因为太粗而影响口感。

179 银鱼炒苋菜

材料

银鱼50克、白苋菜300克、蒜末15克、姜末5克、胡萝卜丝10克、热高汤150毫升、水淀粉适量

调味料

A 盐1/4小匙、鸡粉1/4小匙、米酒1/2大匙、白胡椒粉少许
B 香油少许

做法

1. 银鱼洗净沥干；白苋菜洗净切段，放入沸水中汆烫1分钟，捞出，备用。
2. 热锅，倒入2大匙色拉油，放入姜末、蒜末爆香，再放入银鱼炒香。
3. 加入苋菜段及胡萝卜丝拌炒均匀，加入热高汤、所有调味料拌匀，以水淀粉勾芡，再淋上香油即可。

好吃秘诀

苋菜是方便又营养的好食材，不过涩味较重，若想去除涩味让料理更好吃，首先要将苋菜汆烫一下再烹调，起锅前再以水淀粉稍微勾薄芡，就能完全吃不出涩味。

180 蒜香茄子

材料

蒜苗……3根
茄子……1个
薄猪肉片……100克
红辣椒……1根

调味料

味醂……1/2大匙
米酒……1大匙
细砂糖……1大匙
水……50毫升

做法

1. 茄子和蒜苗皆洗净，斜切成1.5厘米的厚段备用。
2. 红辣椒洗净切片；所有调味料调匀，备用。
3. 将热锅，倒入适量的色拉油，放入茄子段煎至茄子软化，取出备用。
4. 倒出锅内多余的油，放入薄猪肉片拌炒至肉片颜色变白，加入蒜苗段拌炒一下，再放入茄段拌炒，最后倒入所有调味料拌炒均匀入味即可。

好吃秘诀

茄子先经过油炸或油煎，烹煮之后颜色比较不容易黑黑的，略有定色的效果，但是也不能炸得太过喔！

181 酱香茄子

材料

茄子250克、猪肉末30克、葱20克、蒜10克、姜10克

调味料

辣豆瓣酱2大匙、白醋2小匙、细砂糖1大匙、水3大匙、水淀粉1小匙、香油1小匙

做法

1. 茄子洗净后切滚刀；葱洗净切葱花；蒜、姜洗净切末，备用。
2. 热锅，加入约500毫升的色拉油烧热至约180℃，将茄子下锅炸约1分钟后捞起沥干油。
3. 另热锅，倒入约1大匙色拉油，以小火爆香葱花、蒜末及姜末。
4. 续加入猪肉末，炒至猪肉末散开后加入辣豆瓣酱炒香，再加入水、白醋、细砂糖煮开后加入茄子，炒至汤汁略干后加入水淀粉勾芡，再撒上香油即可。

好吃秘诀

做这道菜的省钱秘诀在使用的猪肉末可以买现成绞好的肉，而若不喜欢茄子容易变黑、影响卖相，大厨教你在将茄子切块后立刻泡入清水中隔绝空气，就能让茄子不容易变黑，看起来较美观。

182 罗勒茄子

| 材料 |

茄子……………500克
罗勒………………30克
蒜片………………10克
姜末………………10克
红辣椒片…………10克

| 调味料 |

盐………………1/4小匙
鸡粉………………少许
细砂糖……………少许
蚝油………………1小匙

| 做法 |

1. 茄子洗净，去蒂头并切成段状；罗勒洗净取嫩叶部分，备用。
2. 热锅，加入适量色拉油，放入茄子，以160℃油温将茄子炸至微软后，捞出沥油备用。
3. 另取锅，加入少量色拉油，放入蒜片、姜末、红辣椒片爆香后。
4. 接续前锅，加入茄子、所有调味料拌炒，最后放入罗勒炒至入味即可。

183 豆豉茄子

| 材料 |

茄子…………约350克
罗勒………………20克
红辣椒……………10克
姜…………………10克
葵花籽油…………1大匙
水……………150毫升

| 调味料 |

豆豉………………20克
细砂糖…………1/2小匙
盐…………………少许
高鲜味精…………少许

| 做法 |

1. 罗勒取嫩叶洗净；红辣椒、姜洗净切片，备用。
2. 茄子洗净去头尾、切段；热油锅至油温约160℃，放入茄子段炸至微软后捞出沥油，备用。
3. 热锅倒入葵花籽油，爆香姜片，放入豆豉炒香，再放入红辣椒片和茄子段拌炒。
4. 放入其余调味料和水拌炒均匀，再放入罗勒叶炒至入味即可。

184 柴鱼片炒西蓝花

材料

西蓝花…………150克
菜花……………150克
细柴鱼片……… 适量
苹果………………1个
蒜片……………… 少许

调味料

淡色酱油……1/2大匙
味醂…………1/2大匙

做法

1. 菜花和西蓝花去粗纤维，切小朵后放入滚沸的水中汆烫至熟，捞出沥干水分，备用。
2. 苹果去籽切片；热锅倒入少许色拉油，放入苹果片略煎，取出备用。
3. 热锅，倒入少许色拉油，放入蒜片炒香，再放入菜花和西蓝花以及所有调味料煎炒至西蓝花上色。
4. 放入细柴鱼片拌炒均匀即可。

好吃秘诀

冬季盛产的西蓝花卖相佳又好吃，买回家以后如果没有马上要烹煮，先别急着削，也别用水洗，否则会很快烂掉喔！

185 黄金柚香莲藕

材料

莲藕…………… 300克
枸杞子…………1大匙

调味料

韩式柚子茶酱‥2大匙
细砂糖…………1大匙
水………………… 适量

做法

1. 将莲藕去皮，再切成小片状，浸泡入冷水中备用。
2. 取一个汤锅，加入莲藕、枸杞子与所有调味料。
3. 以小火煮开，再转中火烧煮至莲藕稍软即可。

好吃秘诀

柚子茶酱除了可以泡茶饮用之外，酸酸甜甜的味道还可以拿来料理，有意想不到的好滋味。其实家里冰箱常有各种果酱，不妨加点创意拿来料理，就不怕放到过期。

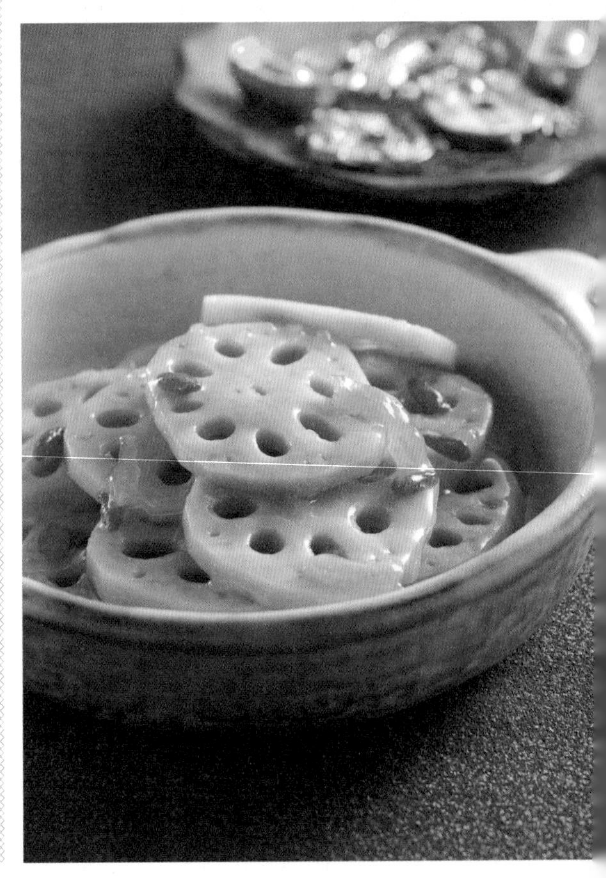

186 姜丝炒川七

材料

川七……………300克
姜丝………………15克
黑香油…………2大匙
枸杞子……………少许

调味料

盐…………………少许
鸡粉…………1/4小匙
米酒………………1大匙

做法

1. 川七洗净，沥干备用。
2. 取锅烧热，加入2大匙黑香油，放入姜丝爆香。
3. 再放入川七，以大火快速拌炒几下后，加入泡软的枸杞子和所有调味料炒匀即可。

川七加热后会变黏稠，很多人喜欢这种口感，实际上它也是肠道的“清道夫”，和黑香油、姜丝一起炒更美味。

187 香油炒红凤菜

材料

红凤菜…………300克
姜丝………………15克
黑香油…………2大匙
枸杞子……………少许

调味料

盐…………1/4小匙
鸡粉………………少许
米酒………………1大匙

做法

1. 红凤菜摘取嫩叶洗净备用。
2. 热锅，加入2大匙黑香油，放入姜丝爆香。
3. 放入红凤菜叶拌炒，最后再加入所有的调味料和泡软的枸杞子炒至入味即可。

好吃秘诀

红凤菜可清热，铁质含量高，加热后多汁色红，自古就被认为是补血的良品。用黑香油和老姜爆炒，正好可中和红凤菜的偏凉性。

188 土豆炒肉末

材料

猪肉末…………120克
土豆…………………2个
蒜末………………10克
葱末………………10克
红辣椒……………1根
高汤…………80毫升

调味料

A 盐…………1/2小匙
鸡粉………1/2小匙
酱油………1/2大匙
米酒………1/2大匙
B 白胡椒粉……少许

做法

1 土豆去皮切丝后泡水；红辣椒洗净切丝，备用。
2. 热一锅，放入2大匙色拉油，加入蒜末、葱末爆香后，放入猪肉末炒散。
3. 再加入红辣椒丝、土豆丝拌炒一下，加入高汤炒至土豆丝稍软。
4. 续加入调味料A炒至入味，最后加入调味料B拌炒一下即可。

好吃秘诀

大多时候土豆都用来炖煮，因为大块的土豆在炖煮之后具有绵密松软的口感，不过其实切丝之后简单炒肉末，土豆的口感就会很不一样，香香脆脆的，非常爽口下饭。

189 辣炒脆土豆

材料

土豆……………100克
干辣椒段………10克
青椒………………5克
花椒………………2克

调味料

盐………………1小匙
细砂糖………1/2小匙
鸡粉…………1/2小匙
白醋……………1小匙
黑胡椒粉………适量

做法

1. 土豆去皮切丝；青椒去籽洗净切丝，备用。
2. 热锅，倒入适量色拉油，放入花椒爆香后，捞除花椒，再放入干辣椒段炒香。
3. 放入做法1的材料炒匀，加入所有调味料炒匀即可。

好吃秘诀

这道菜就是要吃土豆的脆度，因此土豆千万别炒太久，以免吃起来口感太过松软。

190 三杯胡萝卜

材料

胡萝卜………200克
洋葱………………50克
蒜……………………8粒
红辣椒……………1根
姜…………………50克
罗勒………………50克

调味料

酱油膏…………40克
米酒……………1大匙
细砂糖…………1大匙
水……………400毫升

做法

1. 胡萝卜、洋葱去皮切大块；红辣椒洗净切大段；姜洗净切片，备用。
2. 热锅，倒入适量色拉油，放入红辣椒段、姜片及蒜爆香。
3. 加入洋葱块炒软，再放入胡萝卜块及所有调味料煮沸。
4. 盖上锅盖，转小火焖煮至胡萝卜变软熟透，再放入罗勒拌匀即可。

好吃秘诀

这是比较简单的做法，一样美味好吃；如果喜欢吃口味重一点，可以先把姜片、蒜、红辣椒都先炸至金黄，再利用这些油来炒材料，并加入刚炸过的辛香料。

191 蔬菜咖喱

材料

胡萝卜…………30克
白萝卜…………30克
土豆……………30克
洋葱……………10克
青椒……………10克

调味料

咖喱粉…………1大匙
鸡粉…………1/2小匙
盐………………1小匙
细砂糖………1/2小匙
水……………300毫升

做法

1. 胡萝卜、白萝卜、土豆、洋葱去皮切块；青椒去籽洗净切块，备用。
2. 热锅，倒入少量色拉油，放入咖喱粉炒香。
3. 加入做法1的所有材料炒匀，再加入其他调味料炒至蔬菜熟即可。

好吃秘诀

这道咖喱蔬菜是用炒的，所以不需要切太大块，否则不容易入味也不容易熟；如果是要用炖煮的，记得要切大块，以免为了炖煮入味让蔬菜糊烂。

192 时蔬炒粉条

材料

葱……2根
粉条……100克
圆白菜……200克
洋葱……1/2个
黑木耳……100克
胡萝卜……50克
猪肉丝……100克
蒜末……10克

调味料

A 水……200克
酱油……54毫升
细砂糖……15克
胡椒粉……3克
B 香油……18毫升

做法

1. 葱洗净切段状；粉条泡软；圆白菜、洋葱、黑木耳、胡萝卜洗净沥干切丝，备用。
2. 取锅，加入适量色拉油烧热，加入蒜末炒香，放入猪肉丝炒散，将做法1的所有食材（粉条除外）放入拌炒均匀，续加入所有调味料A拌炒均匀。
3. 续将粉条加入，拌炒至粉条变软且吸收了汤汁，起锅前淋入香油，盛入盘中即可。

193 炒素鸡米

材料

面肠……150克
胡萝卜……150克
玉米粒……150克
鲜香菇……3朵
青豆……150克
姜……5克
葵花籽油……2大匙

调味料

盐……1/2小匙
细砂糖……少许
香菇粉……少许
胡椒粉……少许

做法

1. 面肠、胡萝卜、鲜香菇洗净切丁；姜洗净切末，备用。
2. 取胡萝卜丁、玉米粒、青豆放入滚水中快速汆烫，捞出沥干水分备用。
3. 热锅倒入葵花籽油，爆香姜末，放入鲜香菇丁、面肠丁炒香。
4. 放入胡萝卜丁、玉米粒、青豆拌匀，再加入所有调味料炒至入味即可。

194 麻婆豆腐

材料

豆腐……3块
猪肉末……100克
葱……2支
蒜末……1大匙
花椒末……2小匙
水淀粉……适量

调味料

盐……1小匙
细砂糖……2小匙
鸡粉……2小匙
辣椒酱……2大匙
水……240毫升
香油……适量

做法

1. 豆腐切小丁后，放入沸水中汆烫去除豆涩味；葱洗净切葱花，备用。
2. 热一锅倒入适量色拉油，放入花椒末、猪肉末、蒜末爆香。
3. 加入所有调味料以大火炒至沸腾，转小火加入豆腐丁煮至豆腐略为膨胀，以水淀粉勾芡，再淋上香油并加入葱花拌匀即可。

好吃秘诀

豆类制品像是豆腐、豆皮、豆包、豆干，都已经是熟的食材，所以在烹调中只需要让豆制品入味即可，搭配浓郁的酱汁大火烧煮再稍微勾芡，立刻就能完成。

195 家常豆腐

材料

老豆腐……300克
猪肉丝……30克
姜丝……10克
葱丝……10克
红辣椒丝……5克

调味料

沙茶酱……1大匙
酱油……2大匙
细砂糖……1大匙
米酒……1大匙
水……5大匙
香油……1/2小匙

做法

1. 老豆腐切成约1.5厘米厚备用。
2. 热锅，加入1大匙色拉油，放入老豆腐煎至两面焦黄，捞起备用。
3. 原锅中倒入1大色拉油，放入姜丝、葱丝和红辣椒丝以小火爆香，再放入猪肉丝炒至肉色变白，加入所有调味料（香油先不加入）快炒。
4. 最后再放入老豆腐，以小火煮约2分钟至汤汁略收干，淋上香油即可。

196 酱香豆腐

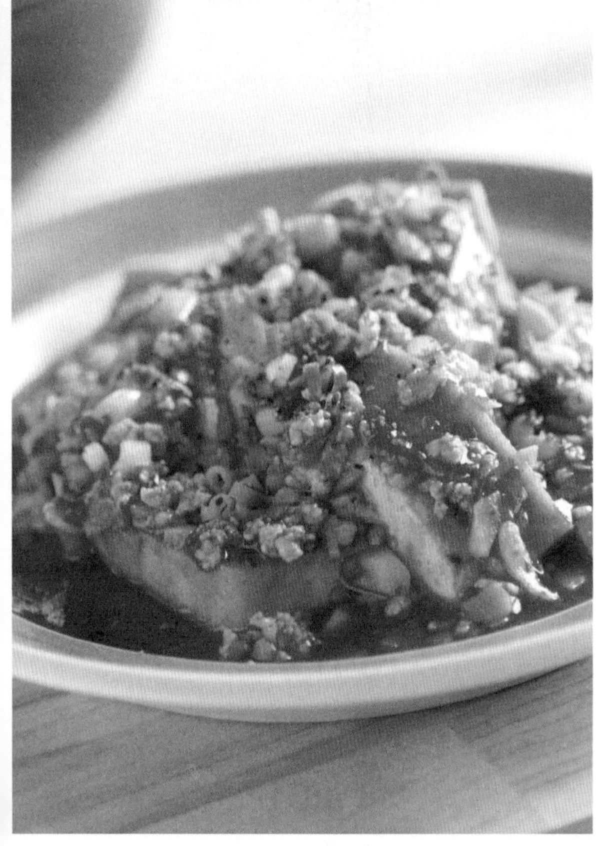

材料

老豆腐……1块
猪肉末……10克
蒜……2粒
葱……1根

调味料

辣豆瓣酱……1大匙
黑胡椒粉……少许
酱油……1小匙
鸡粉……1/2小匙
细砂糖……1小匙
水……300毫升
水淀粉……1小匙

做法

1. 老豆腐切厚片；蒜、葱洗净切末，备用。
2. 热锅，倒入适量色拉油，放入蒜末与猪肉末、辣豆拌酱炒香。
3. 放入其余调味料与老豆腐煮至入味。
4. 撒上葱末即可。

好吃秘诀

辣豆瓣酱事先炒过，味道与香气会更浓郁，不过风味也会比较辣，如果不敢吃太辣的人，可以最后再放入辣豆瓣酱炒匀即可。

197 金沙豆腐

材料

嫩豆腐1盒、面粉少许、熟咸蛋黄2个、葱1根、香菜1棵、水1大匙、水淀粉适量

调味料

白胡椒少许、香油1大匙、开水200毫升、盐少许

做法

1. 嫩豆腐切成大块正方形，表面再裹上面粉，放入油温200℃的油锅中炸成金黄色、定型，取出沥油后盛盘备用。
2. 熟咸蛋黄切成碎状；葱与香菜洗净切成碎状，备用。
3. 热锅，加入1大匙色拉油，加入咸蛋黄碎，以中小火炒至起泡，加入1大匙的水续炒至汤汁浓稠。
4. 再加入葱碎、香菜碎及所有调味料，以中火翻炒均匀，以水淀粉勾薄芡后，淋在炸豆腐上即可。

好吃秘诀

因为炸豆腐要趁热上桌，口感才不会变差，外观也不会坍塌，因此不适合事先炸好备用。

199 葱烧豆腐

材料

老豆腐……………1块
红辣椒……………1根
葱…………………2根

调味料

酱油………………1大匙
鸡粉……………1/2小匙
糖………………1/2小匙
水…………… 400毫升

做法

1. 老豆腐切厚片；红辣椒、葱洗净切段，备用。
2. 热锅，倒入少许色拉油，放入老豆腐片煎至两面金黄。
3. 加入葱段、红辣椒段及所有调味料煮至沸腾即可。
4. 盖上锅盖转小火，烧煮至汤汁略干即可。

198 蚝油豆腐

材料

百叶豆腐…………1条
芥蓝……………150克
姜…………………1小块
高汤………… 150毫升

调味料

蚝油………………1大匙
鸡粉………… 1/4小匙
细砂糖 …………… 少许
米酒……………1/2大匙

做法

1. 百叶豆腐切片；芥蓝洗净挑去老茎，留嫩叶部分；姜洗净切末，备用。
2. 芥蓝放入加了少许盐和油的滚水（材料外）中汆烫，待熟后捞出泡冰水至凉，捞出沥干排盘，备用。
3. 热锅，放入2大匙色拉油烧热，放入姜末以中火爆香，再放入百叶豆腐片以小火煎至定形再翻面；倒入高汤及所有调味料以中火煮至滚沸后，转小火续煮至汤汁微干即起锅，排入做法2的盘中即可。

200 宫保豆腐

材料

老豆腐……………2块
葱……………………2根
蒜末………………1小匙
干辣椒段………2大匙
蒜味花生………2大匙
花椒………………1小匙
高汤………… 50毫升

调味料

A 酱油…………1小匙
细砂糖………2小匙
镇江香醋……1小匙
酱油………1/2小匙
B 水淀粉………1小匙

做法

1. 老豆腐洗净，平均切小块状，放入160℃的油锅中，炸至表面呈金黄色后捞出沥油；葱洗净切段；干辣椒段泡水至软沥干，备用。
2. 锅中留少许油，加入蒜末、干辣椒段、花椒、葱段拌炒2分钟，再加入老豆腐、高汤、所有调味料A拌炒均匀。
3. 续放入水淀粉勾芡，再撒上蒜味花生拌匀即可。

干辣椒及花椒要先用小火炒过，将辣味的香气炒出来后，再拌炒老豆腐，才有宫保的香气及口感。

201 香椿豆腐

材料

豆腐…………………1盒
胡萝卜……………30克
金针菇……………50克
香椿……………… 适量
姜丝………………10克
高汤………… 50毫升

调味料

盐……………1/4小匙
香菇粉……… 1/4小匙
香油……………1小匙

做法

1. 豆腐切块，浸泡在热水中备用。
2. 胡萝卜洗净切丝；金针菇去根部后洗净切段；香椿洗净切细丝，备用。
3. 胡萝卜丝和金针菇段放入滚水中汆烫一下，捞起沥干备用。
4. 热锅，放入1大匙色拉油烧热，以中火爆香姜丝，再放入约1/2的香椿丝拌炒至香味四溢，续入豆腐块、胡萝卜丝、金针菇段、盐、香菇粉及高汤拌炒入味，最后撒上剩余的香椿丝并淋上香油即可。

202 肉酱烧豆腐

材料

盒装豆腐…………1盒
肉酱罐头…………1罐
葱花………………20克

调味料

水………………2大匙
水淀粉…………1小匙
香油……………1小匙

做法

1. 豆腐取出，稍微冲洗后切成小块备用。
2. 热锅，倒入肉酱，以小火炒出香味，加入水与豆腐煮匀，最后以水淀粉勾芡并淋上香油、撒上葱花即可。

好吃秘诀

遇到不容易吸收汤汁的材料，像是豆腐的时候，总是越煮酱汁越咸，豆腐吃起来却还是淡淡的，这时候与其花更长时间小火慢煮，不如稍微勾点薄薄的芡汁，当汤汁较浓稠的时候就能包覆在豆腐上，让豆腐和汤汁融合在一起，不会吃起来有两个味道。

203 辣味炒豆腐

材料

四角厚片油豆腐··5块
葱段……………… 适量
蒜片……………… 适量
辣椒粉……………3克

调味料

酱油…………… 2大匙
细砂糖…………1大匙

做法

1. 将四角厚片油豆腐入滚水汆烫去油脂，捞起后各切成4小块备用。
2. 锅烧热，倒入2大匙色拉油，放入蒜片和辣椒粉以小火炒香，加入葱段和所有调味料拌炒均匀。
3. 再放入油豆腐块充分拌炒入味即可。

204 萝卜蟹黄豆腐

材料

胡萝卜…………1/2根
蟹肉棒……………2支
豆腐………………1盒
姜末…………1/2小匙
葱末…………1/2小匙
水…………… 100毫升

调味料

盐……………1/2小匙
水淀粉…………1大匙
香油……………… 少许

做法

1. 胡萝卜洗净去皮，用小刀从表面刮出胡萝卜泥约5大匙备用。
2. 将蟹肉棒斜刀切成4等份；豆腐切四方丁，备用。
3. 热锅，加入1大匙色拉油，放入姜末和葱末拌炒，再放入胡萝卜泥，以小火炒约3分钟后；加入水、豆腐丁和调味料（水淀粉先不加入），煮约2分钟后加入蟹肉棒，并用水淀粉勾芡即可。

205 蟹肉豆腐

材料

老豆腐 …………… 2块
冷冻蟹肉 ………… 1盒
姜末 …………… 1小匙
葱末 ………… 1/2小匙
葱丝 ……………… 20克
水淀粉 …………1大匙

调味料

盐 …………………1小匙
胡椒粉 ………1/2小匙
香油 ………………1小匙
高汤 ……… 200毫升

做法

1. 老豆腐洗净，剖半切成四方丁，泡入热盐水中约3分钟，取出沥干，备用。
2. 取锅，加入适量的水，待水滚后，放入冷冻蟹肉，以小火煮约3分钟捞出。
3. 另热锅，倒入适量色拉油，加入姜末、葱末以小火炒香。
4. 续加入所有调味料、豆腐丁及蟹肉，以小火煮约3分钟，再以水淀粉勾芡，撒上葱丝及红辣椒丝（材料外）即可。

好吃秘诀

此道料理要以较浓比例的水淀粉勾芡，否则以豆腐容易出水的特性，整道料理上桌时，外观会呈现“水水”的样子，味道也不易裹覆在豆腐上。

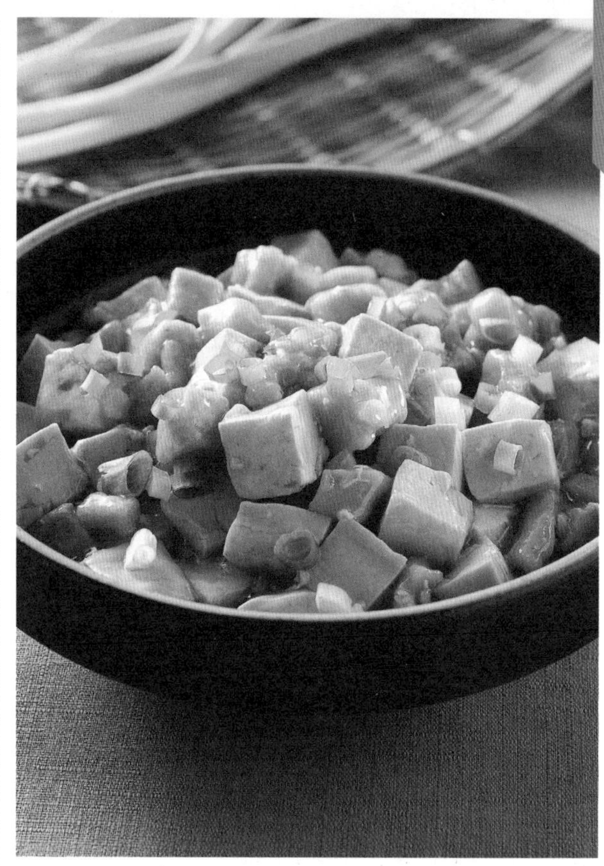

206 咸鱼鸡粒豆腐煲

材料

老豆腐 ……………2块
去骨鸡腿肉 ····150克
咸鲭鱼肉…………50克
蒜末…………1/2小匙
葱花………………1小匙
水淀粉 ………… 2小匙

调味料

蚝油…………… 2小匙
细砂糖 ………1/2小匙
米酒………………1小匙
胡椒粉 ……… 1/4小匙
香油………………1小匙
高汤………… 150毫升

做法

1. 老豆腐洗净切成1.5厘米的立方丁；去骨鸡腿肉洗净切丁，加入少许盐（材料外）及淀粉（材料外）腌渍；咸鲭鱼肉切段，备用。
2. 热锅，放入适量色拉油，放鸡丁，炒至肉色变白盛起；锅中续放入蒜末、咸鲭鱼段略拌炒，取出鲭鱼段切碎。
3. 续于锅中加入所有调味料及老豆腐丁，以小火煮约3分钟，淋入水淀粉勾芡，并撒上鲭鱼碎及葱花即可。

好吃秘诀

鸡粒要先腌渍，再过油或煎炒，口感就不怕干涩；而咸鲭鱼先切段油炸，才取出切碎，可让咸鱼香脆。此外，最后勾芡时的火候要转小火，才不会结块。

208 乳酪煎豆腐

材料

水豆腐……1块
乳酪丝……30克
七味粉……少许
香菜……1棵

调味料

豆浆……100毫升
酱油……1大匙
味醂……1大匙

做法

1. 水豆腐横切成4片；香菜洗净切成细末；所有调味料混合均匀成酱汁，备用
2. 锅烧热，倒入色拉油，放入水豆腐片，以小火煎至双面金黄，再淋入做法1的酱汁，烧煮至入味。
3. 在锅中撒上乳酪丝，煮至乳酪溶化，起锅前再撒上七味粉和香菜末即可。

207 嫩煎黑胡椒豆腐

材料

老豆腐……1块
葱……适量
红辣椒……适量

调味料

黑胡椒粉……1/2小匙
盐……1/2小匙

做法

1. 老豆腐切厚片抹上盐；葱洗净切丝；红辣椒切末，备用。
2. 热锅，倒入少许色拉油，放入豆腐片，煎至表面金黄酥脆。
3. 撒上黑胡椒粉、葱丝与红辣椒末，再稍煎一下即可。

煎豆腐的时候锅中的油温都要够高，再于豆腐的表面抹上盐，煎的时候才不容易粘锅，煎好的豆腐放凉了才不易出水，口感也会更外酥内嫩。

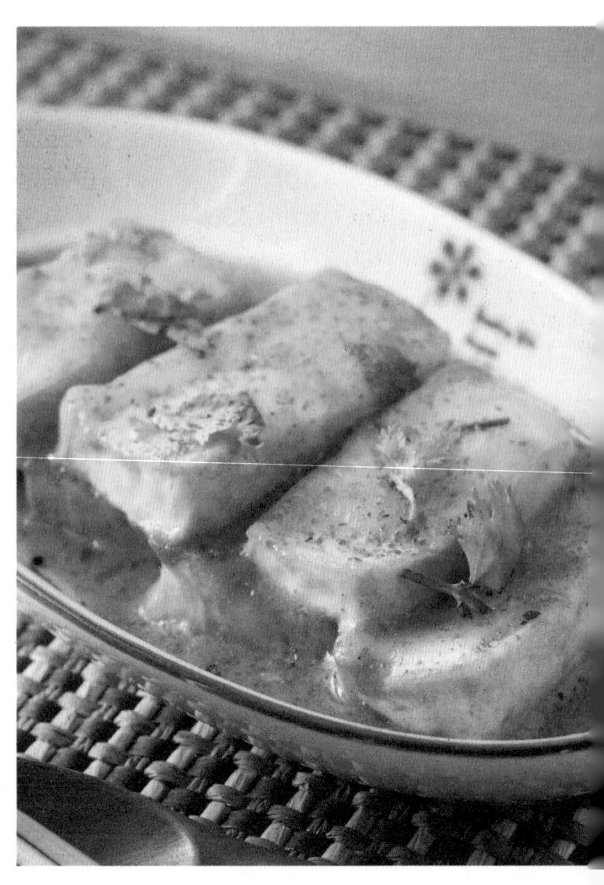

209 香煎豆腐饼

材料

老豆腐……………1块
猪肉末……………30克
胡萝卜丝…………10克
小黄瓜丝…………5克

调味料

酱油………………1小匙
鸡粉………………1小匙
白胡椒粉…………1小匙

做法

1. 胡萝卜去皮切丝；小黄瓜洗净切丝，备用。
2. 将豆腐捣碎，拌入做法1的材料与所有调味料拌匀。
3. 再将做法2的豆腐泥整形成饼状。
4. 热锅，倒入少许色拉油，放入做法3的豆腐饼，以中小火煎至两面金黄酥脆即可。

豆腐是容易烧焦的食材，因此千万不能以大火煎，否则容易烧焦。

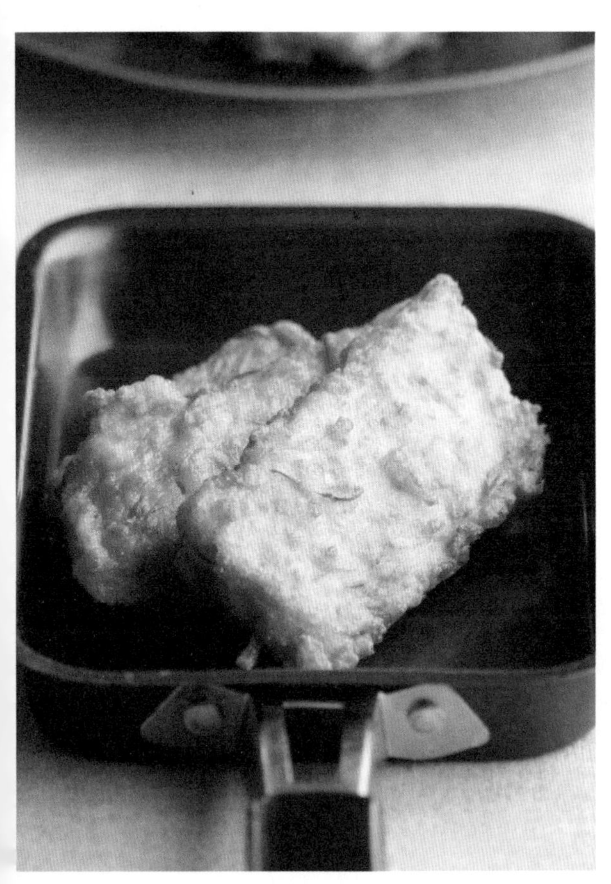

210 红烧油豆腐镶肉

材料

三角油豆腐………6个
猪肉末……………50克
青豆………………5克
玉米粒……………5克
红甜椒丁…………5克
柴鱼片……………适量

调味料

酱油………………1大匙
鸡粉……………1/2小匙
细砂糖…………1/2小匙
水……………300毫升

腌料

盐………………1/2小匙
香油………………1小匙

做法

1. 猪肉末加入所有腌料、青豆、玉米粒及红椒丁拌匀备用。
2. 油豆腐剪开一个开口，塞入猪肉泥。
3. 将油豆腐放入锅中，加入所有调味料烧至入味。
4. 起锅撒上柴鱼片即可。

好吃秘诀

油豆腐如果有一股油脂味，可能就是放太久或是店家油炸的油不新鲜所致，可以放入沸水中汆烫，再捞起沥干就可以减少这股味了。

211 豆干肉丝

材料

豆干……………120克
猪肉丝 …………40克
红辣椒丝…………8克
葱丝……………… 适量

调味料

酱油…………… 2大匙
细砂糖 …………1小匙
水 ……………… 30毫升
香油……………1小匙

做法

1. 豆干洗净切丝，备用。
2. 热锅，倒入1大匙色拉油烧热，放入葱丝及红辣椒丝，以小火爆香，加入猪肉丝快速炒散。
3. 再加入豆干丝及酱油、细砂糖、水，以中小火炒约2分钟至水分收干，最后淋上香油即可。

212 丁香鱼炒豆干

材料

豆干…………………5块
丁香鱼 …………100克

调味料

红辣椒 ……………1根
蒜 …………………1粒
盐 ……………1/4小匙
细砂糖 ………1/2小匙
酱油……………1小匙
水 ……………… 50毫升

做法

1. 将每块豆干横切成2片，再切成0.5厘米宽条状；红辣椒洗净切丝；蒜洗净切末，备用。
2. 将丁香鱼洗净后泡水，泡到变软后沥干。
3. 取锅烧热后，放入1大匙色拉油，转小火放入切好的豆干与沥干的丁香鱼炒3分钟。
4. 放入蒜末炒30秒，再加入红辣椒丝及所有调味料，继续翻炒至水分收干即可。

213 官印豆干炒芹菜

材料

大黄色官印豆干 ‥1个
芹菜………………2根
蒜片……………… 适量

调味料

盐 …………………1小匙
细砂糖 ………1/2小匙

做法

1. 豆干切条备用。
2. 芹菜去叶洗净切段备用。
3. 起油锅，爆香蒜片，放入豆干条炒干。
4. 再放芹菜段及调味料略炒后即可食用。

214 糖醋豆干

材料

豆干……………………4块
青椒……………………10克
红甜椒…………………10克
黄甜椒…………………10克
洋葱……………………10克
葱花……………………少许

调味料

番茄酱…………………1大匙
白醋……………………1大匙
细砂糖…………………2大匙
盐………………………少许

做法

1. 豆干切斜片；青椒、红甜椒、黄甜椒洗净去籽切片；洋葱去皮切片，备用。
2. 热锅，加入少许色拉油，放入豆干片炒至表面酥干金黄。
3. 再加入所有调味料和做法1的其余材料，炒至入味，撒上葱花即可。

215 蒜苗辣炒豆干丁

材料

黑豆干…………………3块
蒜苗……………………100克
红辣椒…………………20克
蒜末……………………10克

调味料

辣豆瓣酱………………1.5大匙
盐………………………1/4小匙
细砂糖…………………1/2小匙
酱油……………………少许
米酒……………………1大匙
乌醋……………………1小匙

做法

1. 黑豆干洗净切丁；蒜苗洗净切小段；红辣椒洗净切片，备用。
2. 热锅加入2大匙色拉油，放入黑豆干丁炒至微焦，放入蒜末爆香。
3. 放入红辣椒、蒜苗炒香，加入调味料炒入味即可。

216 香菜炒干丝

材料

猪肉丝100克、豆干200克、香菜梗50克、红辣椒丝10克、蒜末10克

调味料

酱油1大匙、盐少许、细砂糖1/2小匙、米酒1大匙、胡椒粉少许

腌料

酱油少许、米酒1小匙、淀粉少许

做法

1. 先将猪肉丝与腌料混合拌匀。
2. 豆干切丝；香菜梗洗净切段备用。
3. 猪肉丝放入油锅中稍微过油后捞出；豆干放入油锅中炸约1分钟后捞出沥油。
4. 热锅，加入1大匙色拉油，放入蒜末、红辣椒丝爆香，加入猪肉丝、豆干丝拌炒，再加入香菜梗、调味料，炒至所有材料入味即可。

217 萝卜干煎蛋

材料

萝卜干……80克
鸡蛋……3个
葱……1根

调味料

鸡粉……少许
细砂糖……1/2小匙
米酒……1/4小匙
淀粉……1/4小匙
香油……少许

做法

1. 萝卜干洗净后切细末；葱洗净并沥干水分后切细末，备用。
2. 取一干净大碗，打入鸡蛋后再放入萝卜干、葱末及所有调味料一起拌匀。
3. 起一锅，待锅烧热放入2大匙色拉油，再倒入做法2的材料煎至七分熟后，翻面煎至呈金黄色即可。

218 酱香煎蛋

材料

鸡蛋……7个
荸荠……35克
蒜末……10克
姜末……5克
猪肉末……60克
葱花……10克
香菜……适量

调味料

辣椒酱……2大匙
酱油……1小匙
细砂糖……2小匙
水……150毫升
水淀粉……1大匙

做法

1. 鸡蛋打散成蛋液；荸荠洗净去皮切碎备用。
2. 热平底锅，倒入4大匙色拉油，将蛋液倒入锅中，以小火以煎烤的方式将蛋煎成两面金黄后盛盘。
3. 续加热平底锅，以小火爆香蒜末和姜末，加入猪肉末炒至肉末变白散开，再加入辣椒酱略炒几下。
4. 加入荸荠碎、葱花、酱油、细砂糖和水翻炒均匀，煮至滚沸后用水淀粉勾芡再淋至蛋上，撒上香菜即可。

219 滑蛋虾仁

材料

虾仁……………80克
鸡蛋……………4个
葱花……………15克

调味料

盐……………1/4小匙
米酒……………1小匙
水淀粉……………2大匙

做法

1. 先将虾仁用刀从虾背划开（深约至1/3处），再将虾仁入锅汆烫，水滚后5秒即捞出冲凉沥干。
2. 鸡蛋、盐及米酒混合拌匀后，加入虾仁、水淀粉及葱花拌匀成蛋液。
3. 热锅，加入约2大匙色拉油，将蛋液再拌匀一次后倒入锅中，以中火翻炒至蛋凝固盛盘，再以香菜（材料外）装饰即可。

好吃秘诀

除了使用虾仁较便宜外，还可以在虾仁的背后划刀，让虾仁在烹煮的过程中不会缩得太小而没有分量。在做这道菜时要注意时间的控制，蛋不需要煮太久，以免太老，影响口感。

220 西红柿炒蛋

材料

西红柿……………1个
鸡蛋……………4个
葱……………1根
蒜末……………2小匙
水淀粉……………适量
香油……………适量

调味料

盐……………1小匙
细砂糖……………2小匙
鸡粉……………1小匙
米酒……………1大匙
胡椒粉……………1小匙
水……………120毫升

做法

1. 西红柿洗净切块；葱洗净切段；鸡蛋打散成蛋液，备用。
2. 热一锅倒入适量色拉油，放入蒜末与葱段爆香后，放入蛋液炒至熟透。
3. 加入西红柿块、所有调味料炒至汤汁沸腾，以水淀粉勾芡后加入香油拌匀即可。

222 黑木耳炒蛋

材料

鸡蛋……………………3个
豆干……………………2块
胡萝卜…………………5克
鲜黑木耳………………5克
葱段…………………少许
罗勒…………………少许

调味料

盐……………………1小匙
鸡粉……………1/2小匙

做法

1. 鸡蛋打散成蛋液；豆干、鲜黑木耳洗净切丝；胡萝卜去皮切丝；葱洗净切葱段，备用。
2. 将做法1的材料混合在一起，再加入所有调味料拌匀。
3. 热锅，倒入适量色拉油，倒入蛋液，以中小火煎至成形但表面仍呈滑嫩状，立即炒散即可。

好吃秘诀

冰箱如果有剩下什么食材分量不多，只要不是水分过多或是不容易出水的食材，都可以切成丝加入蛋液中，炒成一盘美味的炒蛋，美味又不浪费喔！

221 胡萝卜炒蛋

材料

胡萝卜…………1/2条
鸡蛋…………………3个
酱油………………1小匙

调味料

盐…………………1小匙
鸡粉………………少许

做法

1. 胡萝卜去皮刨丝，用1小匙酱油腌约5分钟备用。
2. 鸡蛋打散成蛋液，放入热油锅中炒散盛起。
3. 原锅放油少许，炒香胡萝卜丝后，加入蛋液拌炒匀，最后加入调味料调味即可。

223 甜椒炒蛋

材料

鸡蛋…………………5个
红甜椒……………40克
青椒………………40克
洋葱………………20克

调味料

甜辣酱…………2大匙
水淀粉…………1大匙

做法

1. 鸡蛋打散后加水淀粉拌匀；红甜椒、青椒及洋葱洗净切丁，备用。
2. 热锅，加入1大匙色拉油，放入洋葱丁、红甜椒丁和青椒丁，炒至洋葱微软后，全部盛入容器中和蛋液混合拌匀。
3. 锅洗净后，热锅，加入2大匙色拉油，放入做法2的蛋液材料，以中火快速翻炒至蛋略凝固后，加入甜辣酱拌炒至蛋凝固成形即可。

蛋炒熟后水分容易流失，因此在打蛋时，加入少许水淀粉，能让蛋的口感软嫩。

224 蟹肉丝炒蛋

材料

鸡蛋…………………3个
蟹肉丝……………20克
葱丝………………12克

调味料

盐……………1/4小匙
白胡椒粉……1/6小匙
水淀粉…………1大匙

做法

1. 鸡蛋打入碗中打散，加入蟹肉丝和所有调味料一起拌匀备用。
2. 热锅，倒入2大匙色拉油烧热，倒入蛋液，以中火快速翻炒至蛋液凝固即可。

好吃秘诀

炒蛋是最家常又方便的快速料理，虽然单单炒蛋也很开胃下饭，但是如果多点变化则更具风味与营养。不过加入其他材料的蛋液，受热会比单纯的蛋液不均匀，如果要求快，最好选择原本就是熟的材料，如此就能既快速又能增添美味。

225 洋葱玉米滑蛋

材料

鸡蛋……3个
洋葱……10克
胡萝卜……5克
玉米粒……15克
葱……1/2根
水淀粉……1小匙

调味料

盐……1小匙
鸡粉……1/2小匙

做法

1. 鸡蛋打散成蛋液；洋葱、胡萝卜去皮洗净切丝；葱洗净切成葱花，备用。
2. 将做法1的材料混合在一起，再加入玉米粒、所有调味料与水淀粉拌匀。
3. 热锅，倒入适量色拉油，倒入做法2的蛋液，以中小火煎至成形但表面仍呈滑嫩状，立刻起锅即可。

好吃秘诀

蛋液中加入水淀粉可以增加滑嫩感，也比较不容易碎裂成小块，可以保持完整。不过也不宜加太多，否则会失去鸡蛋原本的口感。

226 红烧鸡蛋

材料

鸡蛋……3个
猪肉片……40克
葱……20克
姜……20克
红辣椒……1根
泡发香菇片……20克
竹笋片……20克

调味料

酱油……2大匙
细砂糖……1小匙
水……200毫升
香油……1小匙

做法

1. 热一油锅，将鸡蛋一个一个打入油锅中煎至表面酥黄，捞出沥干油脂备用。
2. 葱洗净切小段；姜洗净切丝；红辣椒洗净切片，备用。
3. 热锅，加入2大匙色拉油烧热，加入猪肉片以中火炒至猪肉片表面微焦后，加入葱段、姜丝、红辣椒片、香菇片、竹笋片、酱油、细砂糖、水以及鸡蛋；拌炒均匀后以小火煮至滚沸，继续煮约2分钟至水分略为收干，再洒入香油拌匀即可。

227 罗勒煎蛋

材料

鸡蛋……3个
罗勒……100克
黑香油……2大匙

调味料

盐……1/4小匙
米酒……1小匙
淀粉……1/2小匙

做法

1. 鸡蛋打散成蛋液备用。
2. 罗勒取嫩叶洗净切碎，加入所有调味料拌匀。
3. 在做法2的材料中倒入蛋液拌匀。
4. 取锅烧热，加入2大匙黑香油，倒入做法3的罗勒蛋液，煎至七分熟，整成半月形再煎一下，取出切块即可。

228 沙拉三丝蛋卷

材料

鸡胸肉……80克
小黄瓜……1条
白萝卜……50克
鸡蛋……2个

调味料

盐……少许
水淀粉……适量
美奶滋……50克

做法

1. 取锅，倒入适量的水煮至滚沸，放入鸡胸肉以小火煮约5分钟后，取出放凉再剥成细丝状。
2. 小黄瓜和白萝卜洗净沥干，切丝备用。
3. 鸡蛋打入碗中，加入盐及水淀粉拌匀，取平底锅煎成蛋皮备用。
4. 取蛋皮摊平，依序放入鸡肉丝和小黄瓜丝、白萝卜丝后，将蛋皮卷起，切小段摆盘，再挤上美奶滋即可。

229 蔬菜蛋卷

材料

鸡蛋……4个
青椒……10克
绿豆芽……15克
胡萝卜丝……10克
鲜黑木耳……10克

调味料

盐……1小匙
鸡粉……1/2小匙
黑胡椒粉……少许

做法

1. 鸡蛋打散成蛋液，加入所有调味料拌匀；青椒去籽洗净切丝；胡萝卜去皮切丝；鲜黑木耳洗净切丝，备用。
2. 将做法1的所有蔬菜及绿豆芽，放入沸水中烫熟，捞起沥干备用。
3. 热锅，倒入适量色拉油，倒入蛋液以中小火煎至底部成形而上面还是半熟，立即放入做法2的蔬菜。
4. 再将蛋皮卷起来，起锅再稍卷扎实，待稍凉切段即可。

好吃秘诀

包裹在蛋卷里的蔬菜因为经过汆烫，带有过多水分会让蛋卷吃起来太软烂，因此尽量让蔬菜沥干，也可以拿厨房纸巾吸干水分，效果会更好。而蛋卷在刚起锅时温度太高，这时候切段容易让蛋卷碎裂，最好等到微凉再切。

230 酸辣脆皮蛋

材料

皮蛋……6个
蒜末……10克
红辣椒末……20克
洋葱丁……30克
青椒丁……30克
水……60毫升
水淀粉……适量
红薯粉……适量

调味料

鱼露……1大匙
细砂糖……1大匙
白醋……1大匙
辣椒酱……1小匙

做法

1. 皮蛋放入滚沸的水中煮约10分钟，捞出放凉去壳切块，备用。
2. 取皮蛋块沾上红薯粉后放入热油锅中炸至上色，捞出沥干油脂，备用。
3. 热锅倒入1大匙色拉油，加入蒜末和红辣椒末爆香，放入洋葱丁炒香后放入青椒丁拌炒。
4. 加入水和所有调味料煮匀，倒入水淀粉勾芡后放入炸皮蛋块拌炒均匀即可。

231 韭菜花炒皮蛋

材料

皮蛋……………………2个
韭菜花…………100克
红辣椒…………1/2根
红薯粉…………适量

调味料

酱油膏…………1大匙
香油………………1小匙

做法

1. 皮蛋去壳切瓣，沾上红薯粉；韭菜花洗净切段；红辣椒洗净切丝，备用。
2. 热锅，倒入稍多色拉油，放入皮蛋炸至表面定形，起锅沥油备用。
3. 锅中留少许油，放入红辣椒丝爆香，再放入韭菜花段炒匀。
4. 放入皮蛋与所有调味料炒匀即可。

如果觉得皮蛋用炸的方法太麻烦，也可以用少许油煎至表面成形，这个步骤主要是因为生皮蛋的蛋黄下锅炒会沾上其他食材，变得黑黑稠稠的，如果先让皮蛋表面熟了定形，就不容易产生这样的问题了。

232 罗勒皮蛋

材料

皮蛋……………………3个
猪肉末…………50克
西红柿…………1个
洋葱………………1/2个
罗勒叶…………30克
淀粉………………少许

调味料

鱼露………………2大匙
细砂糖…………1/2大匙
柠檬汁…………1大匙

做法

1. 皮蛋去壳切成6片月牙形，沾上薄薄淀粉，煎至上色盛起备用。
2. 西红柿底部划十字，汆烫后过冷水去皮，切成6片月牙形；洋葱洗净切块备用。
3. 锅烧热，倒入适量色拉油，依序放入猪肉末、做法2的材料、皮蛋片和所有调味料拌炒，起锅前加入罗勒叶拌匀即可。

233 蚂蚁上树

材料

粉条……………………3把
猪肉末…………150克
葱末…………………20克
红辣椒末…………10克
蒜末…………………10克
水……………100毫升

调味料

A 辣豆瓣酱…1.5大匙
酱油…………1小匙
B 鸡粉…………1/2小匙
盐……………………少许
白胡椒粉………少许

做法

1. 粉条放入滚水中汆烫至稍软后，捞起沥干，备用。
2. 热锅，放入2大匙色拉油，爆香蒜末，再放入猪肉末炒散后，加入调味料A炒香。
3. 续入水、粉条、调味料B炒至入味，起锅前撒上葱末、红辣椒末拌炒均匀即可。

好吃秘诀

粉条下锅后需要搭配一点水才能炒匀，但是加的分量必须拿捏好，水加得过量的话，粉条吸收过多水，口感就会失去弹性，而且也要烧煮更多时间才能将这些水分收干。

234 茄子猪肉煎饺

材料

猪肉泥…………300克
茄子……………300克
姜末………………30克
葱花………………30克
饺子皮……………适量

调味料

盐…………………6克
细砂糖……………10克
酱油……………15毫升
料酒……………20毫升
白胡椒粉………1小匙
香油……………2大匙

做法

1. 茄子洗净切小丁，热油锅至油温约180℃，将茄子丁下锅炸约10秒定色，捞出沥干油后放凉备用。
2. 猪肉泥放入钢盆中，加盐搅拌至有粘性。
3. 加入细砂糖、酱油、料酒拌匀，再加入茄子丁、姜末、葱花、白胡椒粉及香油拌匀，即成茄子猪肉馅。
4. 将馅料包入饺子皮煎熟即可。

235 萝卜叶炒年糕

材料

萝卜叶…………200克
猪肉末…………100克
宁波年糕片……300克
蒜末…………………15克
红辣椒末…………10克

调味料

盐……………1/4小匙
鸡粉…………1/4小匙
胡椒粉……………少许
高汤…………50毫升

做法

1. 萝卜叶洗净加入1小匙盐（分量外）拌匀腌约1天，揉出多余水分，再洗净切末，放入沸水中汆烫一下捞起沥干，备用。
2. 热锅，加入2大匙色拉油，先放入蒜末和红辣椒末爆香，再加入猪肉末炒至变白后放入萝卜叶和年糕片拌炒均匀。
3. 续放入调味料，将所有材料炒至均匀入味即可。

好吃秘诀

买萝卜时可别一刀就切掉萝卜叶，因为萝卜叶除了可以制成雪里蕻外，也能做成沙拉生吃，或是汆烫食用。如果担心萝卜叶的生味太重，可以先用盐略腌，就能除去萝卜叶的生味啰！

236 开洋炒年糕

材料

萝卜糕…………150克
酸菜………………30克
蒜苗………………50克
红辣椒……………10克
虾米………………10克
猪肉丝……………10克

调味料

酱油………………1大匙
细砂糖………1/2小匙
胡椒粉………1/2小匙
米酒………………1大匙
水……………100毫升

做法

1. 萝卜糕切成1厘米条状；虾米以冷水泡软；酸菜切丝泡冷水去盐分；红辣椒洗净切片；蒜苗洗净切段，备用。
2. 热锅，爆香虾米，加入蒜苗、红辣椒片、猪肉丝以中火炒至肉丝变白时，加入萝卜糕、酸菜丝及所有调味料炒匀即可。

好吃秘诀

萝卜糕总是干煎来吃太无聊，大厨教你变化口味，拿来做中式热炒，就变成像炒面般的主食了。

238 韭菜花炒甜不辣

材料

韭菜花……300克
甜不辣……200克
蒜末……2小匙
红辣椒……2根

调味料

盐……1小匙
鸡粉……1小匙
米酒……1大匙
水……100毫升

做法

1. 韭菜花洗净切成约5厘米长的段状；红辣椒洗净切片，备用。
2. 甜不辣放入沸水中稍微汆烫一下后，捞出备用。
3. 热一锅倒入适量色拉油，放入蒜末与红辣椒片爆香后，放入韭菜花段、甜不辣炒至香味溢出。
4. 最后加入所有调味料炒至略收汁即可。

237 雪里蕻年糕

材料

宁波年糕……200克
雪里蕻……180克
猪肉丝……80克
姜末……5克
红辣椒……1根

调味料

盐……1/6小匙
鸡粉……1/6小匙
香油……1小匙

做法

1. 宁波年糕切片；雪里蕻洗净切丁；红辣椒洗净切丝，备用。
2. 将宁波年糕用2碗开水浸泡约2分钟至软，沥干水分备用。
3. 热锅，加入少许色拉油，以小火爆香姜末及红辣椒丝后，加入猪肉丝炒至肉丝变白。
4. 再加入宁波年糕片及雪里蕻丁以大火快炒数下。
5. 续加入盐及鸡粉，持续以大火快炒约30秒后加入香油炒匀即可。

239 猪血炒酸菜

材料

猪血……………300克
酸菜……………200克
蒜末……………2小匙
姜丝……………30克
红辣椒…………2根
水淀粉…………适量

调味料

水……………180毫升
盐……………1/2小匙
细砂糖………1/2小匙
鸡粉…………1小匙
白醋…………1大匙
米酒…………1大匙
香油…………适量

做法

1. 猪血洗净切块，放入沸水中汆烫去腥后捞出；红辣椒洗净切片，备用。
2. 酸菜切片，加入600毫升的清水与1小匙的盐（皆为分量外），浸泡3个小时后，捞出洗净并挤干水分备用。
3. 热一锅倒入适量色拉油，放入蒜末、姜丝、红辣椒片爆香后，放入酸菜片以中火拌炒均匀。
4. 再加入所有调味料及猪血块炒至汤汁沸腾，以水淀粉勾芡即可。

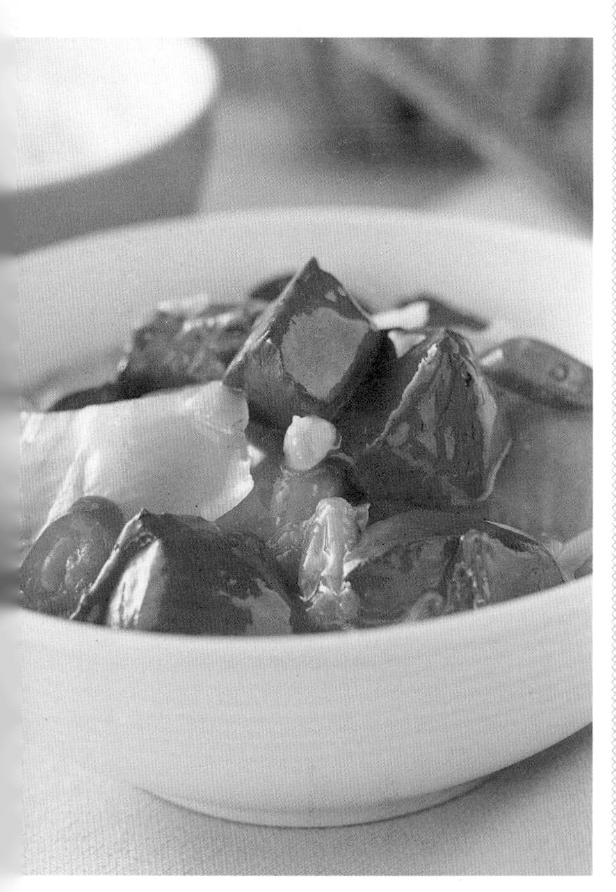

240 辣椒萝卜干

材料

萝卜干…………200克
豆豉……………50克
红辣椒…………50克
蒜………………70克

调味料

盐……………1/2小匙
细砂糖………3大匙

做法

1. 萝卜干以水冲洗干净，沥干水分后切碎，备用。
2. 豆豉以水略冲洗过，沥干水分；红辣椒切丝；蒜洗净切碎，备用。
3. 热锅，放入萝卜干碎，以小火干炒约3分钟，待水分略干且散发出香味，盛出备用。
4. 续倒入约4大匙色拉油烧热，放入豆豉及红辣椒丝、蒜末，以小火爆香，接着放入萝卜干碎，持续以小火炒约1分钟，最后加入盐、细砂糖续炒约2分钟即可。

好吃秘诀

要让食物能够久放又不失好滋味，烹调的时候就必须控制水分的含量，水分越多就越容易变质，所以先把材料干炒过，就是一种可以延长食物风味的方法，萝卜干先干炒过除了可以减少水分，同时也可以炒出更多的香味。

241 红烧烤麸

材料

烤麸200克、鲜香菇2朵、香菜梗10克、姜10克、葵花籽油2大匙

调味料

酱油3大匙、酱油膏1大匙、冰糖1小匙、香油少许、水150毫升

做法

1. 烤麸洗净切小块；鲜香菇洗净切条；香菜梗洗净切段；姜洗净切片，备用。
2. 热油锅至油温约160℃，放入烤麸块油炸至外表微黄上色，捞出沥油备用。
3. 热锅倒入葵花籽油，爆香姜片，接着放入鲜香菇条炒香，再加入烤麸块和酱油、酱油膏、冰糖烧煮至入味。
4. 加入香油拌匀，起锅前放入香菜梗段拌炒均匀即可。

好吃秘诀

烤麸是生面筋的一种，有很多气孔，口感松软、具弹 性，最适合以红烧的方式细炖。它的美味特色在于经过一段时间炖煮后，仍能保有Q弹的口感，并充分吸收汤汁。在做法1中将烤麸切成小块，可以让制作出来的成品外表较美观。一般家庭料理时，其实可以改成用手撕成小块烹煮，虽较不美观，却能更加入味。

242 沙茶炒素腰花

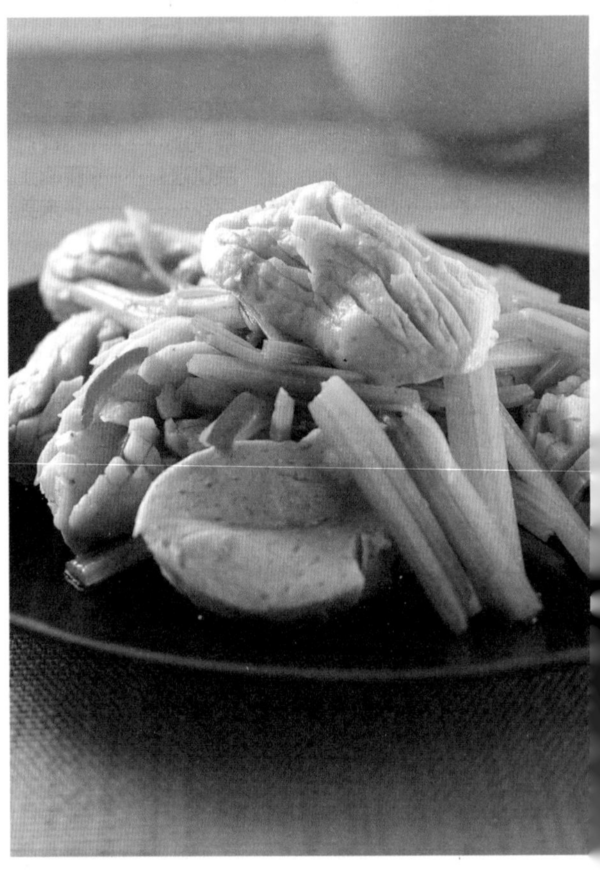

材料

素腰花250克、芹菜200克、红辣椒10克、姜10克、葵花籽油2大匙

调味料

素沙茶酱1大匙、盐1/4小匙、细砂糖少许、高鲜味精少许

做法

1. 芹菜洗净切段；红辣椒洗净切细段；姜洗净切丝，备用。
2. 素腰花洗净，放入滚水中快速汆烫，捞出沥干水分，备用。
3. 热锅倒入葵花籽油，爆香姜丝、红辣椒段，再放入素腰花略拌炒。
4. 锅中放入芹菜段拌炒均匀，加入所有调味料拌炒至入味即可。

好吃秘诀

素腰花的主要成分是蒟蒻，低热量、高纤维，是很健康的食材，它的膳食纤维可以促进肠胃蠕动；蒟蒻又因为不被人体消化吸收的特性，特别容易带来饱足感。现在用蒟蒻做成的素食很多，像素腰花、素墨鱼、素虾仁、素肝片等等。但因为部分蒟蒻制品会用碱水浸泡保存，导致有些许腥味，建议在冲洗后汆烫再使用。

243 酱炒面肠

材料

面肠……300克
罗勒……10克
红辣椒……10克
姜……10克
葵花籽油……1大匙

调味料

酱油……1大匙
素蚝油……1小匙
甜面酱……1小匙
细砂糖……1小匙
乌醋……少许

做法

1. 姜、红辣椒洗净切丝；罗勒取嫩叶，洗净切末；面肠洗净，撕成片状，备用。
2. 热油锅至油温约160℃，放入面肠片油炸至微焦，捞出沥油，备用。
3. 另取一锅倒入葵花籽油，爆香红辣椒丝、姜丝，放入面肠片和所有调味料拌炒至入味。
4. 起锅前放入罗勒末快速拌匀即可。

244 姜丝炒海龙

材料

海龙……300克
罗勒……20克
红辣椒……10克
姜……15克
葵花籽油……2大匙

调味料

酱油……1大匙
盐……少许
高鲜味精……少许
细砂糖……少许
米酒……少许
乌醋……少许

做法

1. 海龙洗净切成约5厘米长的段状；红辣椒洗净切片；姜洗净切丝；罗勒取嫩叶洗净沥干水分，备用。
2. 取一锅倒入适量的水和1大匙白醋（材料外）煮开后，放入海龙段汆烫约2分钟，捞出沥干水分，备用。
3. 另热一锅倒入葵花籽油，爆香红辣椒片和姜丝，加入海龙段拌炒均匀，再放入所有调味料拌炒至入味，最后加入罗勒叶拌炒均匀即可。

清爽开胃

拌、淋、蘸篇

觉得炒菜麻烦，
夏日时大火油烟更令人觉得心烦，
重口味料理让人没食欲，
那就利用凉拌、淋、蘸的料理方式做菜，
不仅方便快速，
风味更是爽口开胃，
下面就让你清爽做一顿饭，也清爽地享用一顿饭！

家常凉拌，这样做最好吃！

轰动厨艺界，惊动美食界，大师露一手，传授凉拌菜的好吃秘笈，招招见美味，让你的凉拌功力立刻大增！

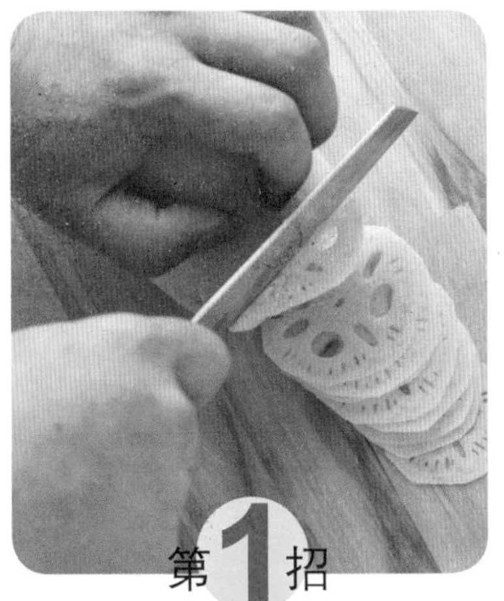

第1招

食材切薄快入味

凉拌菜的烹调时间短，将食材切成均匀大小的形状，甚至将辛香料如姜、蒜、葱等也切成末状，可以帮助食材吸收更多调味酱汁，让你吃的每口凉拌菜都很够味！

第2招

大火汆烫保营养

滚水汆烫能去除肉类的血水与杂质，也能帮海鲜去腥。若是汆烫蔬菜，水量要多，火候要大，水滚后再放蔬菜，待再次滚沸即迅速捞起，如此可保留住较多的营养。

第3招

蔬菜冰镇保翠绿

汆烫后的蔬菜立刻放入冰水中，可增加清脆口感，还能保持翠绿色泽。若生食，务必以流动的清水冲洗浸泡，去除蔬菜表面残留的农药，此外水中还可加盐，以免产生褐变反应。

第4招

新鲜食材为首选

制作凉拌料理，以当季新鲜食材为优先选择，也要注意并非所有蔬菜皆适合凉拌，例如空心菜含有草酸，生食容易在人体内形成草酸钙，累积过量会导致结石现象。

第5招

密封保存才安全

凉拌菜现做现吃最美味！但若制作凉拌海蜇皮、醉鸡或腌蚬等，需要时间腌渍入味的料理，最好使用保鲜盒密封冷藏，可以阻隔空气与细菌，避免料理腐败。

第6招

秘密武器增风味

选择适合的调味料，是为凉拌菜加分的关键。例如加入葱和姜可以为食材去腥，加入蒜可以杀菌，加入醋可以避免蔬菜变黄，加入柠檬汁则可以去油解腻。

第7招

烹调器具必消毒

为了食用的卫生安全，料理凉拌菜的所有器具务必清洗干净，除了要分开生熟食的砧板与刀具，亦可使用盐水冲洗，或以柠檬擦拭，都可达到杀菌消毒之效。

第8招

慢速解冻更卫生

不当的解冻方式会让食材的营养流失，甚至腐败变味。若时间充足，可提前将冷冻的食材改以冷藏，或放入保鲜袋中并以流动清水冲洗，以慢速方式解冻。

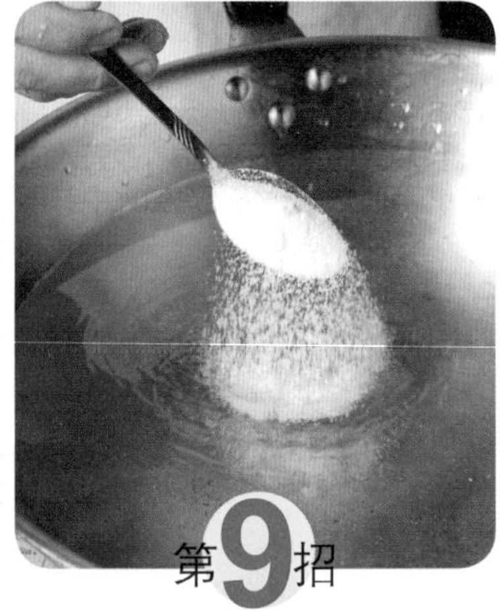

第9招

加糖去蔬菜苦味

例如西蓝花和芥蓝菜，略带苦涩味及草腥味，甚至久煮后色泽暗沉。其实只要在滚水中加入少许的细砂糖，汆烫后的蔬菜不但色泽佳，苦味也会去除许多。

第10招

加盐去涩防出水

例如小黄瓜和苦瓜，凉拌前以少许盐拌匀，可以去除苦涩味及草腥味，而且因为蔬菜内多余的水分会因盐分而被排出，做好的凉拌菜便不容易再出水。

第11招

浸泡腌料更入味

凉拌菜除了加入调味料快速拌匀，有些料理必须冷藏至入味，建议在食用的前一天先放进冰箱冷藏，待隔日取用时不仅已经入味，冰冰凉凉的滋味更加可口！

第12招

分开存放更新鲜

若想省时、一次大量制作凉拌菜，可以将主要食材与酱料各自调理后，分别密封并冷藏，待食用时再取出调合，如此便能保有食材本身的原味及鲜味。

245 洋葱拌鸡丝

材料

鸡胸肉…………150克
虾仁………………60克
洋葱……………1/2个
西红柿………………1个
蒜末………………10克
香菜末……………10克
红辣椒末…………10克

调味料

鱼露………………1大匙
细砂糖……………1大匙
白醋………………1大匙
柠檬汁…………1/2大匙
辣椒酱…………1/2大匙

做法

1. 鸡胸肉洗净，抹上少许盐和米酒（材料外）蒸熟，取出撕成鸡丝备用。
2. 虾仁去肠泥后洗净，放入滚沸的水中汆烫至熟，捞出泡冰水备用。
3. 洋葱去皮；切丝泡冰水；西红柿洗净去蒂头，切小块，备用。
4. 将所有食材和所有调味料放入碗中拌匀即可。

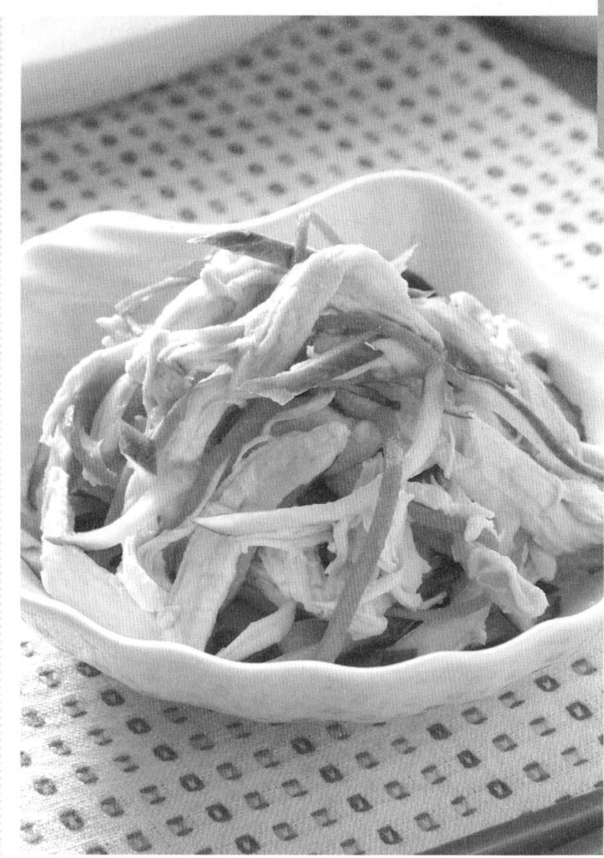

246 凉拌鸡丝

材料

鸡胸肉1块、青木瓜1个、小黄瓜1条、胡萝卜25克

调味料

盐1/2小匙、细砂糖1/2大匙、糯米醋1小匙、柠檬汁2大匙、香油1小匙

腌料

盐少许、米酒1大匙

做法

1. 鸡胸肉洗净，用牙签在鸡胸肉上搓几个洞，加入腌料中的米酒、盐抹匀。
2. 把青木瓜外皮洗净、削皮后，将皮放在鸡胸肉中拌匀，腌约20分钟（10分钟的时候要翻面）。
3. 取出鸡胸肉，放入蒸盘再放入电饭锅中，外锅加1杯水，按下开关将鸡胸肉蒸熟，再取出剥成丝。
4. 把小黄瓜、胡萝卜洗净切丝，加少许盐（分量外）拌一下，再以冷开水冲洗一下，沥干水分。
5. 把做法4的材料加入鸡丝中，加入所有调味料拌匀即可。

好吃秘诀

嫩肉粉的原料是从木瓜中提炼出来的酶，可以让肉软嫩。其实青木瓜的取得非常容易，不仅可利用青木瓜的皮腌肉，青木瓜的果肉还可以入菜，真是好用的水果。蒸好的鸡胸肉不用拌其他材料，光就这样吃都别有一番风味，肉中还带有柠檬的酸香，经过木瓜皮的腌渍，鸡胸肉变得非常多汁，一点都不干涩。

247 麻酱鸡丝

材料

鸡胸肉……………1块
芹菜………………3根
香菜………………2棵
胡萝卜……………20克
原味麻酱………… 适量

做法

1. 首先将鸡胸肉洗净，再放入冷水中煮开后续煮约5分钟，关火再焖10分钟，取出剥成丝备用。
2. 将芹菜去老叶洗净，再切成段状；胡萝卜切丝，再放入滚水中汆烫；香菜洗净切碎，备用。
3. 最后将做法1、做法2的所有材料一起混合拌匀，食用时可搭配原味麻酱即可。

原味麻酱

材料：麻酱3大匙、开水1大匙、鸡粉1小匙、香油1小匙

做法：将所有材料混合调匀即可。

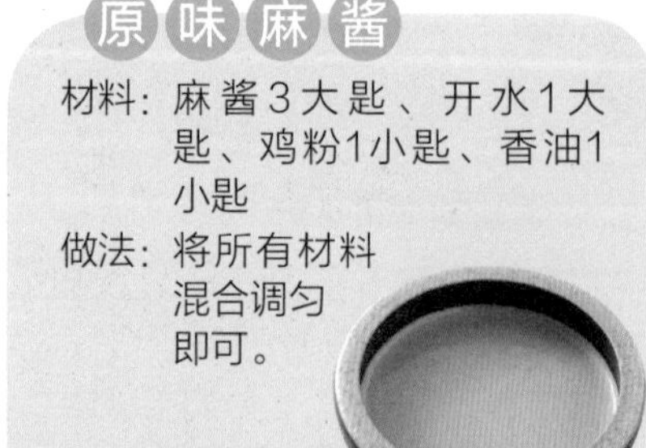

248 凉拌熏鸡拌黄瓜

材料

熏鸡肉…………150克
小黄瓜……………2条
（约200克）
红辣椒……………1根
蒜…………………15克

调味料

酱油膏…………2大匙
白醋……………1小匙
细砂糖…………1小匙
香油……………1大匙

做法

1. 熏鸡肉切丝；小黄瓜洗净拍扁后切小段状；红辣椒洗净去籽切丝；蒜洗净切末，备用。
2. 将做法1的所有材料放入大碗中，加入酱油膏、白醋及细砂糖拌匀后，再洒入香油略拌匀即可。

249 山药鸡丝

材料

山药……………150克
鸡胸肉…………40克
葱花……………10克

调味料

辣椒油…………1大匙
蚝油……………1大匙
凉开水…………1大匙
细砂糖………1/2小匙

做法

1. 鸡胸肉洗净，放入滚沸的水中烫熟后剥丝备用。
2. 山药去皮后切丝，放入滚沸的水中汆烫约5秒，捞起沥干水分盛盘。
3. 所有调味料拌匀成酱汁，将鸡丝摆在山药上，淋上酱汁再撒上葱花即可。

250 鸡丝萝卜

材料

白萝卜………300克
胡萝卜…………50克
鸡胸肉…………100克

调味料

盐……………1/2小匙
辣椒酱…………2大匙
白醋……………2小匙
细砂糖…………1大匙
香油……………2大匙

做法

1. 白萝卜、胡萝卜去皮后切丝，放入大碗中，加入1/2小匙的盐抓匀后静置约20分钟后，冲水约5分钟至盐分去除掉后沥干水分，放入碗中备用。
2. 鸡胸肉洗净，放入滚沸的水中烫熟后剥丝，放入做法1的大碗中。
3. 加入其余调味料拌匀即可。

252 鸡丁拌酸黄瓜

材料

酸黄瓜…………100克
鸡胸肉…………180克
红甜椒…………1/2个
黄甜椒…………1/2个
小黄瓜……………1根
巴西里末………少许

调味料

橄榄油…………2大匙
盐…………………少许
黑胡椒粒………少许
细砂糖…………1小匙

腌料

普罗旺斯香草粉1小匙
盐…………………少许
黑胡椒粒………少许
橄榄油…………少许

做法

1. 将鸡胸肉洗净切成丁状，加入腌料腌渍约15分钟，放入平底锅中煎熟并上色，取出放凉后备用。
2. 将酸黄瓜切小丁；甜椒及小黄瓜皆洗净切成小菱形状备用。
3. 取一容器，加入做法1及做法2的全部材料，再加入所有调味料一起拌匀，盛盘后以巴西里末装饰即可。

251 和风拌鸡丝

材料

鸡胸肉…………180克
洋葱……………1/2个
小黄瓜……………1根
红甜椒…………1/3个

调味料

和风酱…………50克
盐…………………少许
熟白芝麻………1小匙

做法

1. 将鸡胸肉放入滚水中煮熟，捞起后放凉，撕成丝状备用。
2. 将洋葱切丝，放入冰开水中冰镇，捞起沥干备用。
3. 将小黄瓜及红甜椒洗净切丝备用。
4. 取一容器，加入做法1、做法2及做法3的所有材料拌匀，再加入所有调味料调匀即可。

253 文昌鸡

材料

熟白斩鸡……600克
葱……30克
姜……30克
蒜……30克
红辣椒……20克
香菜……10克

调味料

盐……1小匙
鸡粉……1小匙
细砂糖……1小匙
白醋……1大匙
水……200毫升
香油……2大匙

做法

1. 将熟白斩鸡剁块排盘备用。
2. 将葱、姜、蒜、红辣椒、香菜全部洗净切末，与所有调味料一起煮匀即为文昌酱。
3. 将文昌酱趁热淋在熟白斩鸡上略泡一下即可。

全鸡若自己汆烫，不容易掌握熟度，从市场买回家剁好排盘，简单调好酱汁淋上，热的冷的都好吃。

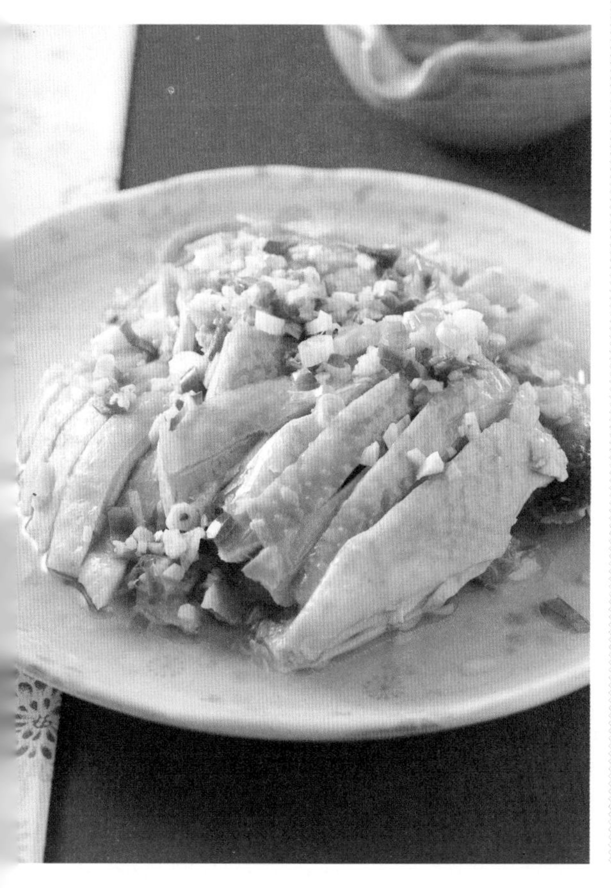

254 西芹拌烧鸭

材料

西芹……120克
烤鸭肉……100克
蒜末……1小匙
红辣椒片……10克

调味料

酱油膏……1大匙
白醋……1/2小匙
细砂糖……1/2小匙
香油……1大匙

做法

1. 西芹洗净，削去老筋和粗皮后切斜片，放入滚水中汆烫约30秒钟，捞出冲凉沥干备用。
2. 烤鸭肉切薄片备用。
3. 将西芹片、烤鸭片放入大碗中，加入蒜末、红辣椒片及所有调味料一起充分拌匀即可。

好吃秘诀

以熟食的烧鸭作为材料，不但料理可以快速完成，利用烧鸭本身的好风味，也方便了调味的步骤，即使是新手也能做出好味道的料理，同时解决无法一餐吃完的困扰，轻松变化新菜色。

255 芒果拌牛肉

材料

芒果1个、牛肉300克、洋葱1/2个、香菜2棵、红辣椒1根

调味料

酱油1小匙、细砂糖1小匙、香油1大匙、盐少许、黑胡椒粉少许

腌料

淀粉1小匙、香油1小匙、盐少许、白胡椒粉少许

做法

1. 将芒果去皮、切成小条状备用。
2. 将牛肉切成小条状，加入腌料腌渍约15分钟，放入滚水中汆烫，捞起放凉备用。
3. 将洋葱切丝、泡水去除辛辣味，拧干水分；香菜及红辣椒皆洗净切碎，备用。
4. 取一容器，加入做法1、做法2及做法3的全部材料，再加入所有调味料，一起拌匀即可。

256 泡菜拌牛肉

材料

牛肉……500克
绿豆芽……60克
韩式泡菜（切块）……250克
小黄瓜（切片）……2条
香菜（切碎）……3棵

调味料

黑胡椒粉……少许
盐……少许
香油……1小匙
细砂糖……1小匙

做法

1. 牛肉洗净切成小块状，放入滚水中煮熟备用。
2. 绿豆芽洗净，放入滚水中快速汆烫过水备用。
3. 取一容器，加入牛肉块、绿豆芽，再加入其余材料与所有调味料，充分混合，搅拌均匀即可。

257 小黄瓜拌牛肚

材料

小黄瓜……2条
熟牛肚……200克
蒜……3粒
葱……1根
红辣椒……1根

调味料

辣椒油……1大匙
香油……1大匙
酱油……1小匙
白胡椒粉……适量
盐……适量

做法

1. 小黄瓜洗净去籽切丝，放入滚水中略汆烫后，捞起泡入冰水中，备用。
2. 熟牛肚切片；蒜和葱洗净切末；红辣椒洗净切丝备用。
3. 取容器，将所有的调味料加入拌匀，再加入做法1、做法2的所有材料混合搅拌均匀即可。

小黄瓜去籽后，吃起来的口感不软嫩，较清脆。

258 蒜蓉白肉

材料

五花肉………… 300克
蒜蓉酱…………… 适量

做法

1. 首先将五花肉洗净，放入锅中加入冷水，盖上锅盖，再以中火煮开，煮10分钟，关火闷30分钟捞起备用。
2. 将煮好的五花肉切成薄片状，再依序排入盘中。
3. 再将调好的蒜蓉酱均匀淋入切好的五花肉上面即可。

材料：蒜3粒、葱1根、香菜1棵

调味料：酱油膏3大匙、米酒1大匙、细砂糖1小匙、白胡椒粉1小匙

做法：

1. 将所有材料洗净再切成碎状备用。
2. 取一个容器，加入做法1的所有材料与所有的调味料，再以汤匙搅拌均匀即可。

259 蒜蓉肉片

材料

梅花肉片……… 300克
蒜………………………2粒
嫩姜丝…………… 少许

调味料

酱油………………1大匙
酱油膏…………1大匙
冷开水………… 2大匙
细砂糖…………1小匙
香油……………… 少许

做法

1. 将所有调味料混和调匀成酱汁备用。
2. 蒜切末后，加入做法1的酱汁中拌匀为淋酱备用。
3. 取一锅，倒入1/3锅的水煮至沸腾，放入梅花肉片汆烫至熟，捞起沥干排盘，淋上做法2的淋酱，再摆上少许嫩姜丝即可。

261 泡菜小里脊

材料

小里脊肉……250克
姜片……3片
葱段……15克
韩式泡菜……适量

调味料

米酒……1大匙
盐……少许

做法

1. 小里脊肉洗净放入锅中，续加入姜片、葱段、所有调味料和水（水的分量要淹盖过肉），煮至滚沸，再转小火煮约20分钟，熄火后续闷约10分钟，待凉备用。
2. 取出小里脊肉切片，韩式泡菜切丝，二者交互排入盘中，搭配食用即可。

260 芝麻酱白切肉

材料

五花肉……300克
蒜泥……20克
红辣椒末……10克
葱花……20克

调味料

芝麻酱……2大匙
冷开水……60毫升
酱油膏……3大匙
细砂糖……1小匙
香油……1大匙

做法

1. 将整块带皮的五花肉放入锅中，加入滚水以小火煮熟后，以冷水冲凉放入冰箱中冰至肉质略硬后，较好切片。
2. 芝麻酱加入冷开水混合拌匀后，加入酱油膏、细砂糖、蒜泥、红辣椒末、葱花拌匀后，续加入香油调匀成酱汁。
3. 五花肉块取出切薄片。另取一锅，倒入500毫升的水烧至滚沸，放入切好的五花肉片略汆烫后，捞出装盘。
4. 将肉片蘸酱汁食用即可。

262 豆芽拌肉丝

材料

绿豆芽…………120克
猪肉丝…………80克
红辣椒丝…………5克

调味料

盐…………1/2小匙
细砂糖…………1/2小匙
白醋…………1小匙
香油…………1大匙

做法

1. 猪肉丝及绿豆芽丝用沸水汆烫约10秒后捞起，用凉开水泡凉备用。
2. 将猪肉丝及绿豆芽放入碗中，再加入红辣椒丝及所有的调味料拌匀即可。

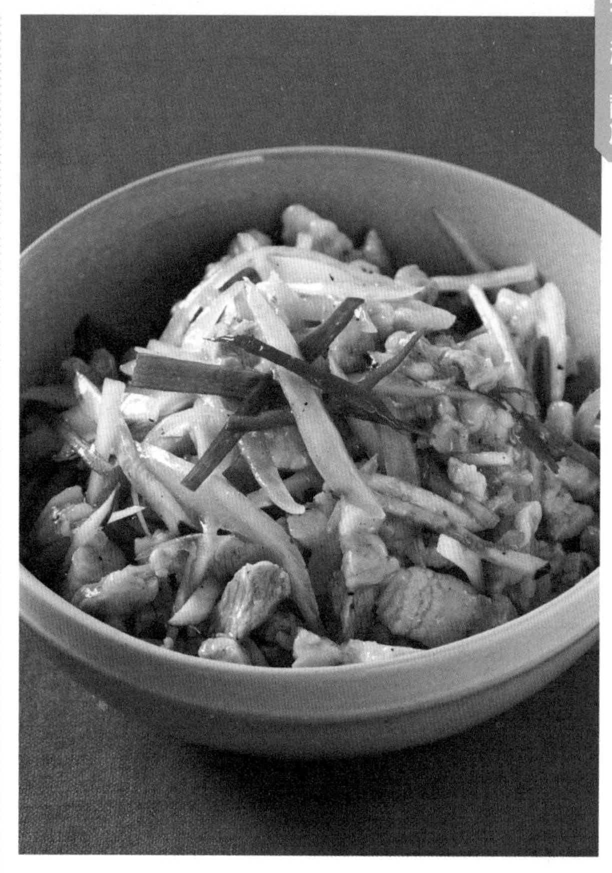

绿豆芽是口感好又营养的食材，用来凉拌比快炒更能呈现出它爽口的一面。稍微汆烫一下去除青涩味，简单地以白醋和细砂糖拌一下，就是酸酸甜甜又清凉爽脆的好料理。

263 洋葱拌肉丝

材料

洋葱…………1/2个
猪肉丝…………150克
红辣椒…………1根
小黄瓜…………1根
葱…………1根

调味料

泰式鱼露…………1小匙
柠檬汁…………少许
盐…………少许
白胡椒粉…………少许
泰式甜鸡酱……1大匙
香油…………1小匙

腌料

淀粉…………1小匙
香油…………1小匙
盐…………少许
白胡椒粉…………少许

做法

1. 将洋葱及小黄瓜皆洗净切丝，放入滚水中汆烫，捞起沥干，放凉备用。
2. 将猪肉丝加入所有腌料，腌渍约10分钟，放入滚水中汆烫，捞起沥干，放凉备用。
3. 将红辣椒及葱皆洗净切丝备用。
4. 取一容器，加入做法1、做法2及做法3的所有材料拌匀，再加入所有调味料调匀即可。

265 肉丝拌金针菇

材料

金针菇…………100克
猪肉丝…………50克
胡萝卜丝………40克
芹菜……………60克
蒜末……………10克

调味料

A 米酒…………1大匙
蛋清…………1大匙
淀粉…………1小匙
水……………1大匙
B 盐…………1/2小匙
细砂糖………1大匙
白醋…………1大匙
辣椒油……… 3大匙

做法

1. 猪肉丝加入调味料A抓匀；芹菜切小段，与金针菇、胡萝卜丝入开水氽烫10秒后捞出，以凉开水泡凉沥干，备用。
2. 将做法1所有材料和蒜末放入碗中，加入所有调味料B拌匀即可。

264 香菜拌肉丝

材料

猪肉…………… 250克
香菜梗……………6棵
红辣椒……………2根
蒜…………………5粒
香菜……………… 少许

腌料

淀粉……………1小匙
盐………………… 少许
白胡椒粉………… 少许
香油……………… 少许

调味料

香油…………… 2大匙
胡麻酱…………1小匙
鸡粉……………1小匙
盐………………… 少许
白胡椒粉………… 少许
熟白芝麻………1大匙
陈醋……………1小匙

做法

1. 将猪肉洗净切成小条状，加入腌料腌渍约10分钟，放入滚水中氽烫，捞起放凉备用。
2. 将香菜梗洗净后切小段；红辣椒洗净切丝；蒜洗净切碎备用。
3. 取一容器，加入所有调味料以打蛋器拌匀，再加入做法1及做法2的全部材料，略为搅拌均匀，盛盘后以香菜装饰即可。

香菜的叶容易烂，因此取用香菜梗香气较佳，而氽烫好的猪肉条要趁热与调味料拌匀，待凉后食用会更入味。

266 五味猪皮

材料

猪皮400克、蒜末5克、姜末5克、红辣椒末5克、葱末5克、香菜末5克、姜片40克、葱段40克、花椒粒2克、小黄瓜丝50克

调味料

酱油2大匙、酱油膏1大匙、番茄酱1大匙、细砂糖1/2大匙、乌醋1/2大匙、香油1小匙

做法

1. 猪皮洗净放入沸水中，加入20克的姜片、20克的葱段，汆烫约10分钟，再捞出冲水。
2. 将猪皮去除多余肥油备用。
3. 取锅，加入其余的姜片、葱段和花椒，煮约1小时。
4. 所有调味料混合均匀，加入蒜末、姜末、红辣椒末、葱末和香菜末拌匀，即为五味酱备用。
5. 取出猪皮切条，淋上五味酱，摆上小黄瓜丝即可。

267 葱拌猪皮

材料

猪皮…………200克
葱…………2根
红辣椒…………1根
香菜…………2根
蒜…………3粒

调味料

酱油膏…………2大匙
冷开水…………适量
香油…………1小匙
辣豆瓣酱…………1小匙

做法

1. 将猪皮烫熟后切成小条状备用。
2. 将葱、红辣椒、香菜及蒜皆洗净切成碎状备用。
3. 取一容器，加入所有调味料调匀，再加入做法1及做法2的全部材料，略为搅拌均匀即可。

268 黄瓜辣味猪皮丝

材料

猪皮100克、小黄瓜丝50克、红辣椒丝5克

调味料

盐1/4小匙、细砂糖1/2小匙、辣椒油1/4小匙

卤汁

细砂糖1/2大匙、酱油2大匙、米酒1大匙、水500毫升、蒜2粒、红辣椒2根

做法

1. 猪皮往外卷起，以竹签固定后放入滚沸的水中略汆烫，捞起沥干水分备用。
2. 卤汁材料中的蒜和红辣椒略拍扁，和其余卤汁材料一起放入汤锅中加热至滚沸，放入猪皮卷，以小火卤约30分钟。
3. 取出卤熟入味的猪皮卷切成细丝，加入所有调味料、小黄瓜丝以及红辣椒丝拌匀即可。

269 糖醋拌猪肝

材料

猪肝……400克
姜片……4片
葱段……20克
米酒……1大匙
葱末……15克

调味料

姜末……10克
蒜末……10克
红辣椒末……10克
番茄酱……1/2大匙
白醋……1/2大匙
细砂糖……1大匙
酱油膏……2大匙
乌醋……2大匙
香油……1大匙
冷开水……3大匙

做法

1. 将所有调味料混合搅拌均匀，即为糖醋酱备用。
2. 猪肝洗净切片备用。
3. 将姜片、葱段和米酒加入沸水中略煮一下，再放入猪肝片以中火煮熟，立刻捞出冲冷水，并搓揉数下，洗掉表面粉状，再以冰开水略清洗后捞出沥干。
4. 将猪肝片摆入盘中，淋上糖醋酱，并撒上葱末，食用前略搅拌即可。

270 金针菇拌猪肚丝

材料

熟猪肚……100克
红辣椒丝……5克
姜丝……5克
胡萝卜……30克
金针菇……30克

调味料

酱油膏……2大匙
白醋……1小匙
细砂糖……1小匙
香油……1大匙

做法

1. 熟猪肚切丝；金针菇切掉根部，洗净剥成丝；胡萝卜洗净切丝，备用。
2. 煮一锅水至滚，将金针菇及胡萝卜丝放入锅内，汆烫10秒后，捞起沥干。
3. 将猪肚丝、金针菇、胡萝卜丝、姜丝及红辣椒丝置于碗中。
4. 将所有调味料加入碗中一起拌匀即可（盛盘后可加入少许香菜装饰）。

菇类不容易入味，根茎类食材不容易软化，如果想要更快速制作这类凉拌菜，可以先汆烫软化材料，沥干后再凉拌，口感更爽脆，同时也能加快入味。

271 凉拌海蜇皮

材料

海蜇皮………… 200克
佛手瓜………… 200克
蒜末………………15克
红辣椒丁…………15克

调味料

盐……………… 1/4小匙
细砂糖……………1小匙
白醋………………1小匙
香油……………… 少许

做法

1. 海蜇皮洗净泡水静置1小时，捞出切段，放入滚沸的水中汆烫一下，捞出后泡冰块水至冷却，捞起沥干水分备用。
2. 佛手瓜去皮去籽洗净后切丝，加少许盐（分量外）拌匀腌渍15分钟，取出放入滚沸的水中汆烫一下，捞出后泡冰块水，冷却后沥干水分备用。
3. 取海蜇皮段和佛手瓜丝，加入所有调味料、蒜末以及红辣椒丁拌匀即可。

272 凉拌芹菜墨鱼

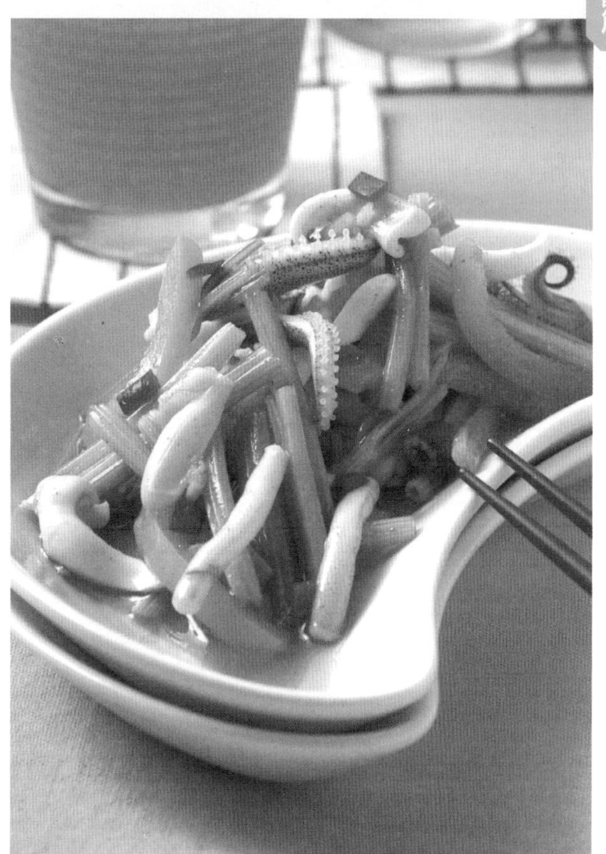

材料

墨鱼……………… 200克
芹菜………………150克
黄甜椒……………30克
蒜末………………10克
红辣椒丁…………10克

调味料

香油………………1大匙
淡酱油……………1小匙
糖………………1/2小匙
鸡精……………1/2小匙
白醋……………1/2小匙
开水……………… 2大匙

做法

1. 墨鱼洗净切条；芹菜去叶片、撕去粗纤维，洗净切段；黄甜椒洗净切丝，备用。
2. 将芹菜段、黄甜椒丝、墨鱼条分别放入沸水中烫熟后，捞出放入冰水中备用。
3. 所有调味料混合后，连同蒜末、红辣椒丁拌匀。
4. 将芹菜段、黄甜椒丝、墨鱼条，捞出沥干水分，放入盘中，淋上做法3的酱料即可。

凉拌菜靠吸收调味酱汁入味，若材料太大块，中心部位很难吸收到酱汁，味道就会比较差。而各种形状里最适合的是条状，既保有良好的咀嚼口感，又能快速入味。

274 黄瓜拌鱿鱼

材料

泡发鱿鱼……300克
小黄瓜……200克
胡萝卜片……30克
红辣椒片……15克
蒜末……10克

调味料

盐……1/4小匙
细砂糖……1小匙
白醋……1/2大匙
辣油……少许
香油……少许

做法

1. 泡发鱿鱼洗净切片，放入滚沸的水中汆烫后捞起泡冰块水至冷却备用。
2. 小黄瓜洗净去头尾，切片加入少许盐（分量外）和胡萝卜片一起拌匀腌渍5分钟，再用冷开水洗净后沥干水分备用。
3. 取鱿鱼片、小黄瓜片、胡萝卜片、红辣椒片、蒜末以及所有调味料搅拌均匀，放入冰箱冷藏至冰凉即可。

273 五味鱿鱼

材料

鱿鱼……300克
红辣椒丝……10克
市售五味酱……4大匙

做法

1. 鱿鱼撕除表面薄膜，洗净后切成约一口大小的块状，放入滚水中汆烫约20秒钟，捞起沥干水分，盛入盘中备用。
2. 红辣椒丝放入小碗中，加入五味酱拌匀，均匀淋在鱿鱼上即可。

好吃秘诀

材料的形状越小，所需要的烹调时间也越短，这是快速料理的最高原则，不过并不可以为了快就不管三七二十一地把材料通通切得细细碎碎的，决定怎么切之前需要考虑材料的特质，应该在适合的形状之中选择较小的才能同时兼顾快速与好吃，例如肉类可以切丝、切末，但海鲜就不适合这样切，海鲜通常以一口的大小为依据，要更快则可以考虑在表面划些花纹帮助熟透。

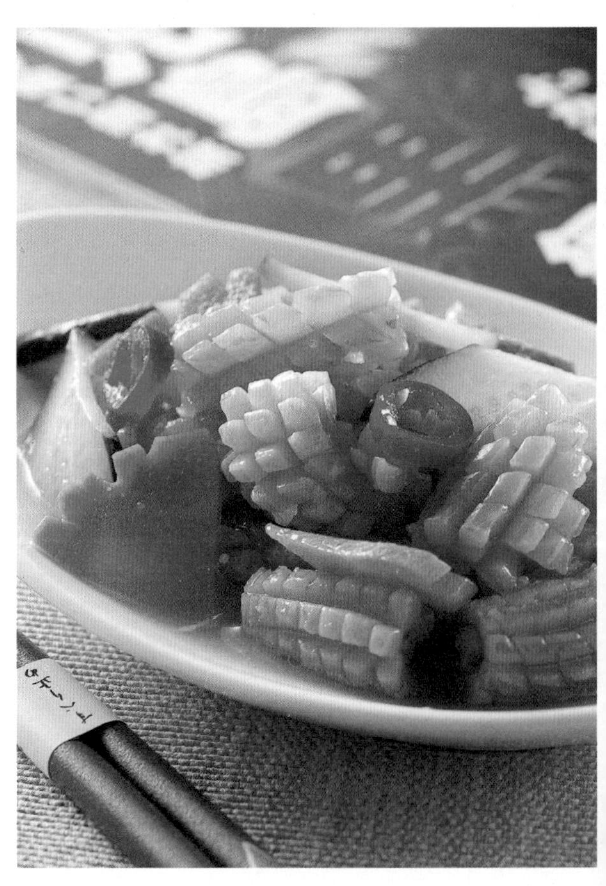

275 黄瓜丝酿鱿鱼

材料

鱿鱼……1尾
葱段……10克
姜片……10克
小黄瓜……2条
胡萝卜丝……适量

调味料

盐……1/2小匙
细砂糖……1小匙
糯米醋……1小匙

做法

1. 将鱿鱼内脏取出，洗净并将鱿鱼尾部切1~2刀备用。
2. 取锅，将葱段、姜片放入沸水中煮滚，加入鱿鱼煮熟后捞出，泡入冰水待凉备用。
3. 小黄瓜洗净，切去两边蒂头后切丝，加入盐、胡萝卜丝拌匀，腌约1分钟后将水分挤干，再加入细砂糖、糯米醋拌匀。
4. 将小黄瓜丝填入鱿鱼中，并用牙签固定，食用前再切成片状盛盘即可。

食用时可蘸上沙拉酱，风味更佳。

276 蒜味拌墨鱼

材料

墨鱼1只（约320克）
蒜……8个
洋葱……1/2个
葱……2根
姜……20克

调味料

蒜油……2大匙
白胡椒粉……少许
细砂糖……少许
酱油……1小匙

做法

1. 将墨鱼去头去软骨，洗净肠泥，以刀划出交叉纹路、刻花，切成长条状，汆烫备用。
2. 将蒜洗净切片、姜洗净切丝、葱洗净切段备用。
3. 将洋葱洗净切丝、泡冷开水（材料外）去除辛辣味，拧干水分备用。
4. 取一容器，将做法1、做法2及做法3的全部食材拌匀，再加入所有调味料拌匀即可。

好吃秘诀

将墨鱼以刀划出交叉纹路，即为刻花。花纹除了美观外，增加的表面积能吸附更多酱汁，凉拌时更容易入味。

277 凉拌辣鱼片

材料

鲷鱼片300克、蒜末10克、姜末10克、葱丝少许、香菜少许、红辣椒丝少许

调味料

酱油1小匙、细砂糖1小匙、鱼露1小匙、辣椒酱1小匙、香油1/2大匙、红油1/2大匙、柠檬汁1大匙

腌料

葱1根、姜20克、淀粉少许、米酒1大匙

做法

1. 鲷鱼片洗净切开，挑除鱼刺。
2. 将鲷鱼片切小片；葱洗净、切段，姜洗净切片，备用。
3. 鲷鱼片加入葱段、姜片、米酒、淀粉腌约15分钟备用。
4. 将鲷鱼片放入沸水中，转小火烫熟，捞出沥干水分后，放入盘中。
5. 所有调味料加入蒜末、姜末拌匀后淋入盘中，再加入葱丝、香菜及红辣椒丝即可。

278 洋葱拌三文鱼

材料

三文鱼………… 200克
洋葱………………1/2个
香菜…………………1棵
红辣椒………………1根
蒜……………………2个

调味料

七味辣椒粉……1小匙
柚子醋………… 2大匙
酱油………………1小匙
细砂糖…………… 少许
盐………………… 少许
白胡椒粉………… 少许

做法

1. 将三文鱼洗净切成小块状，放入滚水中汆烫，捞起沥干，放凉备用。
2. 将洋葱洗净切丝，放入冰开水（材料外）中冰镇，捞起沥干备用。
3. 将香菜及蒜洗净切碎、红辣椒洗净切丝备用。
4. 取一容器，加入做法1、做法2及做法3的所有材料拌匀，再加入所有调味料调匀即可。

279 凉拌洋葱鱼皮

材料

鱼皮…………… 300克
洋葱……………100克
胡萝卜丝………… 少许
香菜（切碎）……2棵
红辣椒（切片）··1根
蒜（切碎）………3个

调味料

香油………………1大匙
盐………………… 少许
白胡椒粉………… 少许
辣油………………1小匙
细砂糖……………1小匙

做法

1. 洋葱洗净切丝、放入冰水中冰镇约20分钟备用。
2. 鱼皮洗净、放入滚水中快速汆烫，捞起泡入冰水中备用。
3. 取一容器，加入洋葱丝、鱼皮，再加入其余材料与所有调味料，充分混合搅拌均匀即可。

280 绍兴醉虾

材料

虾……15只
姜片……5克
绍兴人参汤……适量

做法

1. 将草虾的头与须都修整齐，再挑去沙筋洗净备用。
2. 将修好的草虾和姜片一起放入滚水中汆烫约1分钟，至变色即可捞起冲冷水备用。
3. 再将草虾放入煮开的绍兴人参汤里面浸泡，冷却后放入冰箱中，至少浸泡3小时以上至入味即可。

材料：参须5克、枸杞子20粒、甘草7片、绍兴酒200毫升

做法：取一个汤锅放入所有的材料，再以中火煮开约2分钟即可。

281 葱味白灼虾

材料

虾……200克
葱……2根
姜……10克
红辣椒……1/2根

调味料

米酒……3大匙
香油……1小匙
盐……少许
白胡椒粉……少许

做法

1. 先将草虾剪去脚与须，再以菜刀于背部划刀，挑去沙肠洗净备用。
2. 把姜、葱、红辣椒都洗净切成小丁状备用。
3. 将处理好的草虾放入滚水中，汆烫至熟备用。
4. 取一容器，加入所有的调味料与做法2的材料，混合拌匀。
5. 最后加入汆烫好的草虾一起搅拌均匀，盛入盘中即可。

葱味白灼虾料理的重点：快速将鲜虾汆烫，再加入切好的葱与米酒酱汁搅拌均匀即可；虾烹调前先切背去肠泥，这样可以帮助入味。

282 广式凉拌虾片

材料

虾……………………6只
生菜……………120克
香菜………………2棵

调味料

美奶滋…………30克
盐………………少许
白胡椒粉………少许
香油……………1小匙

做法

1. 将生菜洗净切丝，放入冰开水（材料外）中冰镇约10分钟，捞起沥干，盛盘铺底备用。
2. 将草虾去头去沙筋洗净，放入滚水中汆烫，去除虾壳，虾肉切成片状，放凉后铺至生菜上。
3. 将香菜洗净切碎备用。
4. 将所有调味料调匀，加入香菜碎拌匀，浇淋至虾片上，盛盘后以欧芹（材料外）装饰即可。

好吃秘诀

美奶滋搅拌过度会油水分离，而生菜也容易出水，因此待食用前再将所有食材拌匀即可，或凉拌后尽早食用。

283 鲜虾拌粉条

材料

虾……………………5只
粉条………………1把
香菜………………1棵
蒜…………………1个
红辣椒…………1/2根
绿豆芽…………50克

调味料

泰式酸辣酱……2大匙
柠檬汁…………1大匙
香油……………1小匙
辣油……………1小匙

做法

1. 将草虾背部划刀、去除沙筋洗净，与绿豆芽一起放入滚水中汆烫，捞起沥干，放凉备用。
2. 将粉条泡温开水（材料外）至软，用剪刀剪成小段，放凉备用。
3. 将蒜、红辣椒及香菜皆洗净切成小片状备用。
4. 取一容器，加入做法1、做法2及做法3的所有材料拌匀，再加入所有调味料调匀即可。

好吃秘诀

虾肉扎实有嚼劲、粉条滑嫩Q弹，搭配清脆的绿豆芽，口感丰富有层次。而绿豆芽的口感没有黄豆芽硬，因此不需去头去尾。

284 泰式酸辣拌虾仁

材料

虾仁……………250克
芹菜……………2根
葱………………1根
红辣椒…………1根
蒜………………3个
香菜……………2棵

调味料

泰式酸辣酱……2大匙
盐………………少许
黑胡椒…………少许

做法

1. 虾仁去沙筋洗净，再将虾仁放入滚水中汆烫过水备用。
2. 芹菜、葱洗净切段；红辣椒、蒜洗净切片；香菜洗净切碎，备用。
3. 所有调味料放入容器中搅拌均匀，再放入做法1、做法2的所有材料搅拌均匀即可。

直接买虾仁其实不见得比买鲜虾划算，不如买带壳鲜虾回家自己去壳，虾壳与虾头还能熬高汤，一举两得。

285 凉拌蟹味棒

材料

熟蟹脚肉…………5支
火腿………………2片
葱…………………1根
红辣椒……………1根

调味料

芝麻酱……………2大匙
温开水……………适量
香油………………1小匙
辣油………………1小匙
熟白芝麻…………1小匙
盐…………………少许
白胡椒粉…………少许

做法

1. 将熟蟹脚肉切段、火腿切小片，一起放入滚水中汆烫，沥干后放凉备用。
2. 将葱洗净切斜段、红辣椒洗净切片备用。
3. 将所有调味料以打蛋器拌匀，成为酱汁备用。
4. 取一容器，将做法1、做法2的所有材料与酱汁拌匀即可。

286 咸蛤蜊

材料

蛤蜊……………250克
咸酱油…………适量

做法

1. 首先将蛤蜊放入加了2大匙盐（分量外）的冷水中静置，吐沙约3小时备用。
2. 将吐好沙的蛤蜊放入滚水中汆烫约20秒，至微开即可捞起备用。
3. 将蛤蜊和咸酱油混合均匀，再腌约1个小时后即可食用。

材料：蒜3个、姜7克、红辣椒1根、酱油3大匙、细砂糖1大匙、鸡精1小匙、香油1大匙、开水3大匙

做法：

1. 蒜洗净切片，再将姜洗净切丝，红辣椒洗净切片备用。
2. 将做法1的材料加入其余材料混匀即可。

287 蒜泥牡蛎

材料

牡蛎肉…………150克
油条…………………1根
豆腐……………1/4盒
蒜……………………8个
葱…………………1/2根
香菜………………少许

调味料

细砂糖…………1小匙
米酒……………1小匙
酱油膏…………2大匙

做法

1. 油条切小段放入油锅中炸至酥脆，取出沥干摆盘；豆腐切丁放在油条上；蒜洗净切末；葱洗净切丝，备用。
2. 牡蛎肉洗净，放入沸水中汆烫至熟，捞出沥干放在油条段上。
3. 热锅倒入适量色拉油，放入蒜末爆香，加入所有调味料炒香后，淋在牡蛎肉上。
4. 将葱丝与香菜放在牡蛎肉上，再热1小匙色拉油煮沸后，淋在葱丝与香菜上即可。

288 梅酱竹笋虾

材料

绿竹笋……………2根（约450克）

虾仁…………………8只

调味料

泰式梅酱……… 2大匙

做法

1. 绿竹笋洗净放入锅中，加水至淹过竹笋，以中火煮开后转小火滚沸约20分钟，捞出绿竹笋泡入冷水至竹笋完全凉透。
2. 取绿竹笋，去掉笋壳后削去外皮，切小块放入碗中备用。
3. 草虾仁放入滚沸的水中汆烫至熟，捞出冷却后加入碗中，淋上泰式梅酱拌匀即可。

泰式梅酱

材料：腌梅子10颗、水200毫升、红辣椒粉1小匙、番茄酱1大匙、鱼露1小匙、细砂糖1大匙、水淀粉少许

做法：腌梅子去籽剁成泥，将水煮沸后加入梅肉泥与所有材料（水淀粉除外）煮匀，再以水淀粉勾芡即可。

289 凉拌鱼蛋

材料

海鲡鱼蛋…………1条（约150克）

小黄瓜 ……………1根

红辣椒 ……………1根

香菜…………………2棵

洋葱………………1/2个

调味料

香油……………1大匙

美奶滋 ………… 3大匙

酱油……………… 少许

盐 ………………… 少许

白胡椒粉………… 少许

做法

1. 将红辣椒洗净切丝；海鲡鱼蛋以小火煎至上色，切成小片状放凉，备用。
2. 将洋葱及小黄瓜洗净切丝，用盐（材料外）抓过去除青涩味，再洗净、沥干，取出铺置于盘中备用。
3. 将所有调味料调匀备用。
4. 将鱼蛋片放入做法2的盘中，淋上做法3的酱汁，再放上红辣椒丝及香菜即可。

290 鲜干贝凉拌香芒

材料

鲜干贝150克、芒果200克、青辣椒丁5克、红辣椒丁5克、葱段10克、姜片3片

调味料

辣椒酱1/2小匙、盐1/2小匙、细砂糖1小匙、米酒1小匙、淀粉少许

芒果酱

芒果肉50克、冷开水1大匙、柠檬汁1大匙

做法

1. 鲜干贝洗净沥干水分，加入米酒、1/4小匙盐（分量外）、淀粉拌匀后，腌约10分钟；芒果去皮、去籽，切小块，备用。
2. 取一锅放入半锅水，加入葱段、姜片煮沸后，放入鲜干贝，以小火煮约1分钟，捞起浸泡冷开水一下，再捞起沥干备用。
3. 芒果酱材料混合打匀后，加上辣椒酱、细砂糖、盐拌成酱汁备用。
4. 将芒果块、鲜干贝、青辣椒丁、红辣椒丁拌匀，再淋上芒果酱即可。

291 糖醋藕片

材料

莲藕……………300克
红甜椒…………1/4个
黄甜椒…………1/4个

调味料

盐………………少许
细砂糖…………2大匙
白醋……………2大匙
水………………3大匙

做法

1. 莲藕洗净去头尾后去皮，切成薄片泡水；红甜椒和黄甜椒洗净去头去籽后切条，备用。
2. 煮一锅滚沸的水，放入莲藕片略为汆烫后捞出泡冰水备用。
3. 起锅放入所有调味料以小火煮匀，熄火待酱汁冷却，加入红甜椒条、黄甜椒条、莲藕片拌匀即可。

292 辣拌茄子

材料

茄子…………约400克
红辣椒末…………10克
蒜末………………5克
姜末………………5克
葱末………………10克

调味料

酱油膏…………3大匙
辣椒酱…………1小匙
陈醋……………1小匙
细砂糖…………1小匙

做法

1. 茄子去头尾洗净切段，放入热油锅中略炸一下捞出，沥干油脂备用。
2. 煮一锅滚沸的水中，放入炸茄子段略为汆烫去油，捞出泡冰块水待凉，捞出沥干水分，盛盘备用。
3. 所有调味料拌均匀，加入辣椒末、蒜末、姜末、葱末拌匀成淋酱，淋入茄子段上即可。

茄子切开后容易氧化，内部会变黑，而经过加温烹调后外表紫色又会变淡，看起来就不美味，为了保持漂亮的紫色且不变黑，可以利用过油的方式，以避免茄子快速氧化变色。

293 高丽蔬菜卷

材料

圆白菜叶…………5片
胡萝卜（小）……1根
西芹…………………1棵
小黄瓜……………1根

调味料

千岛酱…………… 适量

做法

1. 圆白菜叶洗净，放入沸水中汆烫至软，捞出泡冰水备用。
2. 胡萝卜、西芹去皮洗净切条状，放入沸水中汆烫约1分钟，捞出泡冰水备用。
3. 小黄瓜洗净去头尾、切条状，加入少许盐（分量外）搅拌均匀，稍微腌渍待出水后，抓匀倒去水分，再以冰开水冲洗去盐分备用。
4. 将圆白菜梗削薄，依序放上胡萝卜条、西芹条、小黄瓜条，包好卷起呈春卷状，每条切成三段排盘即可。
5. 食用时可搭配千岛酱食用，以增添风味。

294 芝麻酱菠菜卷

材料

菠菜…………… 300克
柴鱼片……………4克
蒜泥…………………5克
熟白芝麻………… 少许

调味料

芝麻酱………1/2小匙
凉开水…………1大匙
细砂糖…………1小匙
酱油膏…………1大匙

做法

1. 菠菜洗净去根部，放入滚沸的水中汆烫约10秒钟，捞出泡入冰水中冷却后挤干水分。
2. 取菠菜对折，用寿司竹帘卷成卷状，稍用力挤压出多余水分后包紧定型备用。
3. 将蒜泥及所有调味料拌匀成酱汁。
4. 将已定型的菠菜拆去竹帘，切段排盘，淋上酱汁，撒上柴鱼片及熟白芝麻即可。

菠菜有丰富的营养素，但由于含有较多的草酸，带点涩味，食用前可先用滚水稍微烫以去除涩味，但不可烫煮过久，避免营养流失和口感破坏。

295 海苔凉拌冷笋

材料

沙拉笋 ·········· 300克
千岛酱 ·········· 适量
海苔粉 ·········· 适量

做法

1. 首先将沙拉笋洗净，放入滚水中汆烫1分钟，再捞起放入冰水中冰镇备用。
2. 将沙拉笋切成滚刀状摆盘，再淋入千岛酱，最后撒上海苔粉即可。

材料：美奶滋3大匙、番茄酱1小匙

做法：将所有材料混合均匀即可。

296 金针菇凉拌玉米笋

材料

玉米笋 ·········· 10根
金针菇 ·········· 100克
西蓝花 ·········· 50克
素火腿 ·········· 1/4杯

调味料

A 高汤 ·········· 1杯
　素蚝油 ·········· 1大匙
B 玉米粉 ·········· 1小匙
　水 ·········· 1大匙

做法

1. 西蓝花洗净切小朵状；新鲜金针菇洗净去蒂；素火腿切细末；调味料B调成玉米粉水，备用。
2. 玉米笋洗净，再以加了少许盐的滚水汆烫至熟后，马上捞出沥干水分摆盘。
3. 另起一锅，放入调味料A煮开后，放入金针菇、西蓝花稍微煮一下，再以玉米粉水勾薄芡后起锅，淋在玉米笋上即可。

西蓝花可依个人喜好切成适合入口的大小即可。

297 红油酱脆笋

材料

脆笋片 …………300克
蒜末……………………5克

调味料

辣油……………… 2大匙
香油……………1/2小匙
细砂糖 …………1/2小匙
盐 ……………… 1/4小匙

做法

1. 将所有的调味料混合拌匀，即为红油酱备用。
2. 脆笋片洗净、泡水1小时，备用。
3. 将脆笋片放入沸水中，汆烫约8分钟后，捞出沥干备用。
4. 取一大碗，倒入脆笋片、蒜末与红油酱，混合搅拌均匀即可。

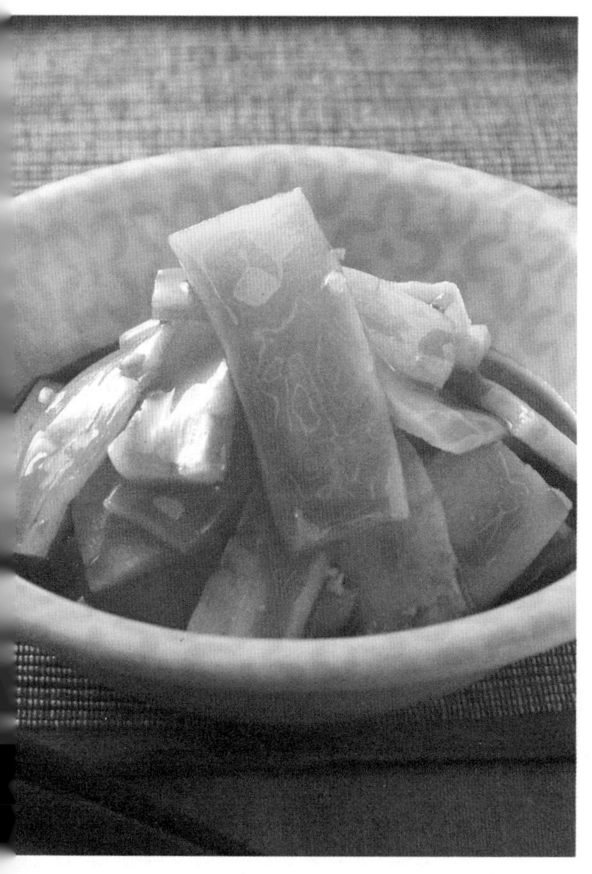

298 凉拌油焖笋

材料

桂竹笋 ………………2支
蒜 ……………………3瓣

调味料

香油……………… 2大匙
酱油………………1大匙
细砂糖 ……………1小匙
陈醋………………1小匙
辣油………………1大匙

做法

1. 将桂竹笋去壳洗净后汆烫，用手撕开，切成小片状备用。
2. 将蒜洗净切碎备用。
3. 取一容器，加入所有调味料拌匀，成为酱汁备用。
4. 将桂竹笋片及蒜碎加入酱汁中，略为拌匀后盛盘，以葱丝及豆苗（皆材料外）装饰即可。

300 XO酱拌芦笋

材料

芦笋…………… 300克

调味料

蒜末………………15克
辣椒末 ………………5克
XO酱…………… 2大匙
蚝油………………1大匙
冷开水 ……………1大匙

做法

1. 将所有的调味料混合拌匀，即为XO辣酱备用。
2. 青芦笋洗净备用。
3. 将青芦笋放入沸水中，汆烫至颜色鲜绿，再捞出放入冰水中泡凉备用。
4. 沥干青芦笋、将其切段，淋上XO辣酱拌匀即可。

299 XO酱拌黄瓜

材料

黄瓜…………… 200克
胡萝卜 ……………10克
香菜（切碎）……2棵
红辣椒（切丝） 少许

调味料

XO酱…………… 2大匙
香油………………1小匙
辣油………………1小匙

做法

1. 黄瓜去皮洗净、切厚长条状，再放入滚水中汆烫杀青备用。
2. 胡萝卜洗净切小片，放入滚水中快速汆烫过水备用。
3. 取一容器，加入所有材料与所有调味料搅拌均匀即可。

好吃秘诀

XO酱不论炒还是拌，搭配海鲜、肉类或是蔬菜，甚至炒饭、炒面，都能马上为料理增添好风味，因此要快速做出美味料理就不能少了这一味。

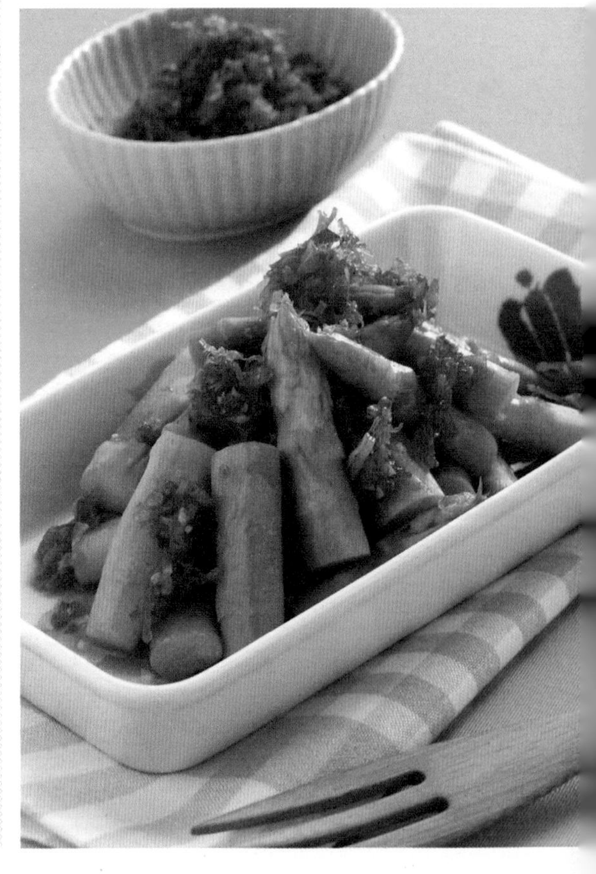

301 凉拌白菜心

材料

大白菜 ………… 300克
红辣椒丝 …………5克
香菜叶 …………5克
油炸花生 …………40克

调味料

白醋 …………1大匙
细砂糖 …………1大匙
盐 ………… 1/6小匙
香油 …………1大匙

做法

1. 大白菜去掉叶子部分只留茎（菜心）的部分，洗净切丝泡入冰开水约3分钟，使其口感更脆后捞起沥干水分备用。
2. 将白菜心丝放入大碗中，加入红辣椒丝、香菜叶、油炸花生及所有调味料一起拌匀即可。

302 凉拌四喜

材料

熟花生 …………100克
毛豆 …………80克
土豆 …………100克
胡萝卜 …………80克

调味料

盐 …………1/2小匙
鸡精 ………… 少许
香油 …………1大匙

做法

1. 土豆、胡萝卜均洗净、去皮切丁备用。
2. 将毛豆、土豆丁、胡萝卜丁放入沸水中烫熟，再加入熟花生略烫一下捞起沥干。
3. 将做法2的材料与所有调味料混合拌匀，放入冰箱冰凉后即可。

303 凉拌洋葱

材料

洋葱 …………180克
熟黑芝麻 …………5克
熟白芝麻 …………5克

调味料

A 日式酱油 … 80毫升
　柠檬汁 ……15毫升
　白醋 …………10毫升
　细砂糖 …………5克
B 七味粉 …………2克

做法

1. 洋葱洗净逆纹切丝（泡水之后的弧度才会漂亮），泡入冰水中约5分钟后滤干水分捞起备用。
2. 把所有调味料A放入碗中，搅拌均匀成酱汁备用。
3. 将洋葱丝放入盘上，再淋上酱汁，并撒上熟黑芝麻、熟白芝麻和七味粉即可。

304 凉拌苦瓜

材料

苦瓜……1条
紫酥梅……4颗

调味料

盐……少许
细砂糖……1小匙
酱油……1小匙
梅汁……1大匙
冷开水……1大匙

做法

1. 紫酥梅去籽切碎，与所有的调味料混合拌匀，即为梅酱备用。
2. 苦瓜洗净、剖开去籽，切薄片，备用。
3. 将苦瓜薄片放入沸水中汆烫，立刻捞出放入冰水中泡凉备用。
4. 沥干苦瓜薄片，淋上梅酱即可。

305 凉拌豆角

材料

豆角……300克
酸菜……300克
小黄瓜……300克
蒜苗丝……适量
红辣椒丝……适量

调味料

盐……1小匙
橄榄油……1小匙
香油……1小匙
酱油……少许
细砂糖……1小匙

做法

1. 将豆角头尾两端约1厘米的蒂剥除，并且撕除两侧边缘的筋丝，洗净后备用。
2. 小黄瓜洗净切丝；酸菜只取较嫩的部分，切丝后备用。
3. 煮一锅水至滚后加入盐和橄榄油，再把豆角段放入汆烫约3分钟即捞起。
4. 取一盘，将豆角、小黄瓜丝、酸菜丝和蒜苗丝一起排入，最后淋上香油、酱油及细砂糖，食用前再拌匀即可。

306 芝麻酱豆角

材料

豆角……300克
胡萝卜……50克
熟白芝麻……适量

调味料

芝麻酱……1大匙
冷开水……2大匙
细砂糖……1小匙
白醋……1/2小匙
盐……少许
香油……1小匙

做法

1. 将所有的调味料混合拌匀，即为调味芝麻酱备用。
2. 豆角去头尾洗净；胡萝卜洗净去皮切条状，备用。
3. 将豆角、胡萝卜条放入沸水中烫熟，再捞出放入冰水中泡凉，并将豆角切段备用。
4. 沥干豆角段与胡萝卜条，淋上调味芝麻酱，最后撒上熟白芝麻即可。

307 凉拌甜豆荚

材料

甜豆荚…………200克
胡萝卜……………30克
火腿………………2片
蒜…………………3个
红辣椒……………1/2根
熟白芝麻…………1小匙

调味料

香油………………1大匙
细砂糖……………1小匙
鸡精………………1小匙
冷开水…………… 适量
酱油………………1大匙
辣油………………1小匙

做法

1. 将甜豆荚去除老丝后切成斜刀状、胡萝卜洗净切丝，一起放入滚水中氽烫，捞起放凉备用。
2. 将火腿切成菱形片状；蒜及红辣椒洗净切丝，备用。
3. 取一容器，加入所有调味料拌匀，加入甜豆荚及胡萝卜，再加入做法2的所有材料拌匀，取出盛盘，撒上熟白芝麻装饰即可。

308 芝麻拌牛蒡丝

材料

牛蒡………………1条
白芝麻……………1大匙

调味料

盐………………… 少许
淡色酱油…………1大匙
白醋……………1/2大匙
陈醋………………1小匙
细砂糖……………1小匙
香油………………1大匙

做法

1. 取一干锅，放入白芝麻以小火炒香，备用。
2. 牛蒡洗净、去皮切丝，泡水备用（水中可加入几滴白醋，以防牛蒡丝变色）。
3. 将牛蒡丝放入沸水中，氽烫熟后捞出放入冰水中，泡凉备用。
4. 沥干牛蒡丝，并加入所有调味料搅拌均匀，最后撒上白芝麻即可。

309 凉拌土豆丝

材料

土豆………………1个
姜…………………20克
葱…………………1根

调味料

陈醋……………3大匙
香油………………1小匙
细砂糖……………1小匙
盐………………… 少许
白胡椒粉………… 少许

做法

1. 土豆去皮洗净，切成粗丝状，放入滚水中煮软，捞起放凉备用。
2. 姜洗净切丝；葱洗净切丝，备用。
3. 取一容器，加入所有调味料拌匀，成为酱汁备用。
4. 将土豆丝、姜丝、葱丝放入酱汁中，略为拌匀后盛盘，以红辣椒丝（材料外）装饰即可。

311 柴鱼拌龙须菜

材料

龙须菜……400克
柴鱼片……适量
熟白芝麻……适量

调味料

素蚝油……2大匙
香油……1大匙
酱油膏……1/2大匙
细砂糖……少许
冷开水……1大匙

做法

1. 将所有的调味料混合拌匀成酱料备用。
2. 龙须菜去除硬梗老叶、洗净备用。
3. 将龙须菜放入沸水中，并加入少许盐（分量外），汆烫至颜色鲜绿，再捞出放入冰水中泡凉。
4. 沥干龙须菜，淋上酱料，再撒上熟白芝麻与柴鱼片即可。

310 腐乳拌蕨菜

材料

蕨菜……250克
豆腐乳……2小块
豆腐乳酱汁……1大匙
冷开水……适量

做法

1. 蕨菜切段、洗净，放入加了少许盐、油的沸水中汆烫备用。
2. 豆腐乳、豆腐乳酱汁混合后稍微弄碎，加入冷开水调至可以接受的微咸程度。
3. 将蕨菜与调好的酱汁拌匀即可盛盘。

好吃秘诀

◎ 整罐全新豆腐乳要夹取时，必须稍微弄碎一块豆腐乳，才能保持其他块夹取时的完整。当然，夹取时要用干净的筷子夹取，这次要用几块就一起夹几块出来使用即可。
◎ 因为与过猫拌和时会降低咸味，所以要用豆腐乳酱汁调味，调到“可以接受、略咸”的程度即可。

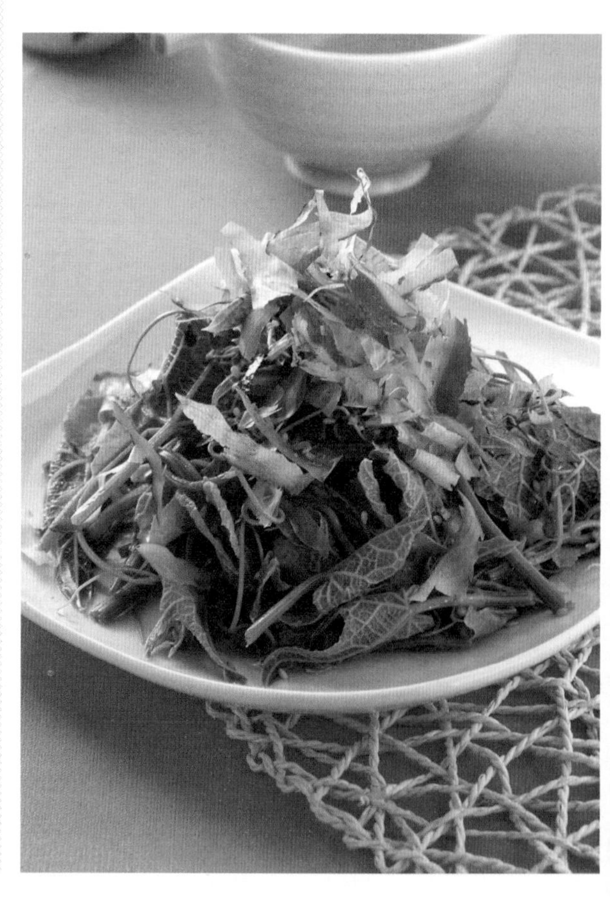

312 味噌拌西芹

材料

西芹3棵、胡萝卜50克、蒜5个、红辣椒1根、香菜2棵、柴鱼片1小匙

调味料

味噌2大匙、香油1大匙、辣油1小匙、温开水5大匙、鸡精1小匙、细砂糖1小匙、酱油膏1小匙

做法

1. 将西芹及胡萝卜去皮后洗净切片，一起放入滚水中汆烫，捞起沥干备用。
2. 将蒜及红辣椒洗净切片、香菜洗净切碎备用。
3. 取一容器，加入所有调味料拌匀，再加入做法2的所有材料拌匀，成为酱汁备用。
4. 将西芹及胡萝卜片盛入盘中，再淋上酱汁，撒上柴鱼片装饰即可。

313 百香果青木瓜

材料

青木瓜…………1/2个（250克）
红甜椒…………30克
百香果…………3个

调味料

细砂糖………2大匙
盐……………1/6小匙

做法

1. 青木瓜去皮去籽后刨成丝状；红甜椒洗净切丝，备用。
2. 百香果对切后取出果肉，加入青木瓜丝中，再加入调味料混合搅拌，腌渍约10分钟后，再放入红甜椒丝即可。

314 清凉黄瓜苹果丁

材料

苹果……………120克
西红柿…………140克
小黄瓜…………100克
黄甜椒…………80克
薄荷叶…………5克
干培根末………1大匙

调味料

柠檬汁………2小匙
细砂糖………2小匙
盐……………1/8小匙
橄榄油…………1大匙

做法

1. 苹果、西红柿、小黄瓜、黄甜椒洗净切丁；薄荷叶洗净切碎放入碗中，备用。
2. 于碗中加入干培根末及所有调味料拌匀即可。

315 蒜味拌秋葵

材料

秋葵……………150克
胡萝卜……………50克
红辣椒……………1根
香菜………………适量

调味料

美奶滋……………30克
蒜碎………………1大匙
香油………………1小匙
细砂糖……………1小匙
白醋………………1小匙
盐…………………少许
白胡椒粉…………少许

做法

1. 将秋葵去除蒂头洗净；胡萝卜洗净切片，一起放入滚水中汆烫，捞起放凉，备用。
2. 将红辣椒洗净去籽，切片备用。
3. 取一容器，加入所有调味料拌匀，成为酱汁备用。
4. 将秋葵、胡萝卜片及红辣椒片加入酱汁中，略为拌匀盛盘，以香菜装饰即可。

316 芝麻酱拌秋葵

材料

秋葵……………150克
胡萝卜……………50克
欧匠………………1棵

调味料

A 芝麻酱………2大匙
　香油…………1小匙
　温开水………适量
　味醂…………1小匙
　辣油…………1小匙
　盐……………少许
　白胡椒粉……少许
B 七味粉………1小匙

做法

1. 将秋葵去除蒂头洗净、胡萝卜洗净切小片，一起放入滚水中汆烫，捞起沥干，放凉备用。
2. 将欧芹洗净切成碎状备用。
3. 将所有调味料A以打蛋器拌匀至芝麻酱化开，成为酱汁备用。
4. 取一容器，加入做法1、做法2及做法3的所有材料拌匀，取出盛盘，撒上七味粉即可。

317 芥末拌山药

材料

山药……………300克
小黄瓜……………1根

调味料

A 美奶滋………3大匙
　芥末…………1小匙
　味醂…………1小匙
　盐……………少许
　白胡椒粉……少许
B 海苔香松……1小匙

做法

1. 将山药去皮、以冷开水洗净，切成小条状备用。
2. 将小黄瓜洗净切成与山药一样的长度，加入盐（材料外）抓过，再以冷开水洗净、沥干备用。
3. 将所有调味料A拌匀至芥末化开，成为酱汁备用。
4. 取一容器，加入做法1、做法2及做法3的所有材料拌匀，取出盛盘，撒上海苔香松，以红辣椒丝（材料外）装饰即可。

318 凉拌五味

材料

葱丝……………20克
嫩姜丝…………30克
红辣椒丝………20克
蒜苗丝…………40克
香菜段…………20克

调味料

白醋……………1大匙
盐……………1/4小匙
细砂糖…………1大匙
香油……………1大匙

做法

1. 所有材料放入大碗中，分次加入凉开水冲洗干净，沥干备用。
2. 将所有调味料放入另一碗中拌匀，再加入做法1所有材料充分拌匀即可。

好吃秘诀

从采购到处理、烹调，制作美食总让人误以为昂贵的材料才能做出好的料理，其实料理的世界可以有更多令人意想不到的创意空间，就像把平常当作配料的香辛料作为主角，简单的凉拌也能做出随手可得的简单美味。

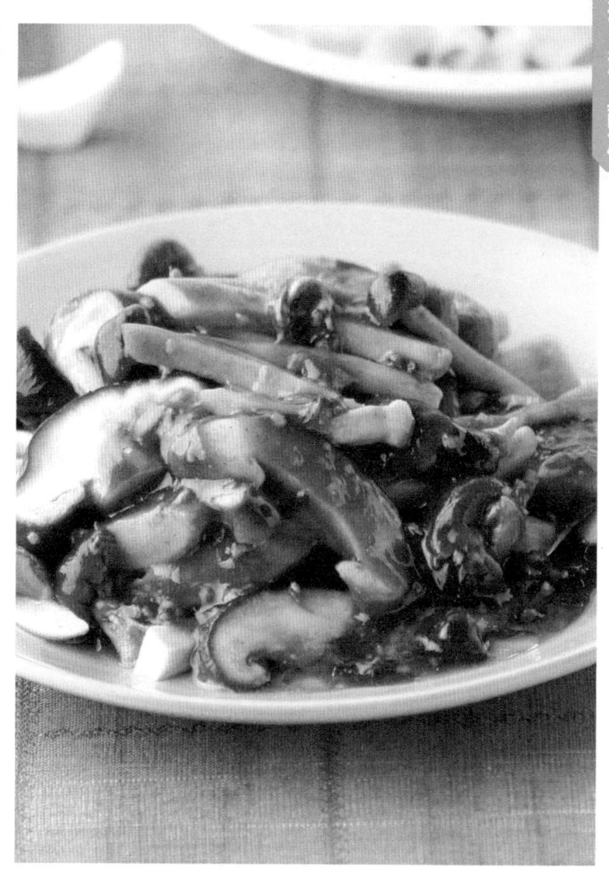

319 蚝油拌什锦菇

材料

鲜香菇…………70克
杏鲍菇…………70克
柳松菇…………70克
蚝油酱………… 2大匙

做法

1. 鲜香菇去蒂与杏鲍菇洗净切片，柳松菇去头洗净，一起放入沸水中汆烫30秒后后沥干备用。
2. 将做法1材料加入蚝油酱一起拌匀即可。

蚝油酱

材料：姜15克、葱20克、蚝油80克、细砂糖15克、香菜末15克、凉开水20毫升、白胡椒粉1/2小匙

做法：

1. 姜、香菜洗净切成细末；葱洗净切葱花，备用。
2. 将所有材料混合拌匀即可。

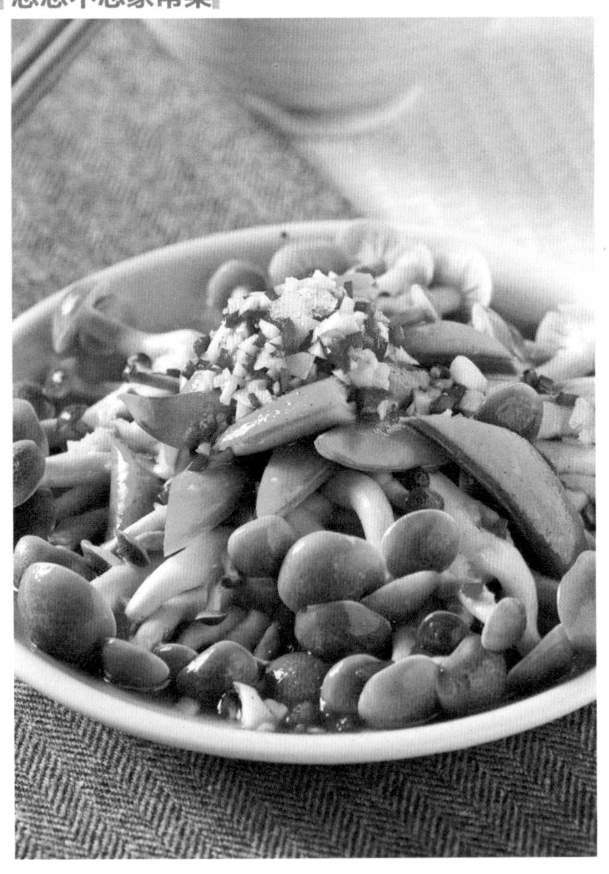

320 凉拌蟹味菇

材料

蟹味菇……………1包（约100克）
甜豆荚……………10个
红辣椒……………1根
蒜……………1个

调味料

香油……………1大匙
盐……………少许
白胡椒粉……………少许
白醋……………1小匙

做法

1. 将蟹味菇去除蒂头洗净、甜豆荚洗净斜切，一起放入滚水中汆烫，捞起放凉备用。
2. 将蒜及红辣椒洗净切碎备用。
3. 将所有调味料放入容器中调匀，加入做法1及做法2的所有食材，略为拌匀即可。

好吃秘诀

虽然菇类耐煮、不易糊烂，但只要汆烫至熟即可，以避免养分流失。若担心整朵的蟹味菇不易入口、影响咀嚼，可以稍微切成段。

321 醋拌金针菇

材料

金针菇1包（约100克）
鲜香菇……………1朵
胡萝卜……………30克

调味料

陈醋……………3大匙
香油……………1小匙
盐……………少许
黑胡椒粒……………少许
酱油膏……………1小匙
细砂糖……………1小匙

做法

1. 将金针菇去除蒂头、鲜香菇去除蒂头后洗净切片、胡萝卜洗净切丝，一起放入滚水中汆烫，捞起放凉备用。
2. 将所有调味料拌匀至细砂糖完全溶解，成为酱汁备用。
3. 将做法1的菇类拧干水分，与胡萝卜丝一起加入酱汁中，略为拌匀，以葱丝及红辣椒丝（皆材料外）装饰即可。

陈醋的味道香浓、白醋的醋酸味较呛，因为菇类本身淡而无味，使用陈醋可以让整道料理更加提味，比例视个人的可接受酸度添加。

322 醋拌小黄瓜

材料		调味料	
小黄瓜	2根	细砂糖	30克
姜丝	适量	白醋	50毫升
红辣椒圈	适量	盐	3克

做法

1. 小黄瓜洗净用盐搓揉后，立即用水洗掉，并于小黄瓜表面划出数道刀痕，再切成约2厘米的段状。
2. 将姜丝、红辣椒圈和所有调味料加入小黄瓜段中浸泡至入味即可。

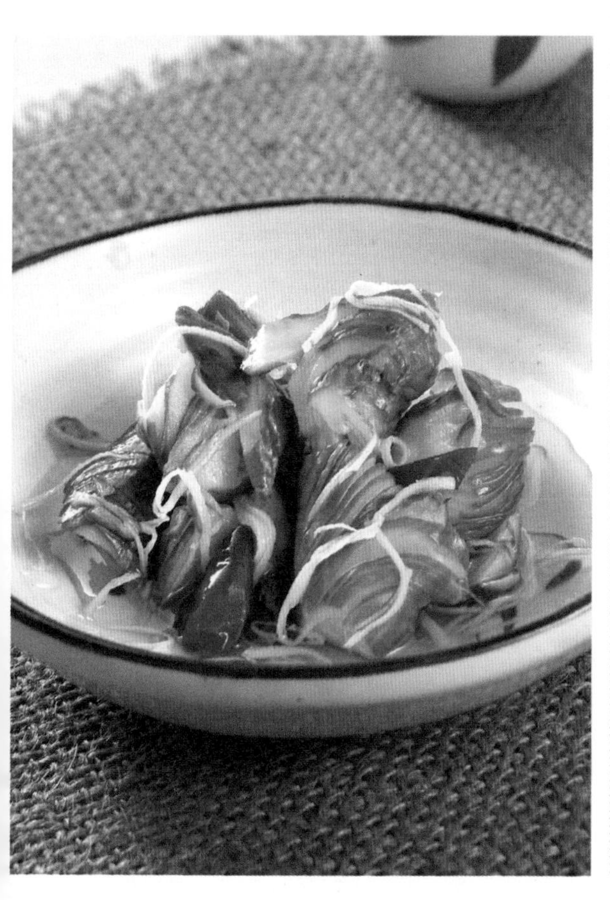

323 酸醋拌黄瓜

材料		调味料	
小黄瓜	2条	白醋	5大匙
胡萝卜	20克	香油	1小匙
红辣椒	1根	细砂糖	1小匙
蒜	2个	冷开水	3大匙

做法

1. 将小黄瓜洗净后切段，再划刀（不切断），用盐（材料外）抓腌、去除青涩味备用。
2. 将胡萝卜洗净切片，放入滚水中汆烫，捞起放凉；红辣椒洗净切片、蒜洗净切末，备用。
3. 取一容器，加入所有调味料拌匀，成为酱汁备用。
4. 将小黄瓜及胡萝卜、蒜加入酱汁中，拌匀后略腌渍即可。

好吃秘诀

将蒜切成末，或是磨成泥，可以压过生小黄瓜的青涩味。凉拌小黄瓜时稍微搅拌即可，以免出水过多影响爽脆的口感。

324 腌大头菜

材料

大头菜……………1颗
红辣椒……………1根
蒜……………………6个
盐……………………15克

腌料

淡酱油…………100克
细砂糖……………20克
冷开水……… 100毫升

做法

1. 大头菜洗净后去皮、切小片；红辣椒洗净切末；蒜洗净切末，备用。
2. 把盐加入大头菜片中搅拌均匀，并静置腌渍约15分钟。
3. 用手将大头菜片略揉出水分，再以冷开水冲洗，最后沥干水分备用。
4. 把所有腌料混合拌匀，加入红辣椒末与蒜末，再加入大头菜片一起搅拌均匀，放入冰箱冷藏1天即可。

325 腌小黄瓜

材料

小黄瓜………… 600克
蒜末…………………10克
盐……………………15克

腌料

辣椒酱……………50克
白酱油………… 2大匙
盐………………… 少许
细砂糖……………25克
冷开水……… 150毫升
香油………………1小匙

做法

1. 小黄瓜洗净后切去头尾；加入盐均匀的一条条揉至软。
2. 将小黄瓜放入可沥水的置物篮中，上面以重物压着小黄瓜，令其慢慢出水，约置放1天。
3. 将所有腌料搅拌均匀；把小黄瓜取出后切小段备用。
4. 把腌料与小黄瓜段一起搅拌均匀即可。

326 腐乳腌黄瓜

材料

小黄瓜3根、粉皮条1张、红辣椒片少许、蒜片适量、白芝麻少许

调味料

辣豆腐乳2块、酱油1小匙、香油2大匙、冷开水3大匙、白胡椒粉1小匙

腌料

盐1大匙

做法

1. 小黄瓜洗净去籽，切菱形片状，取容器，将小黄瓜片放入，加入腌料中的盐抓一下，静置约20分钟以去水分，再用清水洗净并拧干水分备用。
2. 取容器，将辣豆腐乳和其余的调味料完全混合拌匀。
3. 再加入小黄瓜和其余的材料拌匀，腌渍约1小时即可。

327 腌菜心

材料

菜心……………………3棵
蒜末………………10克
盐……………………15克

腌料

味噌……………100克
细砂糖……………25克
冷开水……150毫升

做法

1. 把菜心洗净后去皮、切小片，加入盐搅拌均匀，静置约15分钟。
2. 用手将菜心片揉出水分，沥除水分，再用冷开水冲洗，最后再沥干水分备用。
3. 把腌料中的细砂糖加入冷开水中搅拌均匀，再放入味噌混合拌匀。
4. 将菜心片加入腌料中，拌匀即可。

328 腌萝卜

材料

白萝卜……………1根
盐…………………1大匙

腌料

辣豆瓣酱………100克
细砂糖……………25克
白醋………………1大匙
米酒………………1大匙
蒜末………………1大匙
冷开水……150毫升
香油……………1/2大匙

做法

1. 白萝卜外皮刷洗干净后切成片状，加入盐搅拌均匀腌渍约15分钟。
2. 将白萝卜片用手揉出白萝卜汁，沥除汁液后，将白萝卜片放入可沥水的置物篮中，上面以重物压住，静置隔夜（8小时以上）。
3. 将白萝卜片以冷开水揉洗后，再放入可沥水的置物篮中，以重物压住，静置约1小时。
4. 腌料中的冷开水加入细砂糖搅拌均匀，再放入其他腌料一起搅拌均匀备用。
5. 将处理好的白萝卜片取出后，加入腌酱中均匀腌渍约2天即可。

329 酱笋

材料

绿竹笋………… 900克

腌料

白豆酱…………100克
细砂糖……………25克
米酒………………1大匙
冷开水……150毫升

做法

1. 绿竹笋去壳后以清水洗净，再放入锅中，加水淹过绿竹笋煮沸后，盖上锅盖转小火再煮约40分钟，即可取出竹笋。
2. 等绿竹笋凉后，切成小块状备用。
3. 把腌料中的冷开水加入细砂糖中搅拌均匀，再加入白豆酱、米酒一起拌匀。
4. 将竹笋与腌酱一起搅拌均匀即可。

330 梅香圣女果

材料

圣女果……………300克
柠檬皮丝…………少许

调味料

话梅……………………5颗
细砂糖………………1小匙
盐…………………………少许
甘草……………………3片
梅粉……………………1小匙
冷开水…………300毫升

做法

1. 将圣女果去除蒂头洗净，放入滚水中汆烫，捞起后去除外皮备用。
2. 取一容器，加入所有调味料，以打蛋器拌匀至话梅味道释放，成为酱汁备用。
3. 将圣女果放入酱汁中，拌匀后浸泡约1小时，取出盛盘，以柠檬皮丝装饰即可。

将圣女果放入滚水汆烫约15秒即可，再泡入冷水中冷却，如此皮肉会分离，比较方便剥皮，去了皮的圣女果凉拌时更入味。

331 台式泡菜

材料

圆白菜…………900克
红辣椒片…………25克
青辣椒片…………25克

调味料

盐………………1/2小匙
细砂糖…………2大匙
白醋……………3大匙

做法

1. 圆白菜撕小片后洗净，撒入1/2大匙盐（分量外）静置30分钟备用。
2. 揉除圆白菜片多余水分，用冷开水清洗一下备用。
3. 于圆白菜片中加入所有调味料、红辣椒片以及青辣椒片拌匀，放入冰箱冷藏1天即可。

332 皮蛋豆腐

材料

嫩豆腐……………1盒
皮蛋………………1个
葱…………………1根
柴鱼片…………适量

调味料

酱油膏…………2大匙
蚝油…………1/2大匙
细砂糖………1/2小匙
香油……………少许
冷开水…………1大匙

做法

1. 将所有调味料搅拌均匀成酱料备用。
2. 葱洗净切末；皮蛋放入沸水中烫熟，待凉后剥壳、剖半，备用。
3. 嫩豆腐放置冰箱冰凉后，取出置于盘上，再放上皮蛋，淋上酱料，最后撒上葱末及柴鱼片即可。

好吃秘诀

皮蛋放入沸水中汆烫，主要目的是使蛋黄部分凝固，较方便食用。

333 葱油豆腐

材料

老豆腐……………2块
葱………………20克
培根……………10克
榨菜……………15克
色拉油…………2大匙

调味料

酱油……………2小匙
凉开水…………2小匙
细砂糖………1/2小匙

做法

1. 老豆腐洗净，切去表面一层硬皮；葱、榨菜洗净沥干切丝；培根切丝；调味料调匀成淋酱，备用。
2. 将老豆腐泡入热水中约3分钟，沥干后铺上葱丝、培根丝、榨菜丝，淋上热色拉油。
3. 最后将淋酱淋在老豆腐上即可。

334 银鱼拌豆腐

材料

蛋豆腐……………2块
银鱼………………20克
蒜苗（或葱）……适量
红辣椒…………1/2根

调味料

A 白胡椒粉…1/2小匙
B 盐…………1/2小匙
鸡精…………少许
酱油…………1小匙
冷开水……50毫升

做法

1. 银鱼洗净沥干；蒜苗、红辣椒洗净切末；蛋豆腐切丁，备用。
2. 热锅，不放油，放入银鱼以小火干炒至香，加入葱末、红辣椒末及白胡椒粉炒香备用。
3. 所有调味料B混合后煮匀成淋酱备用。
4. 将豆腐丁放入盘中，撒上银鱼，再淋上淋酱即可。

335 凉拌干丝

【材料】

豆干丝 ………… 200克
芹菜 ………………70克
胡萝卜 ……………40克
黑木耳 ……………25克
红辣椒丝…………10克
蒜末…………………10克

【调味料】

盐 ……………… 1/4小匙
鸡精…………… 1/4小匙
细砂糖 …………1/2小匙
白醋………………1小匙
香油………………1大匙

【做法】

1. 将豆干丝放入沸水中汆烫一下，捞出待凉备用。
2. 芹菜洗净切段、胡萝卜去皮洗净切丝、黑木耳洗净切丝，分别放入沸水中汆烫，再捞出泡冰水备用。
3. 取一大碗，放入所有材料及调味料，搅拌均匀即可。

336 凉拌三丝

【材料】

海带丝 ………… 200克
豆干丝 …………100克
红辣椒丝…………10克
姜末…………………10克
蒜末…………………10克

【调味料】

盐 ……………… 1/4小匙
细砂糖 ……… 1/4小匙
酱油………………1小匙
陈醋………………1小匙
香油………………1大匙

【做法】

1. 海带丝洗净切段；豆干丝洗净切段，备用。
2. 煮一锅滚沸的水，放入海带丝段汆烫约2分钟，捞出沥干水分；于同锅放入豆干丝段略为汆烫，捞出沥干水分，备用。
3. 取海带丝段和豆干丝段放入大碗中，加入红辣椒丝、姜末、蒜末及所有调味料拌匀。
4. 待做法3的材料冷却后放入冰箱冷藏冰镇约1小时，食用前取出即可。

337 拌腐竹

【材料】

腐竹……………100克
鲜香菇 ……………1朵
蒜 ……………………3个

【调味料】

A 酱油 ………50毫升
　冷开水…… 350毫升
B 香油 …………1大匙
　酱油 …………1大匙
　酱油膏………1小匙
　细砂糖………1小匙
　白胡椒粉 …… 少许
　冷开水………1大匙

【做法】

1. 将腐竹洗净、泡水、切段，加入调味料A煮约10分钟备用。
2. 将蒜切片、鲜香菇汆烫后切片备用。
3. 取一容器，加入所有调味料B拌匀，成为酱汁备用。
4. 将腐竹段及蒜片、鲜香菇片放入酱汁中，略为拌匀盛盘，以豆苗（材料外）装饰即可。

338 雪里蕻拌千张

材料

雪里蕻…………120克
千张………………20张
碱粉………………1小匙
冷开水………800毫升
红辣椒…………1/2根

调味料

A 鸡精…………1小匙
盐…………1/2小匙
温开水……300毫升
B 盐………… 1/4小匙
细砂糖…… 1/4小匙
香油…………1大匙

做法

1. 材料中的水煮至约70℃，倒入盆中和碱粉调匀成碱水后，将千张一张张放入碱水中浸泡至千张膨胀、变白、完全软化（约15分钟）。
2. 将千张置于水龙头下方，以流动的水持续冲洗约15分钟，至千张无碱味，捞出千张沥干水分备用。
3. 所有调味料A放入锅中煮至滚沸，加入千张，以小火煮约10分钟，捞出沥干水分，切段备用。
4. 雪里蕻洗净切小段；红辣椒洗净切短丝，备用。
5. 雪里蕻段放入滚水中略烫除多余咸味后捞起，沥干水分备用。
6. 将千张段、红辣椒丝及雪里蕻段和所有调味料B一起拌匀即可。

339 白煮蛋沙拉

材料

鸡蛋…………………5个
土豆………………80克
胡萝卜……………80克
青豆仁……………50克
洋葱碎……………10克

调味料

美奶滋………… 适量

做法

1. 鸡蛋洗净，放入可淹过鸡蛋的沸水中煮熟，再捞出泡冷水待凉后，去壳，将蛋白上方切掉一开口，取出蛋黄，并将蛋白下方也切除一些使能站立备用。
2. 土豆、胡萝卜去皮洗净切丁，与青豆仁一起放入沸水中汆烫，煮熟后捞出泡冰水备用。
3. 取蛋黄2个压碎，加入适量美奶滋拌匀，再加入做法2沥干的材料以及洋葱碎搅拌均匀，最后盛入蛋白容器中即可。

340 酸辣绿豆粉

材料

绿豆粉块………150克

调味料

辣油………………1大匙
镇江醋…………1大匙
芝麻酱…………1小匙
酱油………………1小匙
细砂糖…………1大匙
凉开水…………1大匙

做法

1. 将绿豆粉块切成小块状，然后装入盘中备用。
2. 将芝麻酱先用凉开水拌匀，再加入剩余的调味料，混合拌匀成酱汁。
3. 将酱汁淋至绿豆粉块上即可。（可用欧芹叶装饰）

341 凉拌粉条

材料

熟蟹脚肉…………2支
韩式泡菜…………50克
芹菜…………………2棵
粉条…………………2把
红辣椒………………1根
蒜……………………2个

调味料

香油………………1大匙
盐…………………… 少许
白胡椒粉………… 少许
细砂糖…………… 少许

做法

1. 将粉条泡入温开水（材料外）至软，用剪刀剪成小段，放凉备用。
2. 将熟蟹脚肉切成小段备用。
3. 将韩式泡菜及蒜洗净切碎、芹菜洗净切段、红辣椒洗净切片备用。
4. 取一容器，加入做法1、做法2及做法3的所有材料拌匀，再加入所有调味料调匀即可。

342 凉拌琼脂

材料

琼脂………………20克
小黄瓜……………1根
胡萝卜……………50克
蒜末………………1小匙

调味料

盐………………1/2小匙
鸡精……………1/2小匙
细砂糖…………1大匙
白醋……………1.5小匙
香油………………1大匙

做法

1. 琼脂浸泡冷开水约30分钟后沥干备用。
2. 小黄瓜洗净切丝，胡萝卜去皮洗净切丝，一起放入沸水中汆烫后冲凉备用。
3. 将琼脂与小黄瓜丝、胡萝卜丝置于盆中，加入蒜末及所有调味料拌匀即可。

343 醋拌珊瑚草

材料

珊瑚草………… 200克
小黄瓜………………2根
蒜……………………3个
红辣椒……………… 1根

调味料

陈醋………………1大匙
香油………………1大匙
酱油膏……………1大匙
鸡精………………1小匙
冷开水…………… 适量
细砂糖……………1小匙

做法

1. 将珊瑚草洗净、泡至冷开水（材料外）中去除咸味，换水待珊瑚草涨大，沥干水分备用。
2. 将小黄瓜、蒜、红辣椒皆洗净切成小片状备用。
3. 把所有调味料放入容器中拌匀，成为酱汁备用。
4. 将做法1、做法2的所有材料加入酱汁中，略为拌匀即可。

珊瑚草并不是珊瑚，而是一种水生植物，因为长得像珊瑚而得名，富含大量胶质与钙质，口感清脆，适合用来做成凉拌菜食用。

344 凉拌海带结

材料

海带结………… 230克
姜……………………20克
蒜……………………3个
红辣椒……………… 1根

调味料

香油……………… 2大匙
白醋………………1小匙
细砂糖……………1小匙
盐…………………… 少许

做法

1. 将海带结洗净，放入滚水中汆烫至软，捞起放凉备用。
2. 将蒜洗净切碎；姜及红辣椒洗净切丝，备用。
3. 将所有调味料调匀，加入做法1及做法2的所有材料拌匀，浸渍约30分钟至入味即可。

好吃秘诀

海带结其实就是一般海带又称海带，只是多打了一个结，其目的就在于在烹煮时，海带不会整片粘住，取用时会更方便，也更容易入味。

346 凉拌海菜

材料

海菜干……300克
西红柿……1/2个
姜……15克
小黄瓜……1条

调味料

味醂……1大匙
白醋……1大匙
酱油……1小匙
盐……少许
白胡椒粉……少许
七味粉……少许

做法

1. 将海菜干洗净、泡入冷开水（材料外）至海菜干涨大，捞起沥干备用。
2. 将西红柿、姜及小黄瓜皆洗净切丝备用。
3. 取一容器，加入做法1、做法2的所有材料及所有调味料拌匀即可。

海菜干是经过干燥的海菜制品，吸了水会膨胀，因此要注意不要一次泡太多海菜干，以免膨胀后分量过多，使用不完。

345 凉拌海带芽

材料

海带芽……10克
熟蟹脚肉……3支
圣女果……3个
香菜……1棵

调味料

韩式辣酱……1大匙
冷开水……适量
盐……少许
黑胡椒粉……少许
香油……1大匙

做法

1. 将海带芽泡入冷开水（材料外）中，泡开后沥干备用。
2. 将熟蟹脚肉撕成丝状、圣女果洗净切片、香菜洗净切碎备用。
3. 将所有调味料以打蛋器调匀，加入做法1及做法2的所有材料拌匀即可。

若购买干燥的海带芽，泡水约5分钟即可发成约15倍大，凉拌前务必沥干，以免水分稀释了酱汁而影响口感。

347 麻香海带根丝

材料

海带根丝………150克
熟白芝麻………… 适量

调味料

姜末………………10克
红辣椒末…………5克
盐………………… 少许
米酒………………1小匙
细砂糖……………1小匙
白醋……………1/2大匙
陈醋………………1小匙
淡色酱油…………1小匙
香油………………1大匙

做法

1. 将海带根丝用清水冲洗2次，再放入沸水中汆烫约5秒，立刻捞出沥干。
2. 取一大碗，放入海带根丝及所有调味料搅拌均匀，最后撒上熟白芝麻拌匀即可。

海带根其实就是海带的茎，而常见的海带则是叶子的部分，海带根比海带厚，常见切段售卖，用来作为凉拌菜很对味。

348 凉拌烤麸

材料

干烤麸……………50克
姜…………………20克
竹笋………………1根

调味料

香油………………1大匙
细砂糖……………1小匙
八角………………2粒
酱油………………1小匙
酱油膏……………1大匙
冷开水…………… 适量

做法

1. 将烤麸洗净、泡冷水；竹笋去除外壳洗净，切成滚刀块状，备用。
2. 将姜洗净切片备用。
3. 取炒锅，加入所有调味料及做法1的所有材料，以中火煮至烤麸软化并入味，取出放凉备用。
4. 将做法2及做法3的所有食材略为拌匀，盛盘后以豆苗（材料外）装饰即可。

务必将烤麸泡水、软化，拧干后再入锅煨煮，才不会有太重的豆味，待烤麸的豆类组织吸饱卤汁，便可吃出豆香气。

浓郁下饭

煮、炖、卤篇

每每只要炖卤总是香味扑鼻，
就算不饿也想大快朵颐一番，
这就是炖卤料理将食材香气散发的魔力，
看似麻烦，其实做法一点都不难，
只要将材料都丢入锅中，
就能轻松等待浓郁的料理上桌，
跟着我们一起做，保证餐餐胃口大开！

家常炖卤，这样做更好吃！

制作炖卤菜之前有一些准备工作一定要做好，否则吃起来口感必会大打折扣。就像毛没拔干净，夹起来准备咬下去的那一刹那，突然看见黑黑的猪毛，一定让人顿时食欲全无呢！

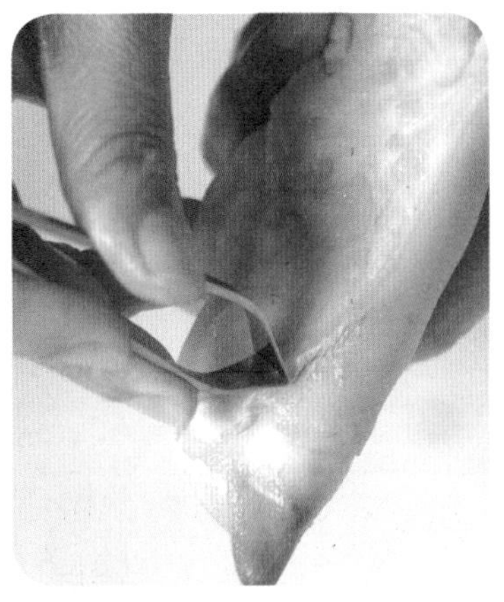

拔毛不可省

如果是带皮猪肉如猪脚、猪五花肉等，虽然买肉时老板都会先去毛了，不过回家还是再检查一遍，有些死角就需要用夹子细心挑除，建议可以先汆烫，烫过之后猪毛会更明显更好夹。

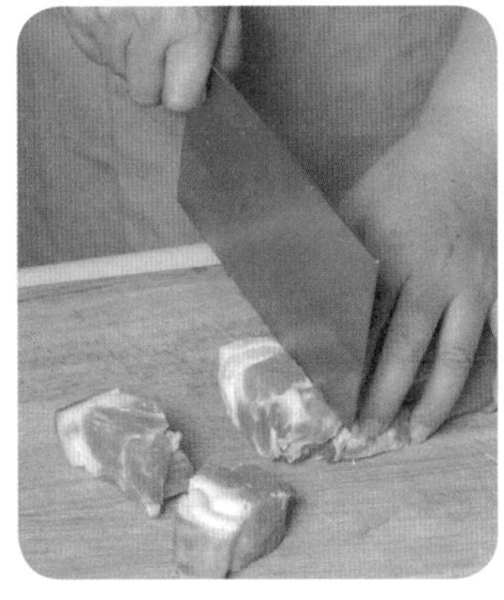

切块有妙招

猪肉需要切块，但是猪肉软软的不好切，这时就有两个妙招教你，一是先略为冰冻30分钟（但不要冰得硬梆梆的），或是直接大块肉先汆烫一下，这样都可以让肉先定型，切起来不会再摇摇晃晃，切出来又美观又工整。

汆烫较卫生

汆烫的主要目的是去脏、去血水，顺便把浮渣都先清除，尤其是腿部细菌较多，汆烫过后比较卫生干净，吃起来也更安心。

泡水口感佳

汆烫过后要立刻泡水，是因肉质加热扩张，但立刻放入冷水中，就可收缩肉质，让肉紧实，吃起来才会有Q劲。

腌渍去腥味

制作之前先腌渍，通常使用酱油、米酒，或是葱、姜、蒜，等味道浓厚的调味料以及辛香料，让肉去腥、入味。

油炸不松散

经过长时间炖煮，肉质会变松、变软烂，为了避免此现象，先油炸有定型作用，防止炖卤时肉质分离和松散，食用起来较有Q劲。而油炸时，油温应保持在140℃~160℃，并以大火炸肉，待肉表面呈金黄色时即可捞起。

家常炖卤菜保存妙招

要做出好吃的炖卤料理，食材的新鲜度很关键，通常我们卤肉都是卤一锅，不太可能一餐就吃完，那么如何保持食物的新鲜与原味，就非常重要了，这里有一些保存秘诀分享给读者们。

卤肉、卤汁各自冷藏

当天未吃完的卤肉和卤汁，应该要彻底分开来，将肉与汤各自放入冰箱中保存，不但可稳定双方的品质，也方便第二天加热。

避免反复进出冰箱

因为在回温的过程中容易造成细菌急速增加，如此反复进出冰箱就容易腐坏。建议卤肉、炖肉保存的时候可以用保鲜袋或保鲜盒以小量分装，这样每次只要拿取一份食用，就不用担心反复进出冰箱的问题了。

卤肉的保存期限

一般的卤肉放在冰箱冷藏库可维持1个星期；如果是冷冻，因为卤汁中含胶质与盐分，结冻后有防止腐坏的作用，约可存放2个月。

煮滚后必须降至室温，才能放冰箱

煮滚的卤肉不能马上放进冰箱储存，否则会因温度调节差距过大，对冰箱造成损害，同时也会影响食物的保鲜效果。所以卤肉煮滚之后必须放凉，待降至室温后，才可以放入冰箱保存。

不加水的卤肉配方保存更久

可调整卤肉材料的比例，不加水熬煮，每次要取用时，再舀出所要使用的分量，加上高汤或水煮滚，这样不加水的卤肉配方可以存放更久。

煮滚可避免腐坏

没吃完的卤肉要先煮滚，除去多余水分的同时杀死细菌，放凉至室温后再放入冰箱保存；而且煮滚的卤肉放凉后，表面会有一层浮油，可以让卤肉隔绝空气，增加保存期限。

349 香菇卤鸡肉

材料	
鸡肉块	600克
干香菇	10朵
葱段	20克
水	800毫升

调味料	
酱油	4大匙
冰糖	1小匙
盐	1/4小匙
米酒	1大匙

做法

1. 鸡肉块洗净烫熟；干香菇洗净泡软去梗，备用。
2. 热锅，加入2大匙色拉油后放入泡软的香菇、葱段爆香，再放入鸡肉块和调味料炒香。
3. 继续倒入水煮滚，再以小火卤约15分钟即可。

干香菇虽然价格较高，但是香气也较鲜香菇浓郁，用来卤鸡肉相当对味。去除的香菇梗先别丢，还可以用来做其他料理。

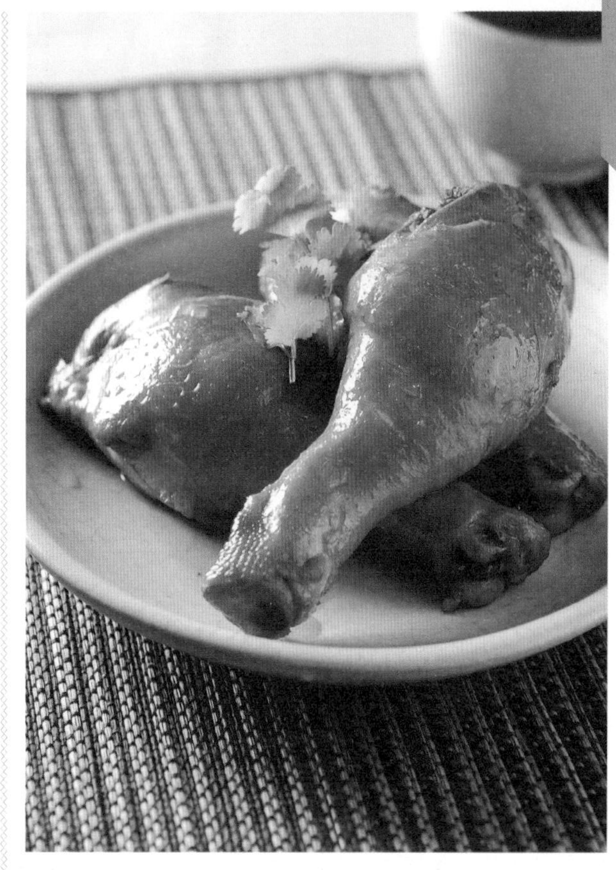

350 卤鸡腿

材料	
鸡腿	6只
葱段	10克
蒜	5个
水	1000毫升

调味料	
酱油	200毫升
冰糖	20克
盐	少许
米酒	2大匙

香料	
八角	2个
月桂叶	3片
白胡椒粒	10克
草果	1个

做法

1. 鸡腿洗净，放入沸水中略汆烫，再捞出泡冰水，备用。
2. 热锅，加入2大匙色拉油，放入葱段、蒜爆香，再加所有调味料及水，并放入香料煮滚。
3. 再放入鸡腿，以中火卤至入味即可（亦可放凉后取出，表面刷上香油）。

351 卤鸡脚

材料

鸡脚……600克
月桂叶……3片
八角……3个
甘草……3片
草果……2个
葱段……少许
水……700毫升
色拉油……2大匙

调味料

酱油……150毫升
冰糖……1/2大匙
绍兴酒……1大匙

做法

1. 先将鸡脚洗净后以刀将指甲去除。
2. 取一锅，倒入适量的水（分量外）煮滚，将鸡脚放入，以滚水汆烫过取出，用冷水冲洗备用。
3. 将月桂叶、八角、甘草及草果用水冲洗过，沥干。
4. 热油锅，放入葱段及做法3所有的香料一起以中火爆香，再放入所有调味料、水及鸡脚，一起煮至滚。
5. 转小火续煮15分钟后关火，最后以余温闷约5分钟即可。

352 卤鸡翅

材料

鸡翅……5个
葱……2根
蒜……3个
姜片……2片
八角……3个
五香粉……少许
胡椒粉……少许
水……1200毫升

调味料

酱油……150毫升
米酒……100毫升
冰糖……1大匙
盐……少许

做法

1. 鸡翅洗净，放入沸水中汆烫约1分钟，捞出冲水；葱洗净切段；蒜拍扁，备用。
2. 热锅，倒入2大匙色拉油，放入姜片、八角和葱段、蒜爆香备用。
3. 另取一卤锅，放入做法2的材料、鸡翅、五香粉、胡椒粉、全部调味料和水，煮至滚沸后转小火卤约15分钟，熄火待凉后取出装盘即可。

353 仙草卤鸡翅

材料

鸡翅……4个
葱……1根
姜……适量
红辣椒……1根
仙草茶包……2包

调味料

淡色酱油……3大匙
味醂……3大匙
米酒……2大匙
冰糖……1/2小匙

做法

1. 鸡翅切成鸡翅尖、鸡翅根再洗净后，放入滚沸水中略汆烫，捞出以清水冲洗干净备用。
2. 葱洗净切段、姜洗净切片、红辣椒洗净切片备用。
3. 热锅，放入2大匙色拉油，爆炒姜片、葱段和红辣椒片，加入调味料和仙草茶包。
4. 再加入做法1的材料与可淹盖过材料的水，煮至滚沸后盖上锅盖，并以小火煮约15分钟，熄火闷5分钟即可。

354 洋葱煮鸡肉

材料

土鸡肉块……300克
洋葱块……100克
杏鲍菇块……30克
鲜香菇块……20克
土豆块……50克

调味料

日式酱油……2大匙
味醂……2大匙
盐……1/4小匙
水……500毫升

做法

1. 土鸡肉块放入滚沸的水（分量外）中略为汆烫，捞出沥干水分备用。
2. 热锅倒入少许色拉油，放入洋葱块炒香，再放入杏鲍菇块、鲜香菇块以及土豆块拌炒至香味四溢。
3. 于锅中加入所有调味料以大火煮至滚沸，盖上锅盖留少许缝隙，改小火炖煮约20分钟即可。

好吃秘诀

炖煮料理如果用到鸡肉的时候，最好选土鸡肉或仿土鸡肉，因为土鸡肉或仿土鸡肉耐炖煮，且肉质结实甘甜，如果用较便宜的肉鸡，炖煮出来的肉会烂而无味。加入的洋葱中有天然的酵素，可以减少炖肉所需的时间。

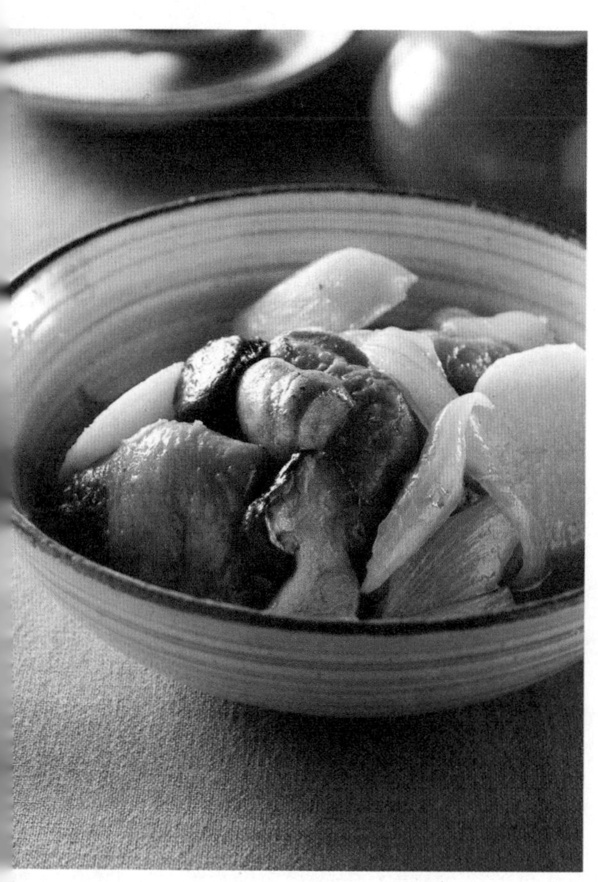

355 椰汁鸡肉

材料

鸡胸肉……400克
红甜椒……60克
青甜椒……60克
蒜末……10克
洋葱……50克
土豆……150克
罗勒叶……5克

调味料

红咖喱酱……2大匙
椰奶……160毫升
水……300毫升
盐……1/4小匙
细砂糖……2小匙

做法

1. 先将鸡胸肉洗净切小块，放入滚水中汆烫后再捞起洗净；红甜椒、青甜椒、洋葱、土豆洗净切小块，备用。
2. 热锅，倒入2大匙色拉油，以小火爆香蒜末及洋葱块，再加入鸡胸肉、土豆块、青甜椒块、红甜椒块和红咖喱酱炒匀。
3. 加水煮开后转小火煮约5分钟，再加入椰奶和其余调味料，煮约5分钟至土豆块变软，最后加入罗勒叶略煮即可。

椰汁鸡肉是一道相当有名的东南亚料理，而相对于使用鸡腿肉，这道菜若用鸡胸肉做就能便宜很多，但要记得在煮的时候不要煮太久，以免煮太熟而不美味。

356 香油鸡

材料

鸡肉块……900克
姜片……100克
黑香油……4大匙

调味料

米酒……1200毫升
鸡精……适量

做法

1. 鸡肉块洗净，沥干备用（见图1）。
2. 取锅烧热，放入黑香油（见图2），再放入姜片以小火爆香，至边缘微焦的状态（见图3）。
3. 接着放入鸡肉块（见图4），炒至颜色变白。
4. 最后倒入米酒（见图5）煮滚，以小火焖煮约40分钟，加入鸡精拌匀即可。

好吃秘诀

在台湾，坐月子一定得吃香油鸡，认为可帮助产妇促进新陈代谢，加速体力恢复，而一般人在寒冬中进食，有活血暖身之效。

357 人参鸡

材料

仿土鸡…………1/2只
参须………………15克
红枣…………………5颗
姜片………………20克
水……………600毫升

调味料

米酒……………1小匙
盐……………1/2小匙

做法

1. 仿土鸡洗净剁块、放入滚水中汆烫约2分钟，再捞出洗净沥干备用。
2. 参须洗净，泡水30分钟后沥干；红枣洗净、沥干，备用。
3. 取一汤锅，放入鸡块、参须、红枣、姜片，再加入水以大火煮滚后，转小火盖上锅盖，续炖煮约90分钟，再加入米酒及盐拌匀煮滚即可。

358 咖喱烧鸡块

材料

鸡腿………… 360克
洋葱………………30克
胡萝卜…………30克
蒜……………………6瓣

调味料

高汤…………500毫升
咖喱粉………… 2大匙
椰奶…………… 2大匙
盐……………1/2小匙
细砂糖…………1大匙

做法

1. 热锅，将咖喱粉炒香，倒入市售高汤煮滚，再加入其余调味料煮匀，成为卤汁备用。
2. 将鸡腿洗净、剁块、汆烫备用；洋葱及胡萝卜洗净去皮、切块，备用。
3. 热锅，加入1大匙色拉油，加入蒜、洋葱块及胡萝卜块炒香。
4. 加入卤汁煮滚，再加入鸡腿块，转小火、盖上锅盖，炖煮约25分钟至软烂即可。

将鸡腿块先汆烫备用，可以去除鸡肉的血水与杂质，并且让鸡肉稍微软化。再将鸡腿块入锅，与已经炒香的洋葱块、胡萝卜块一起炖煮，煮滚后记得盖上锅盖，并且改转成小火，让锅内食材吸取咖喱卤汁，充分地入味而且软烂。

359 青木瓜炖鸡

材料

青木瓜……400克
鸡腿块……350克
姜片……15克

调味料

酱油……2大匙
盐……1/2小匙
米酒……1大匙
水……600毫升

做法

1. 将青木瓜洗净、去皮去籽、切块；将鸡腿洗净，备用。
2. 热锅加入2大匙色拉油，加入姜片爆香，加入鸡腿块炒至变色，加入调味料炒香，再加入青木瓜块。
3. 加水煮滚，盖上锅盖，以小火炖煮约40分钟，再焖10分钟即可。

好吃秘诀

青木瓜含有酵素，可以软化肉质。挑选青木瓜时，可以选择成熟一点的，质地较软。炖煮肉类时，部位的挑选也是软烂入味的一大关键。例如炖煮鸡肉时，鸡腿肉比鸡胸肉更适合，因为鸡腿肉软嫩有弹性，而鸡胸肉比较干柴，需要炖煮较长时间。

360 栗子炖鸡

材料

栗子……100克
鸡肉块……600克
红枣……12颗
姜片……10克

调味料

酱油……2大匙
盐……1/2小匙
鸡精……1/4小匙
米酒……1大匙
水……800毫升

做法

1. 将栗子泡水6个小时、去外膜、汆烫，捞出备用。
2. 将鸡肉块汆烫后备用。
3. 取一内锅，放入栗子及鸡肉块，加入红枣、姜片及水；将内锅放入电饭锅中，外锅加2杯水，煮至电饭锅开关跳起，再闷10分钟至软烂即可。

好吃秘诀

栗子的质地比较硬，务必事先泡水软化，并且去除外膜，以免影响了整道料理的软烂口感。这道料理适合用电饭锅来炖制，因为电饭锅具有热气循环的特性，而电饭锅开关跳起后，要继续闷10分钟，可让栗子更加软烂和入味。

361 香油山药鸡

材料

山药200克、鸡腿肉500克、西蓝花80克、红枣50克、枸杞子20克、黑香油3大匙、老姜片20克、面线100克

调味料

酱油2大匙、细砂糖1大匙、米酒300毫升、水600毫升

做法

1. 将山药去皮、洗净切块；鸡腿肉洗净切块，西蓝花洗净切小朵，备用。
2. 热锅，倒入黑香油，加入老姜片爆香，加鸡腿肉块炒香。
3. 将做法2的食材盛入砂锅中，加入山药块、红枣、枸杞子及所有调味料，煮滚后加入西蓝花及面线，煮至软烂入味即可。

好吃秘诀

炖补料理中，不论是香油鸡或姜母鸭，面线是不可忽略的一大配角，面线的口感软嫩，吸饱了香油汤汁后，口感多汁又够味。如果想要面线有软烂却又不糊烂的口感，下锅炖煮前可以将面线先蒸过，保持面线软嫩Q弹的口感。

362 红酒口蘑炖鸡

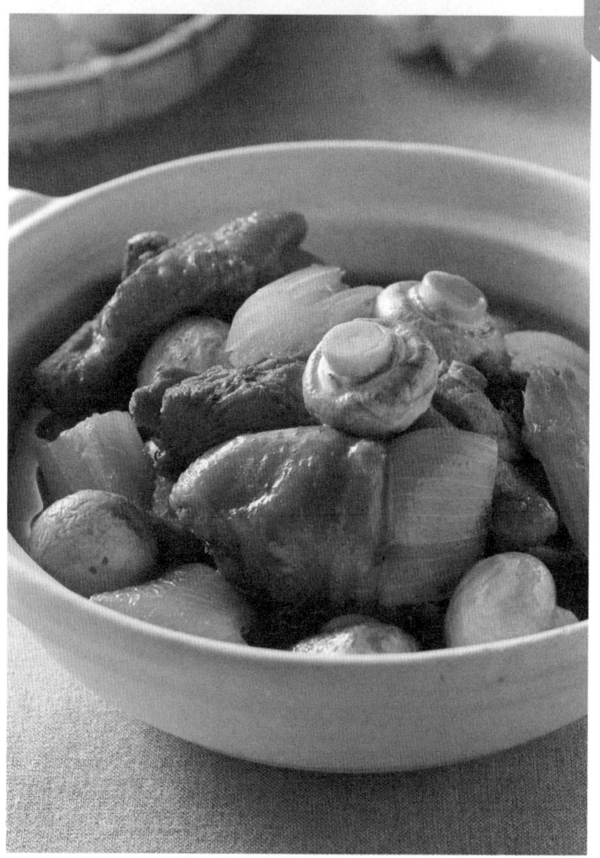

材料

口蘑……150克
鸡腿……600克
蒜末……20克
洋葱……60克
西芹……50克

调味料

红酒……200毫升
水……300毫升
盐……1/2小匙
细砂糖……1大匙

做法

1. 鸡腿洗净剁小块，汆烫后沥干；口蘑洗净；洋葱及西芹洗净；切小块，备用。
2. 热锅，倒入约2大匙色拉油，放入蒜末、洋葱块及西芹，以小火爆香后，放入鸡腿及口蘑炒匀。
3. 加入红酒及水，煮沸后盖上锅盖，转小火继续煮约20分钟。
4. 煮至肉熟后，加入盐及细砂糖调味，煮至汤汁略稠即可。

364 菱角煮鸡丁

材料

菱角肉……150克
鸡腿……1只
洋葱……1/3个
红甜椒……1/3个
蒜……3个

调味料

鸡精……1小匙
盐……少许
白胡椒粉……1小匙
水……600毫升

做法

1. 先将菱角肉洗净备用。
2. 将鸡腿洗净，再放入滚水中汆烫，过水捞起备用。
3. 把洋葱与红甜椒洗净切成块状；蒜用菜刀拍扁，备用。
4. 取一汤锅，加入1大匙色拉油，先将做法3中的所有材料以中火爆香，再放入做法1、做法2的所有材料与所有调味料，并盖上锅盖。
5. 最后以中小火煮约20分钟至熟即可。

363 什锦菇烧卤鸡块

材料

鲜香菇……4朵
白玉菇……50克
蟹味菇……50克
鸡腿……1只
红苹果……1个
葱……1根
白果……50克
红辣椒（切片）……1根
蒜……5个

调味料

酱油……100毫升
蚝油……30克
细砂糖……2大匙
米酒……30毫升
水……500毫升

做法

1. 鸡腿洗净切块；红苹果洗净切滚刀块；鲜香菇洗净对切；其余菇类洗净；葱洗净切段，备用
2. 热锅，加入1大匙色拉油，放入葱段、红辣椒片和蒜炒香后，再加入鸡块炒至上色。
3. 续于锅中加入调味料和苹果块、鲜香菇、白玉菇、蟹味菇和白果煮至滚沸后，改转小火煮至汤汁略收即可。

365 白菜卤鸡卷

材料		调味料	
市售炸鸡卷	1条	盐	1/4小匙
白菜	600克	鸡精	1/4小匙
葱段	20克	细砂糖	少许
香菇	2朵	白胡椒粉	少许
虾米	10克		
高汤	600毫升		

做法

1. 鸡卷切小段备用。
2. 白菜洗净切片，香菇泡软洗净切丝，虾米洗净泡软。
3. 热油，加入2大匙色拉油，放入葱段、香菇、虾米爆香，再放入大白菜稍微炒软。
4. 加入高汤煮滚，放入鸡卷和调味料，煮至入味后放入香菇丝即可。

好吃秘诀

鸡卷因为外面包裹腐皮，所以刚炸起来酥脆美味，但重新煎或炸过加温后容易太干，失去口感，因此可以选择用煮或卤的方式，让鸡卷的腐皮充分吸收汤汁，吃起来就不会干硬，配合汤汁一起吃更别有一番风味。

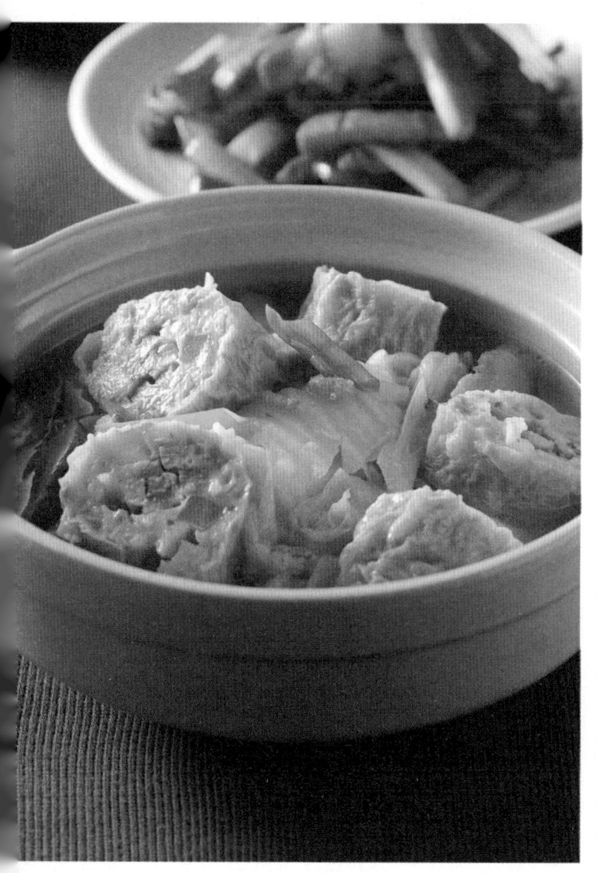

366 和风鸡肉咖喱

材料		调味料	
鸡腿	1只	A 水	500毫升
苹果	1个	咖喱块	2块(60克)
土豆	1个	酱油	18毫升
胡萝卜	1根	细砂糖	10毫升
西蓝花	适量	B 原味酸奶	60毫升
姜末	10克		
蒜末	10克		
葡萄干	适量		

做法

1. 鸡腿洗净沥干，切成一口大小的块状。
2. 苹果、土豆和胡萝卜洗净，去皮切块泡入水中备用。
3. 西蓝花洗净，分切成小朵状，放入滚沸水中汆烫至成翠绿色，捞起泡入冷水中备用。
4. 取锅，加入3大匙色拉油烧热，放入姜末、蒜末爆香后，放入鸡腿肉煎至金黄色，加入做法2的食材拌炒后，加入水煮至滚沸后，改转中小火炖煮至食材变软，加入酱油、细砂糖调味，再放入咖喱块、西蓝花，边煮边搅拌至咖喱块完全溶化，起锅前再加入原味酸奶拌匀，撒上葡萄干即可。

367 白斩鸡

材料

土鸡1只（约1500克）、姜片3片、葱段10克

调味料

米酒1大匙

蘸酱

鸡汤150毫升（制作过程中产生）、素蚝油50克、酱油膏少许、细砂糖少许、香油少许、红蒜末少许、红辣椒末少许

做法

1. 土鸡去毛、洗净，沥干后放入沸水中汆烫，再捞出沥干，重复上述过程来回3~4次后，取出沥干备用。
2. 将鸡放入装有冰块的盆中，将整只鸡外皮冰镇冷却，再放回原锅中，加入米酒、姜片及葱段，以中火煮约15分钟后熄火，盖上盖子续闷约30分钟。
3. 取鸡汤，加入其余蘸酱调匀，即为白斩鸡蘸酱。
4. 将鸡肉取出，待凉后剁块盛盘，食用时搭配白斩鸡蘸酱即可。

好吃秘诀

鸡肉切块时，需要放冷后再切盘，这样切出来的形状才会美观又完整。若不急着立刻食用，可将鸡肉先放进冰箱略冷藏，鸡皮受到热胀冷缩的影响，会变得比较脆，这样切出来的切口才会好看，即使没有很精湛的厨艺，也能切得很平整、漂亮。

368 葱油鸡腿

材料

A 仿土鸡腿………1只
姜………………7克
葱………………2根
香油酱………适量

B 姜丝……………5克
红辣椒丝……少许
香菜…………少许
葱丝…………少许

做法

1. 将姜洗净切片；葱洗净切段，备用。
2. 将鸡腿洗净，放入锅中加入冷水淹过鸡腿再加入做法1的材料，再盖锅盖以中火煮开约10分钟，再关火以余温续闷约20分钟至熟。
3. 接着再将鸡腿切成块状，铺上材料B所有材料，淋上热的香油酱即可。

香油酱

材料：香油3大匙

做法：使用炒锅加入香油煮开至油温约100℃，再淋至鸡腿上即可。

369 玫瑰油鸡

材料

鸡……1只
葱……2根
姜……30克
腌黄瓜……少许

调味料

什锦卤包……1/3包
酱油……3大匙
米酒……2大匙
细砂糖……3大匙
水……适量（足够腌盖全鸡）

做法

1. 鸡洗净；葱洗净切段；姜洗净切片，备用。
2. 取一深锅，放入鸡与姜片、葱段，再加入所有的调味料。
3. 以中火煮约20分钟，再关火盖上锅盖闷30分钟，取出全鸡放置变凉。
4. 再将全鸡切小块，搭配腌黄瓜装饰即可。

好吃秘诀

鸡肉是节日必备的菜之一，在节假时鸡肉都会比平常稍贵，若觉得土鸡肉太贵，想省点成本，购买肉鸡会较便宜。鸡肉要等冷了再切，这样鸡皮跟肉才不会四分五裂，而影响卖相。

370 姜母鸭

材料

鸭肉块……1200克
老姜……200克
香油……3大匙
水……1000毫升
姜汁……200毫升

调味料

米酒……600毫升
盐……1小匙
鸡精……少许

做法

1. 将整块老姜洗净，用刀面拍破。
2. 鸭肉块洗净，沥干备用。
3. 取锅烧热，加入香油，再放入老姜块以小火爆香。
4. 接着放入鸭肉块炒至颜色变白。
5. 最后倒入米酒、水和姜汁煮至滚沸，改转小火焖煮约60分钟，加入调味料煮至入味即可。

好吃秘诀

冬季进补总少不了姜母鸭，老姜、香油炒鸭肉，驱风除寒，舒筋活血，促进血液循环，冬季食用最是过瘾。

372 红酒炖牛肉

材料

牛腩块300克、芹菜块20克、胡萝卜块30克、西红柿100克、土豆块100克、洋葱块30克、月桂叶2片

调味料

红酒200毫升、市售高汤1000毫升、西红柿糊1大匙、盐1/4小匙

做法

1. 所有食材（土豆块除外）加入红酒静置腌约2小时，捞出沥干备用（红酒保留）。
2. 热锅倒入少许色拉油，放入牛腩块以小火煎至表面呈金黄色，加入做法1其余食材和西红柿糊炒至香味四溢。
3. 于锅中倒入红酒、市售高汤、月桂叶以及土豆块，以大火煮至滚沸，盖上锅盖留少许缝隙，改小火炖煮约40分钟，熄火加入盐拌匀即可。

好吃秘诀

开瓶后喝不完的红酒最怕涩得难以入喉，其实不妨保留着炖肉使用，不但能让料理有自然的宝石红色泽，红酒中的果酸也能帮助肉质软烂，而烹煮过程中酒精会蒸发，一点都不用担心酒醉。

371 红烧牛肉

材料

牛腩600克、白萝卜块200克、胡萝卜块150克、卤包1包、姜片15克、月桂叶3片

调味料

米酒3大匙、酱油3大匙、细砂糖1小匙、盐1/4小匙、番茄酱1.5大匙、水800毫升

做法

1. 将牛腩洗净、切块后汆烫；白萝卜块及胡萝卜块汆烫，备用。
2. 热锅加入2大匙色拉油，将姜片爆香，加入牛腩略炒，加入调味料拌炒。
3. 于锅中加水煮滚，再加入月桂叶及卤包，盖上锅盖，以小火卤40分钟，再放入白萝卜块、胡萝卜块，以小火卤约30分钟至软烂，再焖10分钟即可。

好吃秘诀

牛腩肉的肉质比牛腱肉软，经过汆烫之后，会稍微软化。卤牛肉时务必盖紧锅盖，再改转成小火慢卤，起锅前一定要再焖个10分钟，如此一来卤好的牛肉便软烂而不柴。白萝卜及胡萝卜吸取了卤汁与牛肉汁，多汁又入味。

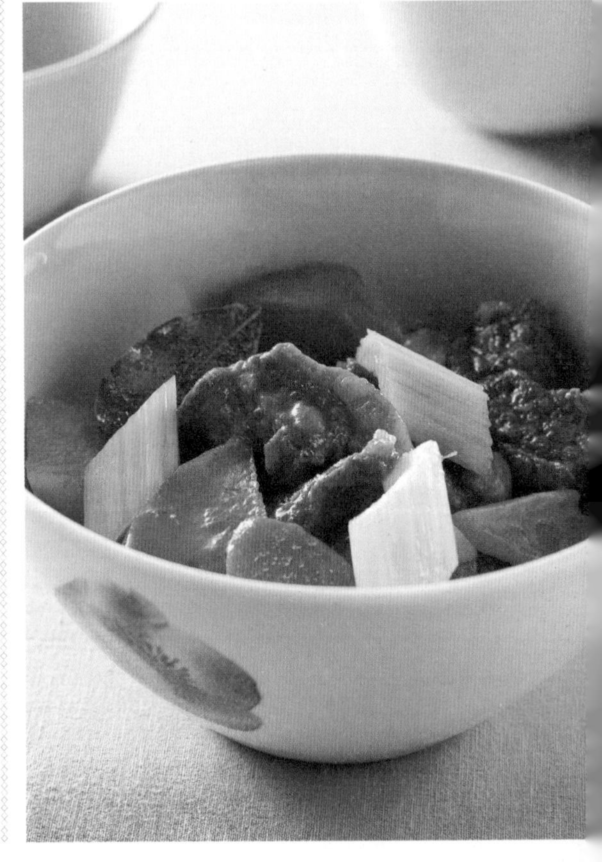

373 萝卜炖牛肉

材料

牛肋条……500克
白萝卜……600克
胡萝卜……200克
芹菜……100克
红葱头……20克
姜……30克
八角……2粒
水……1000毫升

调味料

豆瓣酱……3大匙
盐……1/6小匙
细砂糖……2大匙

做法

1. 牛肋条洗净切小块，放入滚水中快速汆烫至变色，捞出沥干备用。
2. 红葱头及姜均洗净去皮切碎备用。
3. 将白萝卜及胡萝卜洗净、去皮切小块，芹菜洗净撕除老筋后切小块备用。
4. 取锅烧热后倒入2大匙色拉油，以小火爆香红葱头碎及姜碎，加入豆瓣酱拌炒至散发出香味，再加入牛肋条块翻炒约1分钟。
5. 再加水一起放入汤锅中，加入白萝卜块、胡萝卜块、芹菜块和八角、盐、细砂糖，以大火煮开后改小火续煮约90分钟至牛肋条块熟软且汤汁略收干即可。

374 葱烧西红柿炖牛肉

材料

西红柿……3个
牛肋条……900克
葱段……200克
姜片……20克
蒜片……10克
市售
牛肉高汤……3500克

调味料

盐……少许

做法

1. 将去皮西红柿切块；牛肋条洗净汆烫至熟、冷却后切块，备用。
2. 热锅加入少许色拉油，加入葱段、姜片及蒜片爆香。
3. 续加入西红柿块及牛肋条块拌炒，加入市售牛肉高汤煮滚，转小火炖煮约90分钟至软烂，收汁后加入盐调味即可。

375 啤酒炖牛肉

材料

牛筋肉……300克
洋葱……1/2个
口蘑……150克
啤酒……1.5杯
胡萝卜……少许
水……杯

调味料

盐……1小匙
细砂糖……1/2小匙

腌料

啤酒……1/4杯
盐……1/4小匙
淀粉……1/2小匙

做法

1. 牛筋肉洗净切成一口大小，加入腌料抓匀静置20分钟以上备用。
2. 洋葱洗净切小片状；口蘑、胡萝卜洗净切小块，备用。
3. 热锅，倒入少许色拉油，放入洋葱片炒软，再加入牛筋肉炒至表面变白。
4. 于锅中加入除了口蘑外的所有材料煮至沸腾，转小火继续炖煮约30分钟至1小时，待牛筋肉软化至想要的程度。
5. 再加入口蘑，转中火煮至口蘑熟，最后加入所有调味料调味即可。

377 麻辣牛肉片

材料

牛腱……400克
葱白……少许
姜片……30克
八角……4个
花椒……1小匙
葱花……适量
香菜碎……少许
红辣椒碎……少许

调味料

红辣椒片……1大匙
辣椒油……1小匙
辣豆瓣酱……1小匙
香油……1/2小匙
酱油……1小匙
细砂糖……1小匙
醋……1/2小匙

做法

1. 牛腱洗净放入滚水中，以小火汆烫约10分钟后捞出备用。
2. 煮一锅水，放入葱白、姜片、花椒、八角待滚，放入牛腱以小火煮约90分钟，取出放凉后切0.2厘米薄片备用。
3. 取一容器，放入牛腱片，加入所有调味料拌匀，再加入葱花拌匀后静置约30分钟待入味，盛盘后再加入香菜碎、红辣椒碎拌匀即可。

376 葱味卤牛腱

材料

牛腱……150克
姜……5克
葱……2根

调味料

市售卤味包……1包
酱油……50毫升
冰糖……2大匙
陈皮……1片
水……800毫升

做法

1. 将牛腱外皮的筋去除、洗净；姜洗净切片；葱洗净切成段状，备用。
2. 取一汤锅，加入1大匙色拉油，再加入姜片及葱段，以中火爆香。
3. 加入所有调味料及处理好的牛腱，以中火煮滚。
4. 盖上锅盖，转中小火焖卤约50分钟至软烂，冷却后切片即可。

378 水煮牛肉

材料

牛肉片…………200克
葱花…………30克
蒜末…………20克
姜末…………10克
黄豆芽…………50克
干红辣椒…………20克
花椒…………5克

调味料

豆瓣酱…………2大匙
高汤…………250毫升
细砂糖…………2小匙

腌料

酱油…………1大匙
米酒…………1小匙
蛋清…………1大匙
淀粉…………1小匙

做法

1. 牛肉片洗净以腌料抓匀；黄豆芽洗净放入滚水中汆烫约1分钟，沥干水分盛碗，备用。
2. 热一炒锅，加入2大匙色拉油，以小火爆香姜末、蒜末、豆瓣酱，再加入高汤、细砂糖煮至滚。
3. 将牛肉片放入锅中拌开，煮约5秒钟后，关火盛入装有黄豆芽的碗中，再撒上葱花。
4. 另热一锅，加入5大匙色拉油，以小火爆香干红辣椒、花椒后，淋至牛肉上即可。

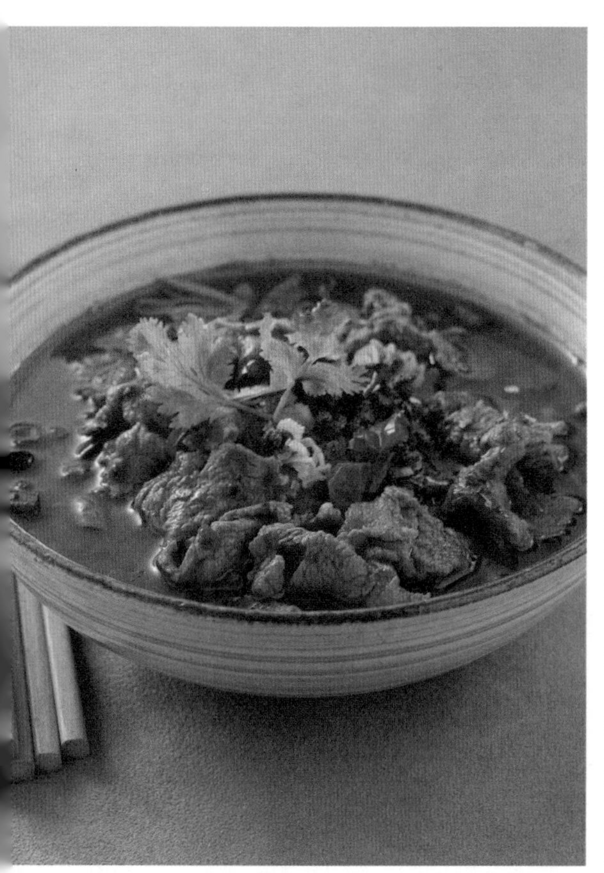

379 香菜胡萝卜牛肉

材料

胡萝卜…………180克
牛肉…………70克
香菜…………5根
蒜…………3个
姜…………5克

调味料

水…………500毫升
盐…………少许
白胡椒粉…………少许
香油…………1小匙许

做法

1. 先将牛肉洗净切成块状，再将牛肉放入滚水汆烫，去除血水备用。
2. 把胡萝卜削去外皮后洗净切成块状；蒜、姜洗净切片；香菜洗净后只取梗的部分，切成碎状，备用。
3. 取一个汤锅，将牛肉、胡萝卜、蒜、姜与所有调味料一起加入。
4. 将汤锅盖上锅盖，以火煮约20分钟，最后于起锅前再将切好的香菜梗加入即可。

381 洋葱寿喜牛

材料

牛肉片………… 200克
洋葱丝……………50克
熟白芝麻………… 少许
柴鱼片…………1/2碗
姜片………………20克
葱段…………………1根
水……………250毫升

调味料

味醂……………… 2大匙
米酒………………1大匙
酱油……………… 2大匙
细砂糖………… 2小匙

做法

1. 取一不锈钢锅，放入水、姜片、葱段以小火煮5分钟，加入柴鱼片后熄火，浸泡约30分钟后过滤出汤汁备用。
2. 将汤汁煮滚，加入所有调味料拌匀，即为寿喜酱汁备用。
3. 热锅，倒入寿喜酱汁，放入洋葱丝以中火煮滚，再加入肥牛肉片以大火煮至入味且汤汁收少，盛盘后撒上熟白芝麻即可。

380 贵妃牛腩

材料

牛腩…………… 600克
胡萝卜……………1根
姜片…………………3片
葱……………………2根
水淀粉…………… 适量

调味料

辣豆瓣酱………1大匙
甜面酱…………1小匙
番茄酱…………1大匙
米酒……………1大匙
酱油……………1小匙
细砂糖…………1小匙

做法

1. 牛腩洗净放入沸水中汆烫去除血水，再另取一锅水，放入汆烫过的牛腩煮约45分钟取出放凉切块，牛高汤留下备用。
2. 葱洗净切小段；胡萝卜削皮洗净切块，备用。
3. 起锅，放入2大匙油，油热后爆香姜片、葱段，加入所有调味料炒香，再加入牛腩块以小火拌炒2分钟。
4. 加入牛高汤至淹过材料1厘米，盖锅盖焖煮约30分钟。
5. 放入胡萝卜块与牛腩块，再烧约15分钟收汁后，以水淀粉勾芡即可。

好吃秘诀

贵妃牛腩因为加了番茄酱有种酸酸甜甜的味道，如果喜欢酸味更重一点，不妨加入新鲜西红柿一起炖煮，别有一番风味。

382 萝卜炖羊肉

材料

羊肉…………… 300克
白萝卜………… 200克
姜片………………20克
八角…………………3粒
桂皮………………1小片
花椒粒…………1小匙

调味料

盐………………1/2小匙
米酒…………… 2小匙
水……………800毫升

做法

1. 羊肉洗净放入滚水中汆烫约5分钟，捞出洗净、切块备用。
2. 白萝卜去皮洗净切滚刀块、放入滚水中汆烫备用。
3. 取一汤锅，放入羊肉块、白萝卜块，再加入其余材料及调味料，以小火炖煮约1小时即可（盛碗后可另撒上芹叶末装饰）。

383 羊肉炉

材料

带皮羊肉1000克、姜片250克、水12.5杯、枸杞子1小匙、大茴香5颗、小茴香适量、桂枝适量、陈皮适量、蒜苗1棵、香菜适量、冻豆腐适量、白菜适量

调味料

香油5.3大匙、番茄酱2大匙、豆瓣酱3大匙、冰糖1大匙、酱油3大匙、鸡精1小匙

做法

1. 带皮羊肉洗净，切块备用。
2. 锅中放入适量水以中火烧热后，放入羊肉汆烫去血水，再以冷水冲洗血水后备用。
3. 热锅，放入4大匙香油，以中火爆香姜片后，加入羊肉块拌炒至微熟。
4. 于锅中再放入香油1大匙、番茄酱、豆瓣酱、冰糖，再倒入水、枸杞子、大茴香、小茴香、桂枝、陈皮，以小火慢炖90分钟后，放入酱油、鸡精拌匀，再将羊肉和汤汁分开备用。
5. 将汤汁与水以3:1的比例煮滚，加入剩余香油、蒜苗、香菜与羊肉及冻豆腐、白菜全部一起煮滚后即可。

384 麻辣羊肉

材料

羊肉400克、菠菜100克、白萝卜80克、黑木耳20克、腐皮5块、姜20克、干红辣椒2根、花椒粒1小匙、草果1颗、八角3粒、桂皮1小片

调味料

A 辣豆瓣酱1大匙
B 蚝油1大匙、盐1/4小匙、细砂糖1/4小匙、水800毫升

做法

1. 羊肉洗净放入滚水中汆烫约5分钟，捞出洗净、切块备用。
2. 菠菜洗净切段；白萝卜去皮洗净切滚刀块；黑木耳洗净切片；姜洗净切片；干红辣椒洗净切段，备用。
3. 热锅，加入2大匙色拉油，放入姜片、干红辣椒、花椒粒、辣豆瓣酱，以小火炒约2分钟，再加入羊肉略炒。
4. 加入调味料B及草果、八角、桂皮，接着放入白萝卜块以小火煮约30分钟，再捞除草果、八角、桂皮，续加入黑木耳片、腐皮、菠菜煮滚即可。

385 咖喱牛肉臊

材料

牛肉……………250克
洋葱………………25克
蒜末………………10克
水……………300毫升

调味料

咖喱粉…………1大匙
盐……………1/2小匙
冰糖…………1/4小匙
鸡精………………少许

做法

1. 牛肉洗净切片切丝后切成肉泥；洋葱洗净切末，备用。
2. 取锅烧热后倒入3大匙油，加入洋葱末、蒜末爆香。
3. 放入牛肉泥炒至变色，加入咖喱粉炒香。
4. 放入剩余调味料略炒，加入水煮滚后，以小火炖卤约20分钟即可。

386 红葱卤肉臊

材料

猪皮……………200克
红葱头……………50克
猪油……………5大匙
胛心肉（绞碎）600克
高汤………1200毫升

调味料

酱油…………100毫升
冰糖………………1大匙
米酒……………2大匙
胡椒粉……………少许
五香粉……………少许

做法

1. 猪皮洗净、切大片，放入沸水中汆烫约5分钟，再捞出冲冷水备用。
2. 红葱头洗净、切除头尾后，切末备用。
3. 热锅，加入猪油，再放入红葱末爆香，用小火炒至呈金黄色微焦后，取出20克的红葱酥备用，续加入绞碎的胛心肉拌炒，炒至肉色变白水分减少，再加入所有调味料炒香后熄火。
4. 取一砂锅，倒入做法3的材料（除红葱酥外），再加入高汤煮滚，煮滚后加入猪皮，转小火并盖上锅盖，续煮约1小时后再加入先前取出的20克红葱酥，煮约10分钟，最后夹出猪皮即可。

好吃秘诀

在米饭上淋上适量肉臊与卤汁，就是肉臊饭了，也可再撒上香菜，或是配颗卤蛋。除了肉臊饭外，干面淋上肉臊也很对味喔!

387 香菇卤肉臊

材料

胛心肉600克、肥肉150克、香菇6朵、红葱头5颗、葱5根、姜片5片、酱油200毫升、绍兴酒300毫升、冰糖1大匙、水800毫升

做法

1. 胛心肉、肥肉洗净，入滚水汆烫后捞起，以冷水冲洗去油，再剁成碎丁；香菇洗净，以温水泡软后切成细末；红葱头、葱、姜片分别洗净，切细末，备用。
2. 热油锅，放入肥肉以中火炒至逼出油脂，将肥肉油脂彻底炒干成肉渣再将肉渣跟油分别捞出。
3. 锅中放入香菇末及红葱头末炒香，放入五花肉碎炒至变色后，再放入肉渣一起拌炒一下。
4. 加入葱末、姜末炒香，倒入酱油炒香，再加入绍兴酒、冰糖、水用大火煮开后，倒入砂锅中以小火慢卤1小时即可。

好吃秘诀

胛心肉瘦肉比例高，脂肪少不油腻，肉质较Q有弹性，如果喜欢多一点肥肉的软嫩口感，也可用五花肉取代，但要挑选肥瘦比例2:3，才不至于太油腻。

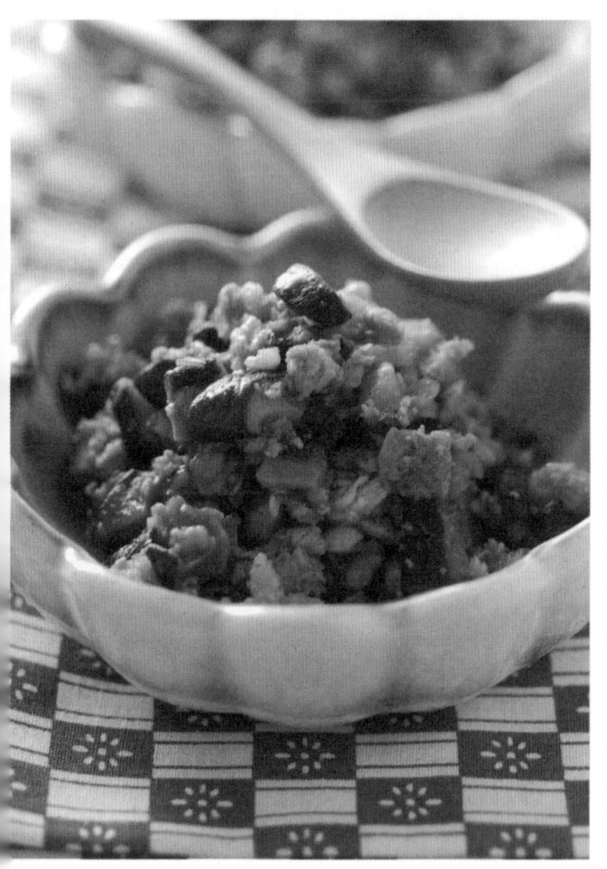

388 台式卤肉

材料

猪五花肉600克、葱段30克、蒜8个、红辣椒段15克、八角2粒、水800毫升

调味料

酱油4大匙、酱油膏1大匙、冰糖1小匙、米酒1大匙

做法

1. 先将猪五花肉洗净烫熟后切块。
2. 热锅，加入2大匙油，放入五花肉块炒至微焦。
3. 续放入葱段、蒜、红辣椒段和八角爆香，再加入调味料炒香，倒入水煮滚后以小火卤30分钟即可。

好吃秘诀

祭拜完的猪肉其实也很适合再拿来卤或烧，因为许多人在做卤肉的时候，也时常会将猪肉先汆烫去血水，直接利用水煮猪肉来做卤肉，不仅省去了前处理步骤，而且重新卤出一锅香喷喷的肉，更令人胃口大开。

389 东坡肉

材料

五花肉………… 200克
上海青………………2棵
葱……………………… 1根
红辣椒…………… 1/3根
蒜………………………3个
草绳……………………2条

调味料

甜酱油………… 50毫升
酱油膏…………… 1大匙
细砂糖…………… 2大匙
香油……………… 1小匙
水……………… 700毫升

做法

1. 将五花肉洗净切成约5厘米×5厘米的正方体，洗净后用餐巾纸吸干水分，放入约200℃的油锅中，炸至表面成金黄色后捞起，再用草绳绑成十字状备用。
2. 将上海青洗净汆烫至熟；葱及红辣椒洗净切段；蒜洗净拍扁，备用。
3. 取一汤锅，加入1大匙色拉油，加入葱段、红辣椒段及蒜，以中火爆香。
4. 加入所有的调味料及绑好的五花肉，以中火煮滚，边煮边将锅中浮渣捞除。
5. 盖上锅盖，以小火卤约45分钟至软烂，盛入盘中、淋上卤汁，再将上海青摆至盘边即可。

390 梅菜扣肉

材料

五花肉350克、梅菜1捆、蒜5个、葱1根

调味料

冰糖1大匙、酱油2大匙、绍兴酒2大匙、水500毫升、鸡精1小匙

做法

1. 五花肉洗净每块平均切成约3厘米厚的块状；梅菜一片片翻开洗净切成段，浸泡30分钟；蒜洗净切片；葱洗净切葱花，备用。
2. 取锅，倒入少许色拉油，开大火待油温烧至180℃，放入五花肉，并用锅铲微微翻动，炸至成金黄色捞起沥干油。
3. 另起一锅，倒入少许色拉油，直接放入蒜用冷油煸香，香气出来后放入梅菜拌炒。
4. 续于锅中放入炸五花肉，倒入绍兴酒、水淹至食材八分满，再放入酱油、鸡精、部分葱花及少许盐（调味料外）拌炒15分钟后，关火。
5. 将锅中的五花肉先挑出盛碗，再倒上锅中其他的食材，盖上保鲜膜，放入电饭锅中约蒸40分钟后取出，并将碗中汤汁先沥在另一个碗中，盖上盘子，将五花肉反转倒扣出来，最后淋上碗中汤汁及放上剩下的葱花即可。

好吃秘诀

梅菜腌渍后咸味很浓，一定要一片片先翻开洗净，并浸泡30分钟以上，否则料理起来咸味会太重。若赶时间，掰开洗净后可放在流水中冲洗并抓一抓，可缩短5~10分钟。

391 五香焢肉

| 材料 |

A 葱…………………2根
姜………………1小块
蒜…………………5粒
八角 ………………3粒
水…………500毫升
B 五花肉……… 600克

| 调味料 |

酱油…………500毫升
冰糖…………………15克
米酒…………… 30毫升
五香粉 ………………2克
白胡椒粉……….1小匙

| 做法 |

1. 将材料A中的葱洗净切段；姜洗净切片；蒜洗净拍裂去膜，备用。
2. 热锅，倒入2大匙油，放入葱段、姜片、蒜爆香至微焦，放入所有调味料及八角炒香。
3. 将做法2的材料移入深锅中，加入水煮至滚沸即可，成为卤汁备用。
4. 将材料B的五花肉洗净、切大片状备用。
5. 热锅倒入2大匙油，放入五花肉片煎至两面上色，取出五花肉片。
6. 将五花肉片放入卤汁中，煮至沸腾后，改转小火续卤至软烂即可。

392 笋干焢肉

| 材料 |

五花肉400克、笋干150克、油豆腐10块、姜30克、红辣椒2根

| 调味料 |

米酒50毫升、细砂糖1大匙、酱油4大匙、水1000毫升

| 做法 |

1. 笋干泡水约30分钟，放入滚水中汆烫约5分钟后捞出用冷水洗净，沥干后切短；油豆腐洗净沥干，备用。
2. 姜、红辣椒洗净拍破备用。
3. 五花肉洗净切块，放入滚水中汆烫约2分钟，捞出洗净备用。
4. 取锅烧热后倒入2大匙色拉油，以小火爆香姜和红辣椒，再加入五花肉块翻炒至表面微焦且有香味。
5. 与水一起放入汤锅中，依序加入笋干段、油豆腐和米酒、酱油、细砂糖，以大火煮开后改小火续煮约40分钟至五花肉熟软且汤汁略收干即可。

好吃秘诀

不论使用晒干的笋干或是腌渍的笋干，要让笋干吃起来味道鲜美甘香，事前的处理很重要，先充分泡水再稍微汆烫过，可以将过多的酸味或咸味去掉，同时去除加工时的添加物，汆烫的时间要拿捏好，烫过久会让好风味都流失掉。

393 红烧五花肉

材料

A 老姜……50克
红辣椒……1根
葱……2根
八角……4个
水……500毫升
B 五花肉……600克

调味料

绍兴酒……100毫升
酱油……100毫升
冰糖……50克
五香粉……1小匙

做法

1. 将材料A中的老姜洗净去皮切片；红辣椒洗净切片；葱洗净切段，备用。
2. 取砂锅，放入老姜片、葱段和八角，再加入所有的调味料、红辣椒片和水，以大火煮至滚沸，改转小火煮约30分钟，成为卤汁备用。
3. 将材料B的五花肉洗净、切长块状，放入滚水中汆烫去杂质，捞起略搓洗后，沥干水分备用。
4. 将五花肉块，放入做法2煮至滚沸的卤汁中，煮至再次滚沸后，盖上锅盖，改转小火续煮至五花肉块软烂，且汤汁略收即可。

394 红白萝卜焖肉

材料

白萝卜……400克
胡萝卜……150克
葱……1根
五花肉……400克
蒜……3个
水……1000毫升

调味料

酱油……100毫升
味醂……20毫升
冰糖……少许
米酒……20毫升
盐……少许

做法

1. 白萝卜、胡萝卜洗净并去皮切块；葱洗净切段，备用。
2. 五花肉洗净并切块，备用。
3. 热锅，加入适量色拉油，将蒜、葱段爆香，放入五花肉块，炒至肉块油亮并呈白色后，加入调味料炒至入味。
4. 续于锅中加水，待水煮滚后，盖上锅盖焖煮约20分钟，再放入红白萝卜块，续煮25分钟，熄火后再闷10分钟即可。

好吃秘诀

可用砂锅焖煮，香气不容易蒸发，风味更佳。

395 冬瓜卤猪肉

材料

猪肉……………500克
冬瓜块…………300克
姜片……………15克

调味料

酱油…………3.5大匙
冰糖…………1/2小匙
盐……………1/4小匙
米酒……………1大匙
水……………800毫升

做法

1. 先将猪肉洗净烫熟后切块备用。
2. 热锅，加入2大匙色拉油，放入姜片爆香后加入猪肉块稍微拌炒，再放入调味料煮滚。
3. 续放入冬瓜块再煮滚，最后以小火卤约30分钟即可。

卤肉要做得好吃，除了选用肥瘦适中的肉块外，还要在卤肉之前先爆香辛香料，将肉炒香再卤，就能卤出一锅美味的卤肉了。

396 土豆炖肉

材料

土豆……………350克
猪肉块…………300克
皇帝豆…………50克
洋葱片…………100克

调味料

酱油……………2大匙
盐……………1/4小匙
味醂…………30毫升
米酒……………2大匙
水……………650毫升

做法

1. 将土豆洗净、去皮、切块，入油锅炸一下；皇帝豆洗净汆烫，备用。
2. 热锅加入2大匙色拉油，加入洋葱片爆香后取出，加入猪肉块炒至变色，再加入调味料炒匀。
3. 锅中加水煮滚，盖上锅盖，以小火炖约30分钟至软烂，再放入洋葱及土豆、皇帝豆，炖煮约30分钟即可。

397 圆白菜炖肉

材料

圆白菜…………900克
五花肉…………400克
蒜…………30克
干红辣椒…………10克

调味料

酱油…………3大匙
盐…………1/4匙
细砂糖…………1小匙
米酒…………2大匙
水…………600毫升

做法

1. 将圆白菜洗净、切大块；五花肉洗净、切块，备用。
2. 热锅加入2大匙色拉油，加入蒜及干红辣椒爆香，加入五花肉炒至变色，再加入所有调味料，煮滚后盖上锅盖，以小火炖30分钟。
3. 将圆白菜以滚水汆烫至微软，捞出后放入炖锅中炖30分钟，再焖10分钟至软烂即可。

399 咖喱苹果炖肉

材料

猪梅花肉…………300克
苹果…………1个
胡萝卜块…………50克
洋葱块…………30克
欧芹末…………适量

调味料

咖喱粉…………2大匙
鸡高汤……1000毫升
鸡精…………1/2小匙

做法

1. 苹果去皮、去核，切块备用。
2. 猪梅花肉洗净切块，放入滚沸的水中略为汆烫，捞出洗净沥干水分备用。
3. 热锅倒入少许色拉油，放入猪五花肉块，以小火煎至表面呈金黄色，放入洋葱块炒香。
4. 于锅中放入胡萝卜块、苹果块以及咖喱粉炒香，倒入市售鸡高汤和鸡精以大火煮至滚沸，盖上锅盖留少许缝隙，改小火炖煮约30分钟，盛盘后撒上欧芹末即可。

好吃秘诀

苹果的果酸能帮助肉类软烂，此外，水果独有的果香和甜分也能让料理有自然又清爽的风味。

398 洋葱烧肉

材料

五花肉…………300克
洋葱…………100克
红葱头…………50克
姜…………30克
红辣椒…………2根

调味料

酱油…………3大匙
米酒…………50毫升
细砂糖…………2大匙
水…………800毫升

做法

1. 五花肉洗净切小块；洋葱洗净切丝；红葱头切小片；姜及红辣椒洗净切丝，备用。
2. 热锅，加入2大匙色拉油，以小火爆香洋葱丝、红葱头片、姜丝和红辣椒丝，放入五花肉块以中火炒至肉块表面变白，再加入酱油、米酒、细砂糖和水拌匀。
3. 以大火煮滚后转小火，焖煮约40分钟至汤汁略盖过肉即可。

400 油豆腐烧肉

材料

五花肉…………600克
油豆腐…………8块
蒜…………7个
葱段…………2根
红辣椒片…………1根
八角…………少许

调味料

市售高汤…1000毫升
盐…………1/2小匙
酱油…………3大匙
冰糖…………2大匙
糖色…………1大匙
米酒…………2大匙

做法

1. 将市售高汤放入锅中煮滚，再加入所有调味料及八角煮至均匀，成为卤汁，备用。
2. 将五花肉洗净切块；油豆腐放入滚水中汆烫过油，捞起备用。
3. 热锅，加入1大匙色拉油，加入蒜、葱段及红辣椒片炒香，加入五花肉块炒香，再加入油豆腐和卤汁。
4. 以大火煮滚，改转小火盖上锅盖，炖约30分钟即可。

401 元宝烧肉

材料

五花肉300克、鸡蛋5个、蒜40克、姜片20克

调味料

酱油5大匙、绍兴酒50毫升、细砂糖1大匙、水800毫升、香油1大匙

做法

1. 五花肉洗净切小块；鸡蛋放入汤锅中，加水（分量外）至淹过鸡蛋，以中火将水煮滚，再煮约10分钟后将鸡蛋捞起，冲水至凉，剥去蛋壳。
2. 热油锅至约180℃，加1大匙酱油至剥好的鸡蛋中拌匀上色，将鸡蛋放入油锅炸至表面呈金黄后捞起沥干油。
3. 将锅中的油倒出，于锅底留少许油，以小火爆香姜片及蒜至微焦香。再将五花肉块下锅炒至表面变白，于锅中加入4大匙酱油、绍兴酒、细砂糖及水拌匀，煮滚后盖上锅盖关小火，焖煮约30分钟。
4. 放入鸡蛋，以慢火烧至汤汁略干后，用水淀粉勾芡，洒上香油拌匀即可。

402 腐乳烧肉

材料

五花肉……400克
上海青……200克
葱……30克
姜……20克

调味料

A 水……1000毫升
红腐乳……40克
酱油……100毫升
细砂糖……3大匙
绍兴酒……2大匙
B 水淀粉……1小匙
香油……1小匙

做法

1. 备一锅滚水，将整块五花肉洗净后放入滚水中汆烫约2分钟去血水后备用；上海青洗净后先切去尾部再对切；葱洗净切小段；姜洗净拍松，备用。
2. 取一锅，将葱段、姜铺在锅底，放入五花肉，再加入调味料A拌匀。以大火煮滚后，盖上锅盖，再转小火煮约1个半小时，至汤汁略收干后挑去葱段、姜。
3. 将上海青放入滚水中烫熟后捞起沥干铺在盘底，再将五花肉排放至盘上。
4. 将做法2的汤汁煮至滚，加入水淀粉勾芡，洒上香油后淋至五花肉上即可。

403 什锦大锅煮

材料

猪排骨……400克
大白菜……800克
豆皮……60克
西红柿……2个
姜末……30克
辣味肉酱罐头……1罐（约180克）
水……800毫升

调味料

盐……1小匙
细砂糖……1大匙
米酒……2大匙

做法

1. 猪排骨洗净剁小块，放入滚水中汆烫至变色，捞出洗净备用。
2. 大白菜切大块，洗净后沥干；西红柿洗净去蒂后切小块；豆皮泡水至软后冲洗干净，备用。
3. 取锅烧热后倒入少许色拉油，先放入姜末以小火爆香，再放入猪排骨和米酒以中火炒约1分钟。
4. 盛入汤锅中，加入水、做法2所有材料、辣味肉酱及盐、细砂糖，以大火煮开，改小火加盖续煮约40分钟至猪排骨软烂且汤汁略收干即可。

404 黄金猪蹄

材料

猪蹄……1只
笋丝……250克

调味料

综合卤包……1包
酱油膏……3大匙
八角……3个
酱油……3大匙
冰糖……3大匙
香油……1小匙
米酒……1小匙
鸡精……1小匙
水……1200毫升

做法

1. 猪蹄洗净后氽烫去血水，拭干水分，放入油温200℃的油锅中炸至表面金黄备用。
2. 笋丝泡水清洗干净，备用。
3. 取一汤锅，放入猪蹄与笋丝，再加入所有的调味料。
4. 以中火煮约1小时至猪蹄软烂，将猪蹄取出放至盘中，再围上卤笋丝即可。

猪蹄在经过油炸后，表皮会变得紧实，长时间卤制后也不会散开，且油炸后的香味更浓郁。

405 卤猪蹄

材料

猪蹄··1只（1500克）
姜片……10克
蒜……15克
葱段……15克
八角……2个
红辣椒段……15克
可乐……1罐

调味料

酱油……120毫升
盐……1/2小匙
胡椒粉……1/4小匙
水……1200毫升

做法

1. 将猪蹄洗净、切块，放入滚水中氽烫5分钟，再冲洗干净后备用。
2. 热锅加入适量色拉油，放入姜片、蒜、葱段、红辣椒段及八角爆香，加入猪蹄拌炒，再加入所有调味料炒香。
3. 于锅中加入可乐及水煮滚，盖上锅盖，以小火卤约90分钟至软烂，再焖10分钟即可。

406 红曲猪蹄

材料

猪蹄800克、胡萝卜500克、油豆腐80克、葱3根、姜20克、水1600毫升

调味料

红曲酱4大匙、酱油膏2大匙、细砂糖1大匙、米酒100毫升

做法

1. 猪蹄洗净剁小块，放入滚水中汆烫约3分钟，捞出洗净沥干备用。
2. 胡萝卜洗净，去皮后切小块；油豆腐洗净沥干，备用。
3. 葱、姜洗净后以刀拍松备用。
4. 取锅烧热后倒入4大匙色拉油，放入拍松的葱和姜以中火爆香后熄火。
5. 加水一起放入汤锅中，加入猪蹄块、胡萝卜块、油豆腐及所有调味料，以大火煮开后改小火维持小滚，加盖续煮约80分钟，熄火续闷约30分钟即可。

好吃秘诀

油豆腐如果油味太重，可以先以温水冲洗一下，就能去掉油臭味。葱在经过长时间炖煮之后，因为过于熟烂口感并不好，炖好之后可以先挑除，以免破坏菜肴整体的美观度。

407 红烧蹄筋

材料

蹄筋……400克
胡萝卜片……20克
沙拉笋片……40克
黑木耳片……50克
葱段……15克
姜片……10克

调味料

酱油……1大匙
蚝油……2大匙
盐……少许
细砂糖……1/4小匙
米酒……1大匙
水……350毫升

做法

1. 将蹄筋洗净后汆烫备用。
2. 热锅加入2大匙色拉油，加入葱段及姜片爆香，加入胡萝卜片、沙拉笋片、黑木耳片及蹄筋拌炒。
3. 于锅中加入调味料及水煮滚，盖上锅盖，以小火炖煮约15分钟，打开锅盖，拌匀食材，烧煮至入味即可。

408 白菜狮子头

材料

A 老豆腐………150克
猪肉泥……… 200克
荸荠碎…………50克
姜末 ……………10克
葱末 ……………10克
鸡蛋 ………………1个
B 大白菜……… 400克
葱段 ……………10克
姜………………15克

调味料

A 盐…………1/2小匙
细砂糖…………1小匙
酱油 …………1大匙
米酒 …………1大匙
白胡椒粉 …1/2小匙
香油 …………1小匙
B 水…………600毫升
酱油 ……… 100毫升
细砂糖…………1小匙

做法

1. 老豆腐入锅汆烫约10秒后捞起冲凉压成泥；大白菜切大块后洗净，备用。
2. 将猪肉泥放入钢盆中，加入盐后搅拌至有粘性，再加入细砂糖及鸡蛋拌匀，续加入荸荠碎、豆腐泥、葱末和姜末及其他调味料A，拌匀后分成4份，用手掌拍成圆球形即成狮子头。
3. 热锅，倒入适量色拉油，将狮子头下锅，以中火煎炸至狮子头表面定形且略焦。
4. 取一炖锅，将葱段、姜丝放入锅中垫底，再依序放入煎好的狮子头及调味料B。
5. 接着转大火，烧开后关小火煮约30分钟再加入大白菜块，续煮约15分钟至大白菜软烂，以香菜（材料外）装饰即可。

409 雪花肉丸子

材料

猪肉泥………… 230克
荸荠肉 …………50克
蒜 …………………2个
香菜………………2根
蛋清鸡汁芡 ……. 适量

调味料

盐 ………………… 少许
白胡椒粉………… 少许
香油……………1小匙
淀粉……………1大匙

做法

1. 将荸荠肉、蒜、香菜都分别洗净切成碎状备用。
2. 将猪肉泥、做法1的所有材料和所有调味料一起混合均匀，再用手摔出筋，揉成小圆球状备用。
3. 再将肉球放入滚水中煮约2分钟捞起备用。
4. 再将刚煮好的蛋清鸡汁芡淋在煮好的猪肉丸上面即可。

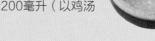

蛋清鸡汁芡

材料:
A蛋清30克、盐少许、白胡椒粉少许、香油1小匙
B水淀粉200毫升（以鸡汤调制）

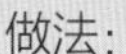

做法:
将材料A所有材料放入锅中打匀，再加入水淀粉勾成薄芡即可。

410 芋头炖排骨

材料

芋头…………450克
猪排骨………300克
蒜苗段…………15克
香菇块……………3朵

调味料

酱油……………2大匙
盐……………1/2小匙
鸡精…………1/4小匙
胡椒粉…………少许
米酒……………1大匙
水……………600毫升

做法

1. 将芋头洗净、去皮、切块，入热油锅中炸熟，捞出沥油备用。
2. 将猪排骨洗净、汆烫后备用。
3. 热锅加入2大匙油，加入蒜苗段及香菇块爆香，加入猪排骨及水，煮滚后盖上锅盖，以小火炖40分钟。
4. 加入芋头及调味料，续炖约20分钟至软烂，起锅前再焖10分钟即可。

411 山药咖喱丸子

材料

猪肉泥………200克
山药泥…………80克
胡萝卜块……100克
土豆块………100克
洋葱片………100克
甜豆荚…………30克
面粉……………2大匙
市售高汤……400毫升

调味料

A 咖喱粉……1/2大匙
姜黄粉………1小匙
B 盐…………1/4小匙
鸡精………1/4小匙

腌料

酱油…………1/4小匙
盐………………少许
米酒……………1小匙

做法

1. 猪肉泥加入所有腌料拌匀腌10分钟，加入山药泥和1大匙面粉拌均匀，捏成丸子状，放入热油锅中，炸至定型上色后，捞出沥油备用。
2. 将胡萝卜块和土豆块放入滚水中，煮约10分钟后捞出，放入甜豆荚汆烫捞出切段备用。
3. 取锅烧热，加入2大匙色拉油，加入洋葱片爆香，放入咖喱粉和姜黄粉炒香，再加入1大匙面粉炒匀，倒入市售高汤煮至均匀。
4. 放入胡萝卜块、土豆块、山药丸子和所有的调味料B，煮至入味，最后再加入甜豆荚段拌匀即可。

412 药膳排骨

材料

猪排骨650克、米酒300毫升、水1000毫升

中药材料

当归10克、川芎10克、黄芪20克、党参15克、熟地1/2片、红枣8颗、枸杞子10克、桂皮5克、丁香5克

调味料

盐适量

做法

1. 猪排骨洗净，放入滚水中氽烫一下，捞出冲水备用。
2. 将中药材料洗净，捞出沥干备用。
3. 将猪排骨放入锅中，加入药材，接着加入水和米酒。
4. 煮至滚沸后，改转小火炖煮约80分钟，再加盐调味即可。

413 五更肠旺

材料

熟肥肠……1条
鸭血……1块
酸菜……30克
蒜苗……1根
姜……5克
蒜……2个
花椒……1/2小匙

调味料

红辣椒酱……2大匙
高汤……200毫升
细砂糖……1/2小匙
白醋……1小匙
香油……1小匙
水淀粉……1小匙

做法

1. 鸭血洗净切菱形块；熟肥肠切斜片；酸菜洗净切片；一起放入滚水中氽烫，捞出沥干，备用。
2. 蒜苗洗净切段；姜及蒜洗净切片，备用。
3. 热锅，倒入2大匙油（材料外）烧热，放入姜片、蒜片小火爆香，加入红辣椒酱及花椒，以小火炒至油变成红色且有香味，再加入高汤煮滚。
4. 加入做法1氽烫好的所有材料和细砂糖、白醋，再次煮滚后转小火续煮约1分钟，以水淀粉勾芡并淋入香油、撒上蒜苗段即可。

414 蒜苗卤大肠

材料

处理好的猪大肠250克
姜……10克
蒜……3个
葱……1根
蒜苗……1根
八角……2粒

调味料

酱油膏……5大匙
细砂糖……2大匙
香油……1小匙
米酒……2大匙

做法

1. 将姜、蒜洗净切片；葱洗净切成段状；蒜苗洗净切片铺在盘上，备用。
2. 取一汤锅，加入1大匙色拉油，再加入做法1的所有材料，以中火爆香。
3. 加入所有的调味料、八角及处理好的大肠，再以中火焖卤约30分钟至软烂。
4. 上桌前，将卤大肠捞起、切段，再铺在蒜苗片上即可。

416 卤虱目鱼肚

材料

虱目鱼肚…………2个
姜丝……………… 适量
蒜末……………… 大匙
罗勒……………… 适量
红辣椒片
（切片）………1/4根

卤汁

水…………2000毫升
盐…………………1小匙
细砂糖…………1大匙
鸡精……………2小匙
米酒…………60毫升
酱油………… 120毫升
豆豉……………2大匙
酱菠萝…………80克
白豆酱…………1/2杯

做法

1. 罗勒洗净铺在盘底；虱目鱼肚洗净擦干，备用。
2. 所有的卤汁材料和姜丝、蒜末、红辣椒片混合后以大火煮沸。
3. 改小火，再放入虱目鱼肚烧至鱼肚软嫩后，捞出放于罗勒上即可。

415 和风酱鱼丁

材料

鲷鱼肉……………1片
洋葱……………1/3个
蒜…………………2个
红辣椒…………1/3根
芹菜………………2棵
香菜………………2棵

调味料

和风酱………… 适量
水…………500毫升

做法

1. 先将鲷鱼肉洗净，再切成大块状备用。
2. 将洋葱洗净切丝；蒜、红辣椒洗净切片；芹菜、香菜洗净切碎备用。
3. 取1个炒锅，先加入1大匙色拉油，再加入做法2的所有材料（香菜碎除外），以中火爆香，再加入所有调味料以中火煮至滚沸。
4. 然后加入切好的鱼丁烧煮至入味，熄火盛入盘中，最后加入香菜碎即可。

和风酱

材料：
日式酱油露2大匙、香油1小匙、米酒2大匙、盐少许、白胡椒粉少许
做法：
将所有材料混合均匀即可。

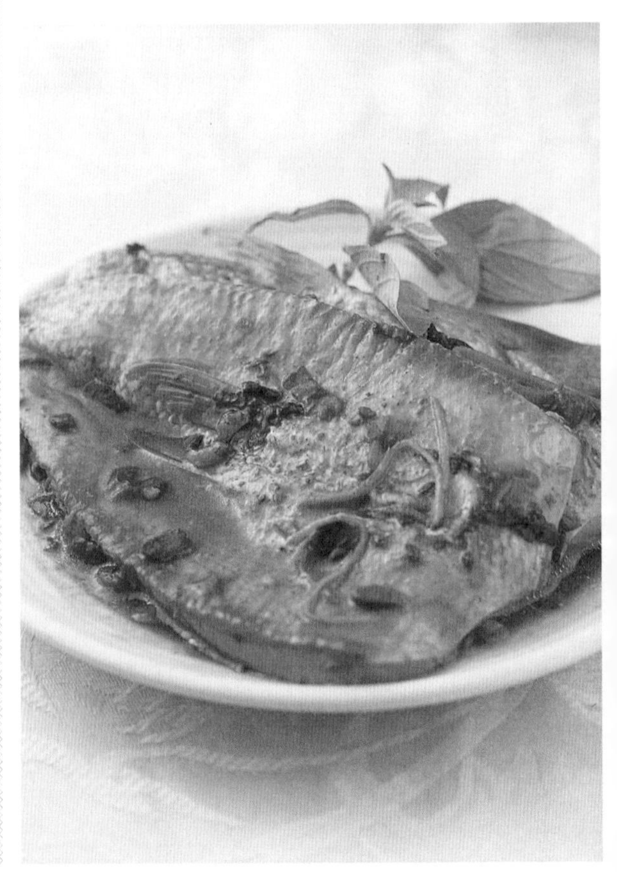

417 茄汁炖鲭鱼

材料

鲭鱼……600克
西红柿……3个
葱段……10克
水……700毫升

调味料

A 白醋……250毫升
B 细砂糖……1大匙
盐……1/4小匙
鸡精……少许
番茄酱……2大匙

做法

1. 鲭鱼处理好洗净切大块，以白醋浸泡冷藏一晚；西红柿洗净汆烫去皮切块，备用。
2. 热锅，加入适量的色拉油，放入葱段爆香，加入西红柿块、番茄酱炒匀，再加入水煮约10分钟。
3. 加入鲭鱼块、其余调味料B，盖上锅盖以中火炖煮约15分钟即可。

418 白鲳鱼米粉汤

材料

白鲳鱼……300克
中粗米粉……200克
干香菇……3朵
虾米……30克
蒜苗……40克
蒜酥……15克
芹菜末……10克
水（或高汤）1500毫升

调味料

盐……1小匙
鸡精……1/2小匙
米酒……1/2大匙
白胡椒粉……1/2小匙

做法

1. 白鲳鱼洗净切大块，放入油温160℃的油锅中炸至表面金黄，捞起沥油备用。
2. 干香菇泡发洗净后切丝；虾米泡水；蒜苗洗净切段分蒜白与蒜绿；米粉放入沸水中烫熟，备用。
3. 热锅，放入香菇丝、虾米、蒜白爆香，加入水或高汤煮至沸腾。
4. 加入米粉煮沸，放入白鲳鱼块及所有调味料煮至入味，起锅前加入蒜酥、蒜绿、芹菜末即可。

419 姜丝煮蛤蜊

材料

蛤蜊……300克
葱……2根
姜……15克

调味料

米酒……3大匙
盐……少许
白胡椒粉……少许
香油……1小匙

做法

1. 先将蛤蜊洗净，取一锅，放入蛤蜊、适量的冷水与1大匙盐，让蛤蜊静置吐沙1小时备用。
2. 把葱洗净切段；姜洗净切丝备用。
3. 取一个汤锅，加入吐沙的蛤蜊、葱、姜丝，以及所有的调味料，最后以中火煮至滚沸，再捞除表面的泡沫即可。

420 土豆煮蟹肉

材料

土豆……2个
蟹腿肉……50克
葱……1根
蒜……2个
香菇……1朵

调味料

鸡精……1小匙
盐……少许
白胡椒粉……少许
香油……1小匙
水……350毫升

做法

1. 先将土豆削去外皮洗净，再用刨刀刨成粗丝状备用。
2. 将蟹腿肉洗净；葱洗净切段；蒜、香菇都洗净切片备用。
3. 取一个汤锅，先加入1大匙色拉油，接着再加入做法2的所有材料以中火先爆香。
4. 接着再加入土豆丝与所有的调味料，再盖上锅盖以中火煮约15分钟即可。

421 烧酒虾

材料

鲜虾……600克
水……400毫升
米酒……800毫升

中药材料

当归……10克
黄芪……15克
参须……10克
红枣……7颗
川芎……5克
枸杞子……适量

调味料

盐……少许

做法

1. 鲜虾修剪完头须后，洗净备用。
2. 中药材料洗净沥干备用。
3. 将中药材料放入锅中，加入水煮10分钟。
4. 再加入米酒煮至滚沸后，加盐调味，放入草虾，点火烧煮一下，待虾外壳变红煮熟即可。

422 啤酒虾

材料

鲜虾……300克
啤酒……1杯
葱……2支
姜……5片
参须……10克
枸杞子……1大匙

调味料

盐……1/4小匙

做法

1. 鲜虾略洗，剪掉须和尖端、去肠泥备用。
2. 葱洗净切段；姜洗净切片；参须及枸杞子稍微清洗一下沥干，备用。
3. 除鲜虾以外的所有材料及调味料放入锅中煮至沸腾。
4. 再放入鲜虾煮至再次沸腾，略翻一下，即盖上锅盖，熄火闷约10分钟即可。

423 白菜炖胡萝卜

材料	
大白菜	900克
胡萝卜	30克
黑木耳	30克
虾皮	15克
豆皮	50克
香菇	2朵
蒜	6个
葱段	15克
水	500毫升

调味料	
盐	1小匙
细砂糖	1/4小匙
鸡精	1/4小匙
胡椒粉	少许

做法

1. 大白菜洗净切大片；胡萝卜、黑木耳洗净切小片；虾皮洗净沥干，豆皮加入热水泡软切小片；香菇泡软洗净切丝，备用。
2. 将大白菜片放入沸水略为氽烫捞出，放入一个空锅中。
3. 取另一锅烧热后倒入适量色拉油，放入蒜爆香，再放入虾皮、香菇丝与葱段炒香后捞起，一起放入装大白菜片的锅中，续加入胡萝卜片、黑木耳片与豆皮片，倒入水煮滚后再以小火续煮。
4. 等到大白菜煮软，加入所有调味料，再煮滚一次即可。

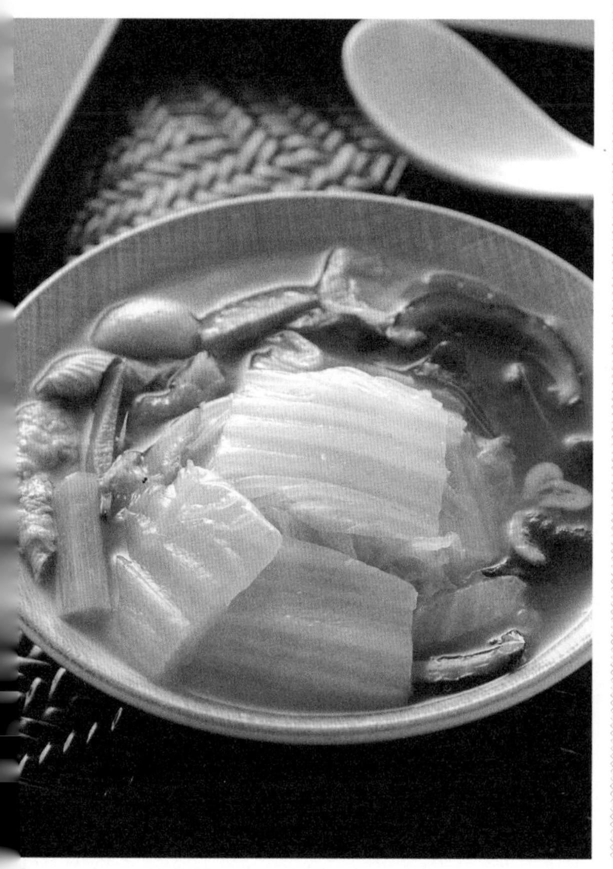

424 咖喱菜花

材料		
A	咖喱粉	2大匙
	胡萝卜	50克
	葱	1根
	蒜	3个
B	菜花	150克
	胡萝卜	1条

调味料	
细砂糖	1小匙
鸡精	1小匙
八角	2个
奶油	1大匙
淡酱油	1小匙
水	800毫升
月桂叶	2片

做法

1. 将葱洗净切段；蒜洗净切片；胡萝卜洗净切条，备用。
2. 锅中加入咖喱粉，以小火炒香，加入1大匙色拉油；再加入做法1的所有材料，以中火爆炒均匀；最后加入所有调味料煮滚，成为卤汁备用。
3. 将菜花修剪成小朵状、泡冷水洗净；胡萝卜去皮、洗净切块，备用。
4. 取锅，加入做法3的材料及卤汁，盖上锅盖，以中小火卤约15分钟至软烂即可。

425 什锦炖鸡

材料

鸡肉块200克、胡萝卜60克、土豆150克、洋葱60克、牛蒡50克、鲜香菇5朵、甜豆荚30克、高汤800毫升

调味料

酱油4.5大匙、米酒3.5大匙、味醂3.5大匙、细砂糖1小匙

做法

1. 胡萝卜、土豆洗净，去皮切块；洋葱洗净切片；牛蒡去皮洗净切块；鲜香菇去梗洗净切十字花；甜豆荚洗净，去头尾，备用。
2. 热锅，加入2大匙色拉油，放入鸡肉块炒至肉变色后放入洋葱片、鲜香菇炒香，再加入胡萝卜块、土豆块和牛蒡块略炒均匀。
3. 加入调味料、高汤拌匀煮滚，盖上铝箔纸以小火煮约30分钟至材料入味，最后放入甜豆荚再煮约1分钟即可。

好吃秘诀

做什锦炖煮前先将食材放入锅中煎炒，可以让整锅料理香气更浓郁，比直接煮更好吃，在炖煮的时候可以盖上戳了洞的铝箔纸，让食材更快入味。

426 什锦炖蔬菜

材料

A圆白菜1/2个、胡萝卜300克、芹菜200克、洋葱300克、干香菇50克、西红柿100克、月桂叶2片、水5000毫升

B洋葱200克、红甜椒50克、黄甜椒50克、茄子50克、土豆500克、西红柿100克、芹菜50克、小黄瓜50克、胡萝卜30克、罗勒10克、蒜3个、橄榄油2大匙

调味料

A胡椒粒1小匙、月桂叶2片、迷迭香1/2小匙

B去皮西红柿300克、西红柿糊100克、蔬菜高汤3000毫升

做法

1. 将材料A的圆白菜、芹菜及西红柿洗净、切块；胡萝卜及洋葱洗净、去皮、切块；干香菇洗净、泡软，备用。
2. 将做法1所有材料及水入锅煮滚，转小火熬至汤汁剩约1000毫升，滤出蔬菜高汤备用。
3. 将材料B的罗勒洗净、切丝；大蒜去皮洗净、切片；其余蔬菜均洗净、切块，备用。
4. 热锅加入橄榄油，加入做法3的大蒜片、洋葱块及芹菜块炒香，再加入做法3其他蔬菜块，以中火翻炒均匀，再加入调味料A炒香。
5. 续加入调味料B拌炒，以中火煮滚，转小火炖至土豆软烂即可。

427 胡萝卜豆筋

| 材料 |

胡萝卜………… 400克
豆筋块…………150克
姜片………………15克

| 调味料 |

酱油……………… 3大匙
酱油膏……………1大匙
细砂糖…………1/2小匙
盐……………… 1/4小匙
水……………800毫升

| 做法 |

1. 将胡萝卜洗净、去皮，切块后备用。
2. 将豆筋块用水泡软，放入滚水中汆烫5分钟。
3. 热锅加入3大匙色拉油，加入姜片爆香，加入胡萝卜块拌炒，放入豆筋块，再加入调味料及水煮滚，盖上锅盖，以小火卤约40分钟至软烂即可。

428 味噌白萝卜

| 材料 |

白萝卜………… 600克
姜片………………10克
葱末………………10克

| 调味料 |

味噌………………80克
细砂糖…………1/2大匙
米酒………………1大匙
味醂………………1大匙
水……………500毫升

| 做法 |

1. 将味噌加适量的水（材料外），调匀后备用。
2. 将白萝卜洗净去皮、切块，汆烫10分钟后备用。
3. 热锅加入2大匙色拉油，加入姜片爆香，加水煮滚，加入味噌及白萝卜，再加入细砂糖、米酒及味醂，煮滚后盖上锅盖，以小火卤约25分钟至软烂，再焖5分钟，起锅前放入葱末即可。

429 卤五香苦瓜

材料

A 葱2根、姜1小块、蒜5个、八角3个、水500毫升

B 苦瓜1条、豆豉30克、蒜3个

调味料

酱油500毫升、冰糖15克、米酒30毫升、五香粉2克、白胡椒粉1小匙

做法

1. 将葱洗净切段；姜洗净切片；蒜洗净拍裂去膜，备用。
2. 热锅，倒入2大匙色拉油，放入葱段、姜片、蒜爆香至微焦，放入所有调味料及八角炒香。
3. 将做法2的材料移入深锅中，加入水煮至滚沸即可，成为卤汁备用。
4. 苦瓜洗净放入滚水中汆烫后，捞起沥干，切粗条段备用；将材料B的蒜洗净拍裂去膜备用。
5. 热锅，倒入5大匙色拉油，放入苦瓜炒至上色，捞出备用。
6. 加入蒜爆香，加入苦瓜、豆豉及卤汁，以小火卤至软烂且略收汁即可。

430 姜丝焖南瓜

材料

南瓜……400克
姜丝……20克
葱段……10克

调味料

盐……1/2小匙
鸡精……1/4小匙
胡椒粉……少许
水……300毫升

做法

1. 将南瓜洗净、切块后备用。
2. 热锅加入2大匙色拉油，加入姜丝爆香，加入南瓜块拌炒。
3. 加水煮滚，盖上锅盖，以小火炖煮20分钟至软烂，再加入调味料及葱段拌匀，再焖煮20分钟即可。

431 茄子煲

材料

茄子400克、猪肉丝100克、蒜片10克、姜片10克、红辣椒片10克、罗勒适量

调味料

A 酱油1/2小匙、米酒1小匙、淀粉少许

B 酱油1大匙、辣豆瓣酱1大匙、蚝油1大匙、细砂糖1小匙、米酒1大匙、水150毫升

做法

1. 将茄子洗净、切段，放入热油锅中略炸一下，捞出、沥油后备用。
2. 将猪肉丝加入调味料A腌渍10分钟，放入热油锅中过油，捞出备用。
3. 热锅加入2大匙色拉油，加入蒜片、姜片及红辣椒片爆香，加入猪肉丝及茄子，再加入调味料B及罗勒拌炒。
4. 将食材移入砂锅中，炖煮至软烂即可。

432 卤杏鲍菇

材料

杏鲍菇………300克
猪五花肉……300克
葱……………1根
姜片…………2片
八角…………1个
水……………300毫升

调味料

酱油…………100毫升
米酒…………15毫升
细砂糖………1大匙

做法

1. 五花肉洗净切块；杏鲍菇洗净切滚刀；葱洗净切末，备用。
2. 取锅，加入1大匙色拉油烧热，放入姜片和葱段爆香，再放入猪五花肉块炒至表面焦香后，加入酱油、米酒、水和细砂糖略焖煮至猪五花肉软嫩。
3. 放入杏鲍菇，改以小火继续焖煮至熟透且酱汁浓稠盛盘后，再撒上葱花。

433 寿喜鲜菇

材料

什锦菇………400克
(鲜香菇、茶树菇、珍珠菇、杏鲍菇、袖珍菇、口蘑菇)
西红柿………1/2个
洋葱…………1/2个
葱……………3根
奶油…………15克

调味料

酱油…………50毫升
米酒…………50毫升
水……………150毫升
细砂糖………15克

做法

1. 菇类洗净切片；西红柿洗净切瓣状；洋葱去皮洗净切丝；葱洗净切段，备用。
2. 所有调味料混合均匀备用。
3. 热锅，烧热倒入适量的色拉油润锅，再放入奶油烧至溶化，放入做法1的所有材料炒香，再放入调味料煮熟即可。

434 咖喱菇

材料

姬松茸………100克
口蘑…………100克
甜豆荚………50克
洋葱…………50克
蒜末…………10克

调味料

咖喱粉………2大匙
盐……………1/2小匙
椰浆…………50毫升
细砂糖………1小匙
水……………150毫升

做法

1. 姬松茸洗净切厚片；甜豆荚撕去粗筋洗净；洋葱洗净切片，备用。
2. 热锅，倒入约2大匙色拉油，以小火爆香洋葱片、蒜末，加入所有菇类及甜豆荚炒匀，加入咖喱粉略炒香。
3. 加入所有调味料煮至沸腾，小火继续炖煮约5分钟，煮至汤汁略浓稠即可。

435 豆浆炖菇

材料

老豆腐……1大块
白玉菇……60克
蟹味菇……60克

调味料

豆浆……200毫升
米酒……50毫升
酱油……1.5大匙
味噌……18克
细砂糖……13克

做法

1. 所有调味料混合均匀；豆腐切4等份，备用；菇类洗净。
2. 取锅，放入调味料煮至沸腾，再加入豆腐、白玉菇、蟹味菇，以小火炖煮至入味即可。

436 福菜卤笋丝

材料

笋丝……200克
福菜……60克
姜片……10克
蒜……3个
高汤……700毫升
猪油……2大匙

调味料

盐……1小匙
鸡精……1小匙
细砂糖……1/4小匙
胡椒粉……少许
米酒……1大匙

做法

1. 笋丝洗净泡水2个小时，放入滚水中汆烫3分钟后，捞起备用。
2. 福菜泡水1分钟后，洗净沥干切小段；蒜洗净拍扁去外膜，备用。
3. 热锅，倒入猪油，放入蒜、姜片爆香，加入笋丝、福菜段、米酒略炒。
4. 加入高汤炖煮，煮滚后转小火卤20分钟，最后再放入调味料卤10分钟即可。

437 鸡油卤笋干

材料

笋干……300克
鸡油……50克
蒜……25克
红辣椒片……适量
鸡高汤……700毫升

调味料

盐……1/2小匙
细砂糖……1/2小匙
酱油……1/2大匙
米酒……1小匙

做法

1. 笋干洗净浸泡清水一晚，捞出放入沸水中汆烫约5分钟，放置风干备用。
2. 鸡油洗净沥干，放入锅中加入少许色拉油，以小火炸至鸡油变焦，捞除油渣，再放入蒜、红辣椒片爆香至上色。
3. 将笋干放入锅中炒匀，再加入所有调味料、鸡高汤煮至沸腾，转小火继续卤20分钟即可。

438 福菜卤百叶豆腐

材料

福菜……………100克
百叶豆腐…….. 500克
猪五花肉丝……100克
蒜末………………10克
姜末………………10克

调味料

酱油…………… 2大匙
细砂糖…………1小匙
米酒……………1大匙
水…………… 700毫升

做法

1. 将福菜泡软、洗净、切小段；百叶豆腐洗净切片状，备用。
2. 热锅加入3大匙色拉油，加入蒜末爆香，放入猪五花肉丝炒至变色。
3. 于锅中加入福菜炒香，加入调味料炒匀，加水煮滚，盖上锅盖，以小火煮30分钟，再加入百叶豆腐，卤约20分钟至软烂入味即可。

439 黄金玉米煮豆腐

材料

猪肉泥…………50克
嫩豆腐……………1盒
玉米粒……… 200克
葱…………………1根
胡萝卜…………50克

调味料

鸡精……………1小匙
香油……………1小匙
盐………………… 少许
白胡椒粉……… 少许
水…………… 200毫升

做法

1. 先将嫩豆腐洗净切成小丁状；玉米粒洗净，备用。
2. 把葱、胡萝卜洗净切成小丁状备用。
3. 取一个小汤锅，加入1大匙色拉油，再放入猪肉泥、玉米粒与做法2的材料以中火先爆香。
4. 接着于锅中加入豆腐丁，再加入所有的调味料，以中火煮约10分钟至入味即可。

441 味噌豆腐

材料

鸡肉泥…………100克
老豆腐……………1块
粉条………………20克
葱花……………… 适量

调味料

A 水…………300毫升
米酒………60毫升
酱油…………6毫升
细砂糖…………6克
柴鱼素…………3克
B 味噌…………20克
姜泥………1/2大匙

做法

1. 老豆腐略冲水沥干，切成适当的大小块状备用。
2. 粉条泡入水中，待变软。
3. 将调味料A材料混合煮匀后，加入味噌拌匀备用。
4. 取锅，加入色拉油烧热后，放入鸡肉泥炒至松散，加入做法3的酱汁煮开，再加入豆腐块和粉条，以中火煮至入味后，撒入葱花即可。

440 京烧豆腐

材料

老豆腐……………1块
猪肉片…………30克
笋片………………50克
胡萝卜片………20克
鲜香菇……………3朵
蒜末…………………5克
葱花………………10克

调味料

味噌酱…………1大匙
柴鱼酱油………1大匙
米酒………… 30毫升
水 ………… 200毫升

做法

1. 老豆腐切小块；鲜香菇洗净去蒂，在表面刻花；猪肉片放入滚水中略汆烫后捞起，备用。
2. 热锅，加入1大匙色拉油，放入蒜末及猪肉片以小火爆香，再加入笋片、胡萝卜片、鲜香菇略炒匀。
3. 加入所有调味料及老豆腐，以小火煮至滚沸后，续煮约10分钟，撒上葱花即可。

442 咖喱豆腐

材料

老豆腐……………2块
胡萝卜丁…………30克
洋葱………………1/2个
蒜末………… 1/4小匙
日式咖喱块 ………2块
高汤………… 300毫升
椰奶………………… 适量

调味料

盐 …………… 1/4小匙
细砂糖 ……… 1/4小匙
水淀粉 …………… 适量

做法

1. 老豆腐洗净切四方块，放入油锅中炸至呈金黄色捞起沥油；洋葱洗净切丁，备用。
2. 锅中留少许油，放入洋葱丁，以小火炒至变软，再加入蒜末略拌炒。
3. 接着加入高汤、盐、细砂糖、老豆腐及胡萝卜丁，以小火煮约3分钟，再放入日式咖喱块以小火煮溶，起锅前以水淀粉勾芡及椰奶拌匀即可。

好吃秘诀

煮咖喱块时，要以小火慢慢煮溶，才不容易煮焦，另外，加入椰奶可增加料理香气。

443 鸡肉豆腐

材料

老豆腐 ……………1块
鸡胸肉 …………100克
胡萝卜丁…………15克
青豆仁 ……………20克
姜末…………1/2小匙
葱花…………1/2小匙
高汤………… 100毫升
水淀粉 …………1大匙

调味料

A 盐…………1/2小匙
　水淀粉………… 适量
B 盐………………1小匙
　细砂糖…… 1/4小匙
　胡椒粉…… 1/4小匙
　香油 …………1小匙

做法

1. 鸡胸肉洗净切末，加入调味料A拌匀备用。
2. 老豆腐洗净用汤匙捣成小碎块备用。
3. 热锅，放入高汤煮滚后，加入姜末、鸡胸肉末、胡萝卜丁、青豆仁以小火煮滚。
4. 加入老豆腐块、调味料B的盐、细砂糖、胡椒粉，煮约3分钟后，加入水淀粉勾芡，再淋入香油、撒上葱花即可。

好吃秘诀

豆腐不能捣得太碎，否则会丧失口感；鸡胸肉末加入淀粉可增加滑润的口感。

444 海鲜豆腐羹

材料

老豆腐1块、熟绿竹笋80克、胡萝卜30克、虾仁30克、鲷鱼片80克、蟹肉20克、芥蓝菜梗少许、鸡汤600毫升、水淀粉1.5大匙、葱花5克

调味料

盐1小匙、细砂糖1/4小匙、香油1小匙

做法

1. 熟绿竹笋剥去外皮，切菱形块；胡萝卜去皮洗净切菱形片，老豆腐洗净切菱形；芥蓝菜梗洗净切小片，备用。
2. 将虾仁、蟹肉、鲷鱼片洗净切小块，入锅汆烫后捞起沥干。
3. 取锅，倒入鸡汤煮滚，加入所有调味料、绿竹笋块、胡萝卜片、豆腐块、芥蓝菜梗片、虾仁、蟹肉、鲷鱼片，以小火煮滚，再淋入水淀粉勾芡，撒上葱花即可。

海鲜食材先汆烫，可以去除腥味，而且容易与豆腐一起熟成。

445 苋菜豆腐羹

材料

苋菜……200克
嫩豆腐……1盒
黄豆芽……少许
蒜（切末）……2个
高汤……1500毫升
水淀粉……适量
香油……少许

调味料

米酒……1大匙
盐……适量
鸡精……适量

做法

1. 苋菜洗净切小段；黄豆芽洗净入滚水中汆烫去涩捞起，备用。
2. 豆腐切小块，泡入冷水中备用。
3. 热锅加入2大匙色拉油，爆香蒜末，再放入苋菜炒软。
4. 加入高汤及黄豆芽煮开。
5. 将豆腐沥干水分放入汤中，至汤再度煮开后淋入米酒，加入盐、鸡精调味，以水淀粉勾芡、淋上少许香油即可。

446 五香豆干

材料

豆干……900克
色拉油……60毫升
水……150毫升

香料

桂皮……5克
月桂叶……3片
八角……2粒
胡椒粒……10克
干红辣椒……3根

调味料

酱油……80毫升
细砂糖……60克
盐……少许
米酒……1大匙

做法

1. 将豆干放入沸水中煮约2分钟，再捞起沥干备用。
2. 热锅，加入色拉油与所有香料、调味料、水煮至均匀。
3. 于锅中加入小豆干，用小火慢慢卤至汤汁收干即可。

先汆烫豆干的主要目的在于去除豆腥味。

447 黄金蛋

材料

A 鸡蛋……………6个
盐……………4大匙
水………2000毫升
B 水…………800毫升
酱油………200毫升
细砂糖……… 500克
米酒………200毫升
卤包……………1包

C 葱………………2根
姜………………20克
红辣椒…………4根

做法

1. 取一个汤锅，将葱、红辣椒及姜洗净拍松，放入锅中，加入材料B中的水煮至滚沸。
2. 再加入酱油和米酒，煮至滚沸后加入细砂糖及卤包，转至小火煮约10分钟，至香味散发出来熄火放凉备用（此即卤汁）。
3. 取材料A中的水和盐加入锅中，煮至滚沸后放入鸡蛋，转至小火煮7分钟后捞出鸡蛋，立即用冷水冲凉避免余温让蛋黄过熟。
4. 将冷却的鸡蛋剥除蛋壳，放入卤汁中浸泡，移进冰箱冷藏约1天即可。

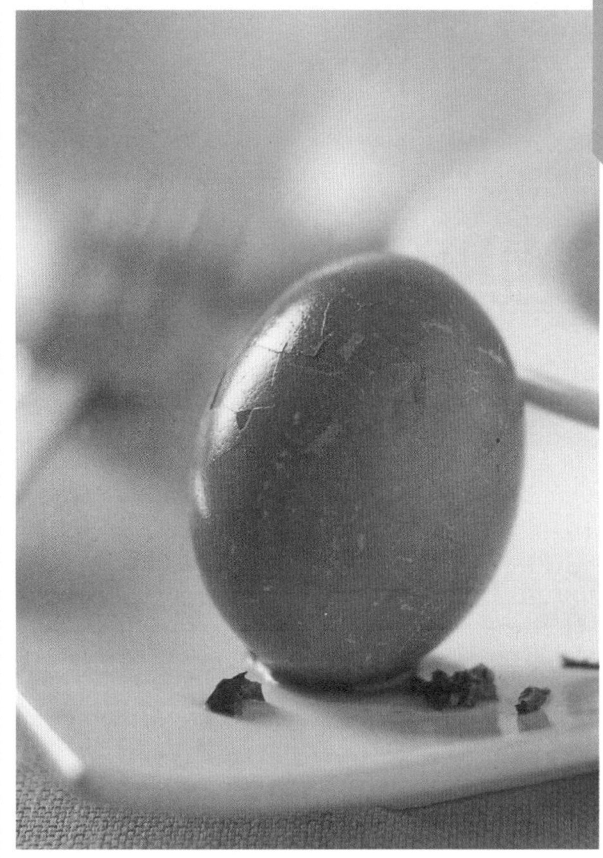

448 茶叶蛋

材料

鸡蛋………………10个
红茶叶………… 2大匙
卤包…………………1包
酱油………………1/2杯

做法

1. 将鸡蛋放入水中煮至蛋清凝固即可(约5分钟)，取出后泡冷水，再用汤匙或筷子轻轻将蛋壳敲压出裂痕备用。
2. 锅中加水2000毫升，放入红茶叶、卤包、酱油以及鸡蛋，以小火慢煮约30分钟，熄火后浸泡至入味即可。

好吃秘诀

蛋壳裂痕的作用是让蛋容易入味，所以不宜太多，否则蛋壳易脱落。茶叶蛋也可以用电饭锅制作，只要将所有上述做法2中的材料移至电饭锅中，煮约1小时即可。

449 酱油泡蛋

材料

水煮蛋……………6个
酱油…………… 230克
热开水…………100克
细砂糖……………15克
八角…………………2个

做法

1. 将八角放入热开水浸泡至香味四溢，再加入酱油、细砂糖搅拌至细砂糖完全溶解均匀成酱汁。
2. 将水煮蛋放入酱汁中，移入冰箱冷藏浸泡至水煮蛋上色且入味（约2天）即可。

好吃秘诀

酱油泡蛋的风味和卤蛋相似度极高，不过制作方法却超级简单，但是要注意的是，因为使用方便的浸泡法让水煮蛋入味，并没有经过加热的过程，所以食材保存时效有限，最好在2天内食用完毕。

450 酒酿蛋

材料

鸡蛋…………………2个
酒酿………………50克
水 …………… 450毫升

调味料

冰糖………………30克

做法

1. 取锅，加入适量的水（材料外）煮至滚沸后，打入鸡蛋，以小火煎煮至九分熟后捞出备用。
2. 另取锅加入水，煮至滚沸后，加入冰糖煮匀，盛入碗中。
3. 在糖水中放入煮好的蛋包，再加入酒酿即可。

好吃秘诀

甜酒酿含有糖化酵素，是天然的营养物质，再放入营养丰富的蛋包中，可滋阴、养颜、丰胸。

451 和风温泉蛋

材料

鸡蛋……………………2个
柴鱼片…………1大匙
葱……………………1根

调味料

A 和风酱油……1大匙
水……………2大匙
细砂糖………1小匙
盐……………少许
黑胡椒………少许
香油…………1小匙
B 七味粉………适量

做法

1. 先将葱洗净切成细丝备用。
2. 取一锅冷水，将鸡蛋放入，再以中火加热，以温度约65℃煮约8分钟，再捞起泡冷水备用。
3. 取一容器，放入所有调味料A并搅拌均匀备用。
4. 把煮好的温泉蛋去壳对切，放入一容器中，再将调好的酱汁均匀的淋在温泉蛋上，最后撒上葱花、柴鱼片及七味粉即可。

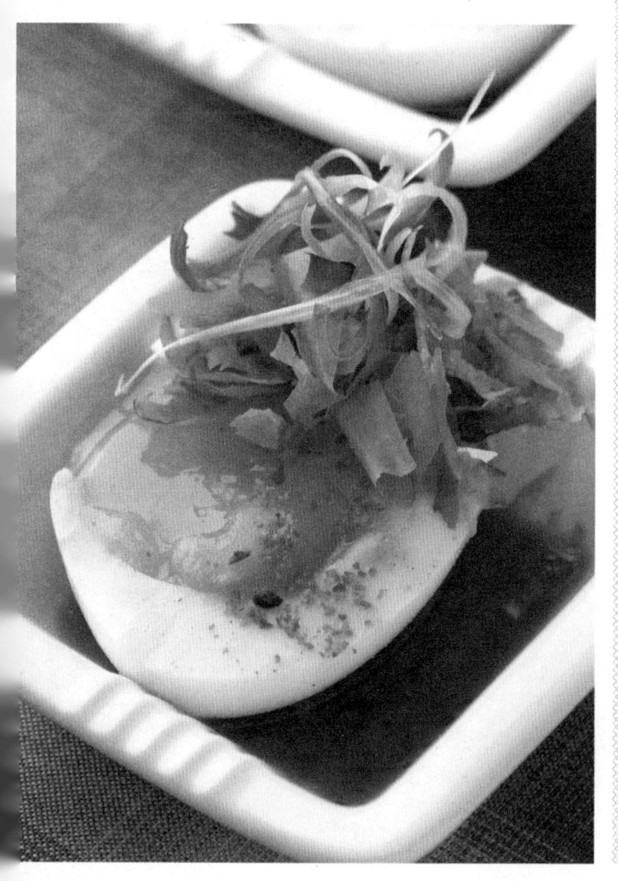

452 虾卵沙拉蛋

材料

鸡蛋…………………3个
腌渍虾卵………1大匙
美奶滋…………1大匙

做法

1. 鸡蛋放入锅中，加入约800毫升的冷水（分量外），冷水需淹过鸡蛋约2厘米，再加入2大匙盐（分量外），转中火将冷水加热至滚沸后转小火煮约10分钟，捞出鸡蛋冲冷水至鸡蛋冷却，备用。
2. 剥除鸡蛋壳，将每个鸡蛋切对半，取出蛋黄用汤匙压碎，将蛋黄碎、虾卵以及美奶滋拌匀即为虾卵蛋黄酱。
3. 将拌好的蛋黄酱回填入切对半的蛋白中即可。

煮水煮蛋时锅中的水要加入少许的盐或醋，这样可以防止蛋壳破碎，除此之外从冰箱取出的鸡蛋也必须等到鸡蛋回复到常温状态再下锅，煮好的水煮蛋取出冲冷水则有助于剥除蛋壳。

简单步骤

炸、烤、蒸篇

炸、烤、蒸看似不相关的三种料理方式，
其实有共通的特点，那就是不复杂，
不像其他料理方式，需要准备许多配料，
几乎只要有了主食材外加调味料就能很美味了。
这类的料理方式非常适合小家庭，
不需要准备太多材料也能吃得很丰盛。

油温判断，这样做就对了！

油温判断

温度	油温测试状态	适炸的食材或状况
低油温 80~100℃	只有细小油泡产生；粉浆滴进油锅底部后，必须稍等一下才会浮起来。	1 表面沾裹蛋清所制成的蛋泡糊之类的食材。 2 需要回锅再炸的食物。（可避免食材水分过干）
中油温 120~150℃	油泡会往上升起；粉浆滴进油锅，一降到了油锅底部后，马上就会浮起来。	1 一般的油炸品都适合。 2 外皮沾裹易焦的面包粉时。 3 采用吉利炸方式时。 4 食材沾裹调味过的粉浆时。 5 欲炸食材量少时。
高油温 160℃以上	周围产生许多油泡；粉浆滴进油锅后，尚未到油锅底部就会浮起来。	1 采用干粉炸的方式时。 2 采用粉浆炸的方式时。 3 欲炸的食材分量大或数量多时。

基本油炸器具

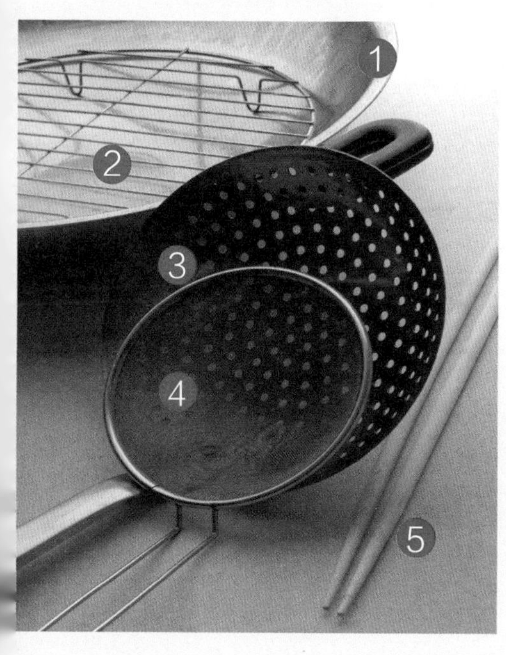

1. **中华锅：**这是一般家庭较常用的锅子，市面上有许多材质可供选择，例如不锈钢锅、奈米锅、陶瓷锅等。最重要的是，每次油炸后的锅子一定要清洗干净并擦干。
2. **沥油架：**炸物捞起后可置于沥油架上，将多余的油滴除，使用时，只要在沥油架下方摆放一个承接滴油的容器即可。另外，亦可选择一种直接挂于油锅边缘的沥油架，让操作更为方便。
3. **油炸大漏勺：**美丽的金黄色外表需要漏勺来好好呵护。在炸物炸好后，用漏勺快速捞起、稍微沥干油脂后即可改置于沥油架上。
4. **油炸小滤网：**油只要炸过一回，就需过滤后才能再次使用。一来保持油的清洁，二来油和食物也比较不易变黑。使用方法是只要将小滤网放在油锅内，轻轻由下往上做捞除的动作即可。
5. **长木筷：**可让您远离热油和热气，避免烫伤。使用后一定要洗净并擦干，并放在通风处风干，如有烘碗机亦可烘干灭菌，以免容易因潮湿发霉而减短寿命。使用长木筷可轻松使油炸物快速翻面并安全地夹取炸物。

清蒸与烘烤，这样做就好吃！

蒸

秘诀1
水要沸腾才能蒸

利用水沸腾产生的蒸气蒸料理时，一定要等水大滚后才能把食材放入蒸锅中蒸，这样才能瞬间封住食材的原汁原味，蛋清才能快速凝固，肉质才会嫩，若是水还没沸腾就放入蒸锅蒸，蛋清容易流失，肉质会变涩，那辛苦做的料理就不好吃了。

秘诀2
蒸海鲜可以用葱姜垫底，去腥防粘

蒸鱼或牡蛎时最讨厌就是外皮粘住盘子不放，让鱼身破碎又不好看，其实只要切些葱姜放在蒸盘底，再放上鱼等海鲜，让葱姜垫高鱼身就不会直接接触蒸盘，不仅可以避免鱼皮粘住蒸盘，也可以去腥，非常实用，鱼肉就能保持完整，若再讲究一点，等鱼蒸好后再挑去葱姜，上桌一样美观！

秘诀3
掌握入锅蒸的时间，过久会失败

到底蒸好了没？如果要问怎样才算蒸好了，还不如照着食谱上的时间开锅，就万无一失了。若是蒸的时间不够，开锅检查后没熟再蒸，还是会因为断续的问题导致时间失准。但若蒸过久，肉质就会变老也不好吃，只有掌握好时间，才能品尝到最嫩最好吃的料理。

烤

秘诀1
烤箱需要预热有学问

烘烤菜肴前，最好先将烤箱预热，达到所需的指定温度。如果不经预热，食物放进烤箱后不能马上受热，水分会迅速流失，容易变得又硬又干；反之，预热后的烤箱，能使食物迅速均匀受热，水分能够锁在食物内部，烤后就能保持较佳的口感。通常，预热的温度就是烘烤料理的温度，而预热温度则与时间成正比，也就是需要的温度愈高，预热时间就要愈久，但时间会因烤箱功率不同而略有不同。一般预热到200℃需10～15分钟。

秘诀2
使用铝箔纸好方便

将铝箔纸铺在烤盘上，烘烤后直接取下即可省下大半清理工作。但是如果用铝箔纸包住整个料理会焖住食材的水分，会让易出水的食材出水，使得料理产生汤汁，会变得不像烤的，除非本来就想做成有汤汁的效果，否则只需要垫上铝箔纸，而不要用铝箔纸包裹料理。而铝箔纸涂上油可以避免食材的表皮粘连，而破坏料理的完整性，尤其像烤鱼之类的料理。不过本身带壳的食材或是水分多的蔬菜，不怕粘就不必抹油了。

秘诀3
竹签、筷子轻松检查烤物熟度

检查食物是否烤熟，可用竹签或筷子轻戳，如果能简单戳入表示已经烤熟，而且肉类如果戳入取出筷子上没有血水，就差不多熟了。另外该注意的是，小型的烤箱较容易发生过焦的情形，此时可以盖一层铝箔纸在食物上，或稍微打开烤箱门散热一下；中型的烤箱因为容积足够，又具有控温功能，除非温度真得太高，或食物离上火太近或烤得时间太久，一般比较不会产生烤焦的情况。

453 椒麻鸡

材料

鸡腿肉2只、圆白菜丝40克、蒜末10克、辣椒末10克、香菜末5克

调味料

A 酱油、米酒各2大匙
B 酱油2大匙、柠檬汁1大匙、细砂糖1小匙、凉开水少许
C 花椒粉1/2小匙

做法

1. 鸡腿肉用调味料A腌约30分钟，再整只蒸熟。（电饭锅外锅加水七至八分满杯）
2. 蒸完后再去骨，不用蘸粉，直接放入180℃高温油中以大火炸，炸至鸡皮表皮呈金黄酥脆，取出沥干油。
3. 将炸鸡腿切片，放在铺有圆白菜丝的盘上。
4. 蒜末、辣椒末、香菜末和所有调味料B一起调匀，即为椒麻淋酱。
5. 将椒麻淋酱淋在炸鸡腿上，最后撒上花椒粉增味即可。

直接将生肉炸到熟，时间会太久，肉质容易干涩。蒸过再炸，料理时间变短了，口感会比较好，而且鸡腿肉也不易变形。

454 椒盐鸡腿

材料

鸡腿……………………2只
葱花………………20克

调味料

A 酱油…………1大匙
米酒…………1小匙
B 椒盐粉………1小匙

做法

1. 将鸡腿洗净沥干，剖开去除骨头，再以刀在鸡腿肉内面交叉轻剁几刀，将筋剁断、肉剁松，放入大碗中加入调味料A抓匀备用。
2. 热锅，倒入约2碗色拉油烧热至约160℃，放入鸡腿肉以中火炸约6分钟至表皮香脆，捞出沥干后切片装入盘中。
3. 将椒盐粉和葱花均匀撒在鸡肉上即可。

鸡腿因为厚实总是需要较长的时间来烹调，如果要快速熟透，首先应该将鸡腿切开，把骨头去除之后就能成为略呈片状的腿肉，接着再以刀尖稍微剁几下，把鸡腿中的筋切断，如此一来就能更容易入味与熟透，且肉质也能维持软嫩不缩。

455 传统炸鸡腿

材料

鸡腿……………………2只
蒜泥……………………20克
姜泥……………………15克

炸粉

红薯粉…………100克
吉士粉……………15克
鸡蛋……………………1个
水……………130毫升

调味料

盐………………1/4小匙
细砂糖……………1小匙
五香粉…………1/2小匙
水………………50毫升
米酒………………1大匙

做法

1. 鸡腿洗净后在腿内侧骨头两侧用刀划深约1厘米的切痕；炸粉混合成粉浆，备用。
2. 将所有调味料及蒜泥、姜泥一起拌匀成腌汁备用。
3. 将鸡腿放入腌汁中腌渍30分钟后，取出鸡腿。
4. 热一油锅，待油温烧热至约160℃，将鸡腿蘸裹上粉浆后放入，以中火炸约15分钟至表皮成金黄酥脆时捞出沥干油即可。

456 卤炸大鸡腿

材料

鸡腿2只、葱2根、姜20克

调味料

水1600毫升、酱油600毫升、葱3根、姜20克、细砂糖120克、米酒50毫升、市售卤包1包

做法

1. 葱、姜洗净拍破；鸡腿洗净，备用。
2. 热锅，加入2大匙色拉油，以小火爆香葱、姜，备用。
3. 取一卤锅，放入葱、姜，加入所有调味料，以大火煮开后放入鸡腿，转小火盖上盖子，让卤汁保持在略为滚动状态，卤约10分钟后，熄火不打开盖子，续将鸡腿浸泡约10分钟后，捞出鸡腿、沥干卤汁，吹风至表面干燥。
4. 热油锅，待油温烧热至约160℃，放入鸡腿，以中火炸约2分钟至表皮呈金黄色，捞出沥干油脂即可。

便当店的卤鸡腿，卤好之后放置风干，等客人点餐时直接下锅略炸，不需裹粉。不过像这种经过两道手续的炸鸡腿，如果处理不好，很容易将鸡腿肉变得干又涩，因此秘诀就是卤的时候以小火卤，之后再用“焖”的方式将鸡腿焖熟，如此肉质鲜嫩不老涩，且肉汁不流失。

但注意炸之前要先将鸡腿风干，以避免鸡腿卤汁的水分碰到高热的油锅，造成油爆的危险，且鸡腿太湿会炸不脆。

457 脆皮鸡腿

材料

鸡腿……………………1只
葱（切段）………1根
蒜……………………2个
麦芽膏…………3大匙
白醋……………3大匙
水……………150毫升
椒盐粉…………2大匙

调味料

盐………………2大匙
酱油……………2大匙
白胡椒粉……1/2小匙
米酒……………2大匙

做法

1. 将鸡腿洗净后，加入调味料、葱段、蒜段一起腌渍2小时后，挑出葱段、蒜段后备用。
2. 将麦芽膏、白醋、水一起调制均匀后，多次浇淋于鸡腿上，放于通风处，风干3小时使鸡皮干燥。
3. 将鸡腿放入170℃的油锅中，以小火炸10~12分钟后，等到外皮呈现出金黄色酥脆状后取出沥干油分，撒上椒盐粉即可。

458 杂粮酿鸡腿

材料

五谷米100克、水100毫升、鸡腿1只、牙签2支

调味料

A 酱油1大匙、细砂糖1/2小匙、白胡椒粉少许、米酒1大匙
B 蚝油1大匙、酱油1小匙、细砂糖1/2小匙、高汤100毫升、香油少许、水淀粉适量

做法

1. 将五谷米洗净后加入水，然后放入蒸笼里以大火蒸煮20分钟取出备用。
2. 将鸡腿洗净去骨，皮保留完整，加入调味料A一起腌渍20分钟后，塞入五谷米，然后在封口处用牙签固定住，放入170℃的油锅中，以中小火炸12分钟，取出装盘。
3. 取一锅，加入所有的调味料B一起煮开后，浇淋在鸡腿上即可。

459 芋香蒸鸡腿

材料

芋头……………200克
蒜……………………3个
鸡腿…………………1只
玉米笋………………1根
西蓝花…………100克

调味料

鸡精……………1小匙
酱油……………1小匙
米酒……………1大匙
盐………………少许
白胡椒粉…………少许

做法

1. 先将芋头削去皮后洗净，再将芋头切成小块状，再放入200℃的油锅中炸成金黄色备用。
2. 将鸡腿洗净切成大块状，再放入滚水中汆烫过水，捞起备用。
3. 将玉米笋切成小段状；西蓝花修成小朵状洗净，备用。
4. 取1个圆盘，将芋头、鸡腿、竹笋与所有的调味料一起加入，再用耐热保鲜膜将盘口封起来，放入电饭锅中，于外锅加入1.5杯水，蒸至15分钟时再把西蓝花加入，续蒸5分钟即可。

460 奶油烤鸡腿

材料

带骨鸡腿排1只、洋葱1/2个、玉米1根、红甜椒适量、葱1根、西蓝花少许

调味料

奶油1大匙、盐少许、黑胡椒粉少许、米酒1大匙、酱油1小匙

做法

1. 将带骨鸡腿排洗净，再擦干水分备用。
2. 将洋葱洗净切丝；玉米洗净切块；红甜椒洗净去籽切片；葱洗净切段；西蓝花洗净，备用。
3. 将带骨鸡腿排放入烤盘中，排入做法2的所有材料，再均匀加入所有调味料。
4. 将烤盘放入预热好约190℃的烤箱中，烤约15分钟，取出排盘即可。

461 甜辣酱烤鸡腿

材料

鸡腿排500克、蒜10克

调味料

A盐1/4小匙、粗黑胡椒粉1/2小匙、米酒1大匙

B甜辣酱2大匙、蜂蜜1大匙、洋葱20克、苹果20克、水3大匙

做法

1. 鸡腿排洗净，内侧用刀交叉划刀，切断筋膜，再撒上盐、粗黑胡椒粉及米酒后抹匀，腌渍约10分钟后，取出放至烤盘上。
2. 将蒜洗净及调味料B放入调理机中打成泥，即为烤肉酱。
3. 将鸡腿排放至预热好的烤箱中，以上火220℃下火、220℃烤约10分钟后，均匀涂上烤肉酱，再放入烤箱中以上火220℃、下火220℃烤约5分钟后，取出鸡腿排，再涂上烤肉酱，并以上火220℃、下火220℃烤约5分钟即可。

462 迷迭香烤鸡腿

材料

去骨鸡腿肉 ……… 1片

腌料

迷迭香 ……… 1/4小匙
白酒 ……… 1大匙
盐 ……… 1/4小匙

做法

1. 去骨鸡腿肉洗净加入所有腌料拌匀，腌渍约10分钟备用。
2. 烤箱预热至180℃，放入鸡腿肉烤约10分钟，至表面金黄熟透后即可（可另搭配烤豆角及黑橄榄、西红柿装饰）。

干燥迷迭香与新鲜迷迭香都可以食用，常用来与肉类一起烧烤，因为本身味道非常浓郁，在用量上要注意，以免让配料抢走了主食的风味。

463 蚝油鸡翅

材料

鸡翅……………500克
竹笋……………100克
蒜………………10克
红辣椒…………20克
葱………………20克

调味料

蚝油酱…………3大匙

做法

1. 鸡翅洗净后对切；竹笋洗净切滚刀块；蒜洗净切末；红辣椒洗净切片；葱洗净切段，备用。
2. 将做法1的材料混合，放入蒸盘中，再加入调味料拌匀。
3. 取一中华炒锅，锅中加入适量水，放上蒸架，将水煮至滚。
4. 将蒸盘放在蒸架上，盖上锅盖以大火蒸约25分钟即可。

蚝油酱

材料：蚝油5大匙、细砂糖1大匙、米酒1大匙
做法：将所有材料拌匀，煮至滚沸即可。

464 笋椒蒸鸡

材料

土鸡腿…………300克
泡发香菇………2朵
绿竹笋…………200克
姜末……………5克
红辣椒…………1根

调味料

细砂糖…………1/4小匙
蚝油……………2大匙
淀粉……………1/2小匙
米酒……………1大匙
香油……………1小匙

做法

1. 鸡腿洗净剁小块；绿竹笋削去粗皮洗净切小块；泡发香菇洗净切小块；红辣椒洗净切片，备用。
2. 将鸡肉块、香菇块、红辣椒片、姜末及所有调味料一起拌匀后，放入盘中。
3. 电饭锅外锅倒入1杯水，放入盘子，按下开关蒸至开关跳起即可。

465 腐乳鸡

材料

鸡胸肉350克、胡萝卜70克、洋葱50克

调味料

红糟腐乳酱3大匙

做法

1. 先将鸡胸肉洗净，切成块状；胡萝卜洗净后去皮，切滚刀块；洋葱剥皮后洗净切成片状，备用。
2. 将做法1的材料混合，放入蒸盘中，再淋上调味料。
3. 取一中华炒锅，锅中加入适量水，放上蒸架，将水煮至滚。
4. 将蒸盘放在蒸架上，盖上锅盖以大火蒸约10分钟即可。

红糟腐乳酱

材料:

红糟豆腐乳50克、蒜末30克、细砂糖3大匙、米酒2大匙、香油1大匙

做法:

1. 先将红糟豆腐乳块压碎，备用。
2. 取一锅，将压好的红糟腐乳块与其余材料加入，混合煮滚即可。

466 味噌蒸鸡

材料

鸡腿1只（约500克）、鲜香菇80克、红辣椒1根、姜末5克、葱段20克

调味料

味噌酱2大匙、细砂糖1小匙、酱油1小匙、淀粉1大匙、米酒2大匙、水2大匙、香油1小匙

做法

1. 鸡腿洗净剁小块；鲜香菇洗净切小块；红辣椒洗净切片，备用。
2. 将鲜香菇放入滚水中略氽烫，捞起沥干备用。
3. 取一容器，将味噌酱、细砂糖、酱油、米酒及水放入混合拌匀。
4. 将鸡腿块、红辣椒片和姜末，放入做法3的容器中一起拌匀。
5. 最后再于容器中放入香菇块和香油拌匀，放上葱段，再放入蒸笼内，以大火蒸约20分钟即可。

467 红油笋丝蒸鸡丁

材料

红油笋丝……200克
去骨鸡腿…………2只

腌料

蒜末………………15克
淡酱油………1/2大匙
细砂糖………1/2小匙
米酒…………1/2大匙
淀粉…………1/2大匙

做法

1. 去骨鸡腿洗净切大丁，加入所有腌料拌匀腌30分钟备用。
2. 红油笋丝切细，放入容器中加入鸡丁拌匀，最后放入蒸锅蒸25分钟即可。

468 香椿鸡片

材料

鸡胸肉250克、杏鲍菇50克、洋葱30克

调味料

香椿酱 2大匙

腌料

盐1/4小匙、白胡椒粉1/4小匙、米酒1/4小匙、香油1/4小匙

做法

1. 鸡胸肉洗净后切片加入腌料，腌约10分钟。
2. 杏鲍菇洗净切成片状；洋葱去皮洗净切丝；将杏鲍菇片、洋葱丝加入做法1中拌匀，放入蒸盘中，备用。
3. 取一中华炒锅，锅中加入适量水，放上蒸架，将水煮至滚。
4. 将蒸盘放在蒸架上，盖上锅盖以大火蒸约10分钟即可。

香椿酱

材料：香椿叶100克、素肉50克、香菇50克、黑豆酱60克、芝麻100克、细砂糖30克、盐5克、香油20克

做法：

1. 先将香椿叶洗净切碎；素肉切碎；香菇洗净切碎备用。
2. 取一容器，加入其余调味料，放入做法1的材料混合均匀，煮滚后即可熄火，最后再加入香油即可。

469 醉鸡

材料

土鸡腿1只、铝箔纸1张

调味料

A盐1/6小匙、当归3克

B绍兴酒300毫升、水200毫升、枸杞子5克、盐1小匙、鸡精1/2小匙、细砂糖1/4小匙

做法

1. 将土鸡腿洗净用刀把肉划开，然后将骨头与肉分离。
2. 用刀于骨头间的交合处，切去骨头。
3. 将去骨后的肉均匀撒上1/6小匙的盐，再用铝箔纸卷成圆筒状。开口卷紧，固定肉块形状。
4. 电饭锅外锅倒入1杯水（分量外），放入蒸架，将鸡腿肉装入盘中，放入电饭锅中，按下开关，蒸至开关跳起，取出放凉。
5. 当归切小片，与所有调味料B一起混合煮滚约1分钟后，熄火放凉成汤汁。
6. 将肉卷撕去铝箔纸，浸泡在汤汁中，放入冰箱冷藏一晚再切片即可。

好吃秘诀

醉料理要好吃，就在于食材浸在酒汁里的时间长短，最好是能浸泡1天的时间，让食材入味，所以浸渍的时间一定要足够。

470 烤鸡翅

材料

两节式鸡翅………6只
青辣椒………………3根
色拉油…………… 适量
铝箔纸………………2张

调味料

盐……………………适量
胡椒粉……………适量
细砂糖……………适量

做法

1. 将两节式鸡翅冲洗干净后，以纸巾擦干表面水分，骨头两侧以刀划开；青辣椒洗净剖开去籽，备用。
2. 以盐、胡椒粉均匀的撒在鸡翅的两面。
3. 把两张铝箔纸迭放成十字型，在最上面一层中间部分均匀的抹上色拉油，再撒上一层细砂糖，把鸡翅的皮面朝下排放入铝箔纸上。
4. 再撒上一层细砂糖，最后再放上青辣椒，将铝箔纸包好，放入预热约10分钟左右的烤箱中，以200℃烤约25分钟即可。

471 泰式烤鸡胸

材料

鸡胸肉………… 300克
泰式烧鸡酱…… 2大匙

做法

1. 鸡胸肉洗净加入泰式烧鸡酱拌匀，腌约10分钟，备用。
2. 烤箱预热至150℃，放入鸡胸肉烤约15分钟即可（取出后可另附上少许泰式烧鸡酱，亦可搭配生菜及烤过的红辣椒装饰）。

材料：鱼露2大匙、辣椒末1/2小匙、椰糖1小匙、酒2小匙、甜辣酱2小匙

做法：所有材料拌匀，即为泰式烧鸡酱。

472 清蒸牛肉片

材料

去骨牛小排……200克
豆豉汁…………3大匙
葱……………………2根
姜…………………适量
红辣椒……………少许
淀粉………………1小匙

做法

1. 牛小排洗净切片，加入淀粉拌匀后摊平置盘；葱洗净切长段后，直切成细丝；姜洗净切丝；红辣椒洗净切丝，备用。
2. 取葱丝、姜丝、红辣椒丝一起泡冷水约3分钟，再取出沥干水分，备用。
3. 将牛小排肉片放入蒸锅中，以中火蒸约5分钟后，淋入豆豉汁，再续蒸约2分钟，最后放上做法2的材料即可。

473 香椿牛柳

材料

牛肉………………150克
青甜椒……………20克
红甜椒……………20克
黄甜椒……………20克
洋葱………………20克

调味料

香椿酱…………2大匙
（做法参考P245）

腌料

酱油………………1小匙
白胡椒粉………1/2小匙
淀粉………………1大匙
香油………………1大匙

做法

1. 牛肉洗净切成条状，加入腌料腌约10分钟。
2. 青甜椒、红甜椒、黄甜椒洗净，去籽后切条状；洋葱去皮洗净切成条状，再将前述材料加入做法1材料中拌匀，备用。
3. 将做法2材料放入蒸盘中，淋上调味料拌匀。
4. 取一中华炒锅，锅中加入适量水，放上蒸架，将水煮至滚。
5. 将蒸盘放在蒸架上，盖上锅盖以大火蒸约7分钟即可。

474 葱串牛肉

材料

牛肉……………250克
葱……………………6根

腌料

盐………………1/2小匙
胡椒粉……………少许
辣酱油……………1大匙
红酒……………2大匙
嫩肉粉……………少许

做法

1. 牛肉洗净切块；葱洗净切段；所有腌料拌匀，备用。
2. 将牛肉块放入腌料中，腌约20分钟备用。
3. 将牛肉块与葱段用竹签串起，放入已预热的烤箱中，以200℃烤10分钟即可。

475 蔬菜沙拉烤肉卷

材料

薄牛肉片………150克
生菜………………适量
小黄瓜……………1条
洋葱………………1/2个
松子（烤过）…· 适量

酱汁

韩式辣椒酱……18克
黄芥末酱………10克
蜂蜜………………18克
米醋……………15毫升
蒜泥…………1/2小匙
酱油…………1/3小匙
盐…………………少许

做法

1. 酱汁混合调匀备用。
2. 薄牛肉片撒上少许盐、胡椒粉（分量外），煎至上色备用。
3. 洋葱洗净切细丝状，泡入水中去除辛辣味；小黄瓜以盐（分量外）搓洗干净，切细丝状备用。
4. 生菜洗净，拭干水分，摆放入盘中，依序放入洋葱丝、小黄瓜丝和薄牛肉片，撒上烤过的松子，再淋上酱汁即可包卷着食用。

476 黑胡椒烤牛小排

材料

去骨牛小排………2片

腌料

黑胡椒酱…………1大匙

做法

1. 将牛小排洗净加入腌料腌约5分钟备用。
2. 烤箱预热至180℃，放入牛小排及少许的腌酱，烤约5分钟即可。

牛小排淋上腌酱一起入烤箱除了可以更入味外，也可以借由酱料的包裹，防止牛肉的水分被烤干，吃起来的牛肉表面才不会太干涩，口感会更嫩。但是也不宜过多以免过咸。

黑胡椒酱

材料：粗黑胡椒粒1小匙、牛排酱2大匙、细砂糖1/2小匙、洋葱末1/4小匙

做法：所有材料拌匀，即为黑胡椒酱。

477 烤牛小排

材料

牛小排……300克
蒜……3个
梨……50克
红葱头……20克

调味料

味醂……2大匙
酱油……2大匙
米酒……1大匙
细砂糖……1大匙

做法

1. 将蒜、梨、红葱头洗净加入所有调味料，用果汁机打成泥备用。
2. 将牛小排洗净放入做法1材料中，腌渍1夜（约8小时）备用。
3. 将腌渍好的牛小排放入烤箱中，先以120℃烤约10分钟，再以200℃烤至表面焦香后取出即可（食用时可撒上适量黑胡椒粗粉增加风味）。

烤肉时由于没有任何水蒸气，肉质很容易紧缩而变得干硬，因此最好挑选像是牛小排这类较有肉且具油分的部位，让原有的油脂在遇高温时融化释出，烤过后才能维持肉质的油嫩与弹性，吃起来口感较佳。

478 孜然烤羊肉串

材料

A 羊腿肉……200克
B 红甜椒……1/2个
黄甜椒……1/2个
洋葱……1/2个
鲜香菇……6朵

调味料

孜然粉……适量
红椒粉……适量
盐……少许

腌料

酱油……1小匙
细砂糖……1/2小匙
味醂……1大匙
米酒……1小匙

做法

1. 羊腿肉洗净切小块，加入所有腌料拌匀，腌渍约1小时备用。
2. 材料B洗净切适当块状备用。
3. 用竹签将羊肉块及做法2的材料串起备用。
4. 放入炭火中，以小火烤熟后，撒上孜然粉、红椒粉、盐即可。

此道料理也能用烤箱操作，放入180℃烤箱中烤约10分钟即可。烤肉最好先用调味料腌过，再配合肉质的油脂，经过烤的过程后才会油嫩有味，腌的时候可用竹签在肉上戳几个洞，会更容易入味。

479 梅子蒸排骨

材料

猪五花排骨 ···· 200克
梅子汁 ············ 2大匙
红辣椒 ············ 1/2根
蒜末 ············ 1/2小匙
淀粉 ············ 1/2小匙
香菜 ················ 少许

做法

1. 取猪五花排骨洗净剁小块，冲水约10分钟，沥干水分；红辣椒洗净切片，备用。
2. 取猪五花排骨块，加入梅子汁、蒜末、红辣椒片、淀粉拌匀，静置约20分钟。
3. 将做法2的材料放入蒸锅中，以中火蒸约12分钟，取出放上香菜即可。

梅子汁

材料：酸梅子6颗、番茄酱1大匙、水1大匙、细砂糖1小匙、酱油1小匙

做法：将酸梅子去籽后抓碎，加入其余材料拌匀成梅子汁。

480 栗子蒸排骨

材料

猪排骨 ·········· 250克
栗子 ················ 10个
莲子 ················ 50克
胡萝卜 ············ 10克
竹笋 ·············· 120克

调味料

鸡精 ················ 1小匙
酱油 ················ 1小匙
米酒 ················ 1大匙
盐 ···················· 少许
白胡椒粉 ·········· 少许
香油 ················ 1小匙

做法

1. 先将猪排骨洗净切成小块状，再放入滚水中汆烫，去除血水后捞起备用。
2. 将栗子、莲子放入容器中泡水约5小时，再将栗子以纸巾吸干水分，放入约190℃的油锅中，炸至金黄色备用。
3. 把竹笋、胡萝卜洗净切成块状备用。
4. 取一个圆盘，再将猪排骨、栗子、莲子、竹笋、胡萝卜一起加入，再加入所有的调味料。
5. 最后用耐热保鲜膜将盘口封起来，再放入电饭锅中，于外锅加入1.5杯水，蒸约22分钟即可。

481 蒜香蒸排骨

材料

猪排骨…………450克
杏鲍菇…………100克
红辣椒…………10克
香菜…………10克

调味料

蒜蓉酱…………4大匙

做法

1. 先将猪排骨洗净剁成块；杏鲍菇洗净切滚刀块；红辣椒洗净切末，香菜洗净切碎，备用。
2. 将猪排骨块、杏鲍菇块放入蒸盘中，淋上调味料。
3. 取一中华炒锅，锅中加入适量水，放上蒸架，将水煮至滚，再将蒸盘放在蒸架上。
4. 盖上锅盖，以中火蒸约50分钟即可熄火。
5. 取出蒸盘，撒上红辣椒末、香菜碎即可。

蒜蓉酱

材料：蒜60克、蚝油3大匙、细砂糖2大匙、米酒2大匙、水100毫升、话梅1颗

做法：

1. 先将蒜洗净切末备用。
2. 取一锅，将其余材料放入，再放入蒜末拌匀，煮滚后即可。

482 无锡排骨

材料

猪小排500克、葱20克、姜片25克、上海青300克、红曲米1/2小匙

调味料

A 酱油100毫升、细砂糖3大匙、料酒2大匙、水600毫升
B 水淀粉1大匙、香油1小匙

做法

1. 猪小排洗净剁成长约8厘米的小块；上海青洗净后切小条；葱洗净切小段；姜片拍松，备用。
2. 热油锅，待油温烧热至约180℃，将猪小排入锅，炸至表面微焦后沥干备用。
3. 将水烧开，加入红曲米，放入猪小排，再放入葱段、姜片及调味料A，待再度煮沸后，转小火盖上锅盖。
4. 再煮约30分钟至水收干至刚好淹到猪小排时熄火，挑去葱姜，将猪小排排放至小一点的碗中，并倒入适量的汤汁。
5. 放入蒸锅中，以中火蒸约1小时后，熄火备用。
6. 将上海青炒或烫熟后铺在盘底，再将蒸好的猪小排汤汁取出保留，再将猪小排倒扣在上海青上。
7. 将汤汁煮开，以水淀粉勾芡，洒上香油后淋至猪小排上即可。

483 梅汁肉排

材料

猪里脊肉……250克
葱……1支
姜……50克

腌料

酱油……1/4小匙
白胡椒粉……1/4小匙
香油……1/4小匙
米酒……1/4小匙
淀粉……1小匙

调味料

梅子酱……3大匙

做法

1. 猪里脊肉洗净，切成片，加入腌料腌约10分钟；葱洗净切段；姜洗净切片，备用。
2. 将腌好的猪里脊肉片放入蒸盘中，再放上葱段、姜片，淋上调味料。
3. 取一中华炒锅，锅中加入适量水，放上蒸架，将水煮至滚。
4. 将蒸盘放在蒸架上，盖上锅盖以大火蒸约12分钟即可。

注：可搭配适量圆白菜丝食用。

梅子酱

材料：话梅10颗、姜末30克、米酒100毫升

做法：取一锅，将话梅、姜末和米酒加入混合，煮至滚沸即可。

484 照烧猪排

材料

猪里脊排2片(约200克)
圆白菜……50克

调味料

A 蒜香粉……1/4小匙
酱油……1/2小匙
细砂糖……1/2小匙
米酒……1小匙
B 照烧烤肉酱…1大匙
C 七味粉……适量
熟白芝麻……适量

做法

1. 猪里脊排洗净切成厚约1厘米片状；圆白菜洗净切细丝后泡冰水约2分钟，沥干装盘，备用。
2. 将调味料A混合均匀，放入猪里脊排腌20分钟备用。
3. 将烤箱预热至250℃，取腌好的猪里脊排平铺于烤盘上，放入烤箱烤约6分钟。
4. 取出肉片，刷上照烧烤肉酱后再入烤箱烤1分钟，取出装盘，撒上七味粉与熟白芝麻即可。

照烧烤肉酱

材料：酱油200毫升、米酒100毫升、细砂糖100克

做法：所有材料混合，用小火熬煮至原量的2/3即可。

485 苦瓜蒸肉块

材料

猪五花肉……250克
苦瓜……1/3条
梅菜……50克

调味料

酱油……1小匙
细砂糖……1小匙
盐……少许
白胡椒粉……少许
香油……1小匙

做法

1. 先将猪五花肉洗净切成块状，再将猪五花肉放入滚水中汆烫，去除血水后捞起备用。
2. 苦瓜洗净后去籽切成块状；梅菜泡入水中去除盐味，再切成块状备用。
3. 取一个圆盘，将猪五花肉、苦瓜、梅菜与所有调味料一起加入。
4. 最后用耐热保鲜膜将盘口封起来，再放入电饭锅中，于外锅加入1.5杯水，约蒸20分钟至熟即可。

486 粉蒸肉

材料

猪后腿肉……150克
红薯……100克
蒜末……20克
姜末……10克

调味料

A 辣椒酱……1大匙
酒酿……1大匙
甜面酱……1小匙
细砂糖……1小匙
B 水……50毫升
蒸肉粉……3大匙
香油……1大匙

做法

1. 猪后腿肉洗净切片，和姜末、蒜末、水和调味料A一起拌匀，腌渍约5分钟；红薯去皮洗净切小块，备用。
2. 热一锅油至约150℃，将红薯块放入锅中，以小火炸至表面呈金黄后取出沥干油备用。
3. 将腌好的猪后腿肉片加入蒸肉粉及香油拌匀，再将红薯块放置盘上垫底，铺上猪后腿肉片。
4. 放入蒸笼里，以大火蒸约20分钟至熟后取出，放上香菜（材料外）即可。

487 豉汁蒸肉片

材料

猪肉片……150克
豆豉汁……2小匙
红辣椒末……1/2小匙
蒜末……1/2小匙
水……2大匙
淀粉……1/2小匙
葱花……1小匙

调味料

蚝油……1小匙
细砂糖……1/4小匙
酱油……1/2小匙

做法

1. 取红辣椒末、蒜末加入水、淀粉、豆豉汁和所有调味料一起拌匀备用。
2. 将猪肉片加入做法1的酱汁中拌匀，再置盘铺平。
3. 取处理好的猪肉片放入蒸锅中，以中火蒸约8分钟，取出后撒上葱花即完成。

488 蛋黄豆腐肉

材料

生咸蛋黄…………4个
猪肉泥………… 200克
姜末……………………5克
葱花………………10克
老豆腐………… 200克

调味料

辣豆瓣酱……… 3大匙
酱油………………1大匙
细砂糖…………1大匙
白胡椒粉……1/2小匙
淀粉……………… 2大匙
香油………………1大匙

做法

1. 将生咸蛋黄用刀背拍成圆片备用。
2. 猪肉泥、姜末、葱花放入容器中，加入辣豆瓣酱、酱油和细砂糖后，顺着同一方向搅拌至猪肉泥出筋有粘性。
3. 将捏碎的老豆腐加入做法2的材料中，再加入白胡椒粉、淀粉和香油拌匀。
4. 取4个小碗在内面抹油防止粘连，将咸蛋黄片铺至碗底，再放入做法3拌匀的材料，放入蒸笼内以中火蒸约15分钟后取出即可。

489 葫芦蒸肉饼

材料

葫芦…………… 400克
猪肉泥…………150克
酱瓜（市售）····50克
葱花……………… 适量

调味料

米酒………………1大匙
鸡精…………1/3小匙
胡椒粉…………… 少许
盐…………………… 少许
香油………………1小匙

做法

1. 葫芦洗净去皮，刨细丝状备用。
2. 猪肉泥与盐拌至呈黏稠状，加入切碎的葫芦拌匀，再加入剩余的调味料和葫芦丝拌匀盛盘，盖上保鲜膜。
3. 开大火放入冒着水蒸气的锅中蒸约15分钟，再取出撒上葱花即可。

490 玉米蒸肉饼

材料

猪肉泥…………100克
玉米粒…………1大匙
葱…………………1/2根
姜……………………5克
红辣椒…………… 少许

调味料

盐…………………1小匙
鸡精…………1/2小匙
香油………………1小匙
白胡椒粉……1/2小匙

做法

1. 葱洗净切末；姜洗净切末；红辣椒洗净切末，备用。
2. 肉泥加入玉米粒、做法1的所有材料及所有调味料拌匀至有黏性。
3. 将肉泥整成饼状，放入蒸锅中以大火蒸约8分钟即可。

491 蒸葫芦肉

材料

猪肉泥……350克
罐头葫芦……1罐（230克）
蒜……2个
鸡蛋（打散）……1个

调味料

鸡精……1小匙
白胡椒粉……少许
盐……少许
香油……1小匙

做法

1. 葫芦肉取出切成碎末状备用。
2. 取容器，先放入猪肉泥，再拌入葫芦碎末、蒜末、鸡蛋液和所有的调味料混合拌均匀。
3. 将搅拌好的葫芦肉盛入碗中，盖上保鲜膜放入电饭锅中按下开关（外锅加1杯水），蒸至开关跳起即可。

好吃秘诀

电饭锅使用后，内锅留有余温及水气，容易发霉及滋长微生物，可以用擦拭干净的方式保持干燥，加入一点醋或小苏打还可以杀菌。

使用酱瓜罐头时，留下酱瓜酱汁，可以加入肉泥中当作调味料，如此就不必再加入酱油。

492 香菇梗肉丸子

材料

猪肉泥250克、香菇梗50克、蒜末10克、洋葱末20克、西蓝花150克

腌料

酱油1大匙、盐少许、细砂糖1/4小匙、胡椒粉少许、香油1/2小匙、淀粉1/2大匙、蛋液1/3个

做法

1. 先将香菇梗洗净切成末备用。
2. 将猪肉泥与腌料混合拌匀，放入香菇梗末、蒜末、洋葱末搅拌均匀。
3. 均分成等6等份，每份皆捏成丸子状，放入蒸盘中，以中火蒸约15分钟至熟，摆上烫熟的西蓝花即可。

好吃秘诀

干香菇梗的香气其实不亚于香菇肉，只是因为较硬，许多人在食用香菇时会去梗不用。这时丢弃的梗不妨将它剁碎，做成肉丸子，若想更省力，也可以将香菇梗直接丢进汤中或和饭一起煮，就能够让料理因为香菇的香气而更美味了。

493 珍珠丸子

材料

长糯米…………100克
蒜……………………3个
红辣椒…………1/3根
猪肉泥………… 250克
西蓝花……………1颗

调味料

香油……………1小匙
鸡蛋清…………50克
淀粉……………少许
盐………………少许
白胡椒…………少许

做法

1. 蒜与红辣椒都洗净切成碎状，加入猪肉泥与所有调味料搅拌均匀，捏成一口大小的丸子备用。
2. 将前处理中泡好的长糯米摊在盘子中，将肉丸子放在长糯米上面，均匀沾裹上长糯米。
3. 将丸子放入盘中，直接放入电饭锅中，不要包覆保鲜膜，外锅放1.5杯水，蒸约15分钟取出，放上烫熟的西蓝花即可。

好吃秘诀

糯米需要较多的水分才能熟软，因此糯米丸子不用盖上保鲜膜，直接放入电饭锅中或蒸锅中蒸煮，完成的糯米才不会外熟，米芯却还生硬。

494 味噌猪肉

材料

猪里脊烤肉片……1盒
柠檬…………………1个
熟白芝麻………… 少许

调味料

味噌……………140克
细砂糖…………1.5大匙
味醂……………2大匙
水………………4大匙

做法

1. 将所有调味料混合均匀备用。
2. 猪里脊烤肉片洗净，在每片肉片上均匀涂抹调味酱料，腌约5分钟备用。
3. 烤箱预热180℃，放入猪里脊烧肉片烤约10分钟，取出撒上熟白芝麻即可。

495 烤蔬菜肉串

材料

猪里脊肉块………9块（约50克）
青甜椒块…………3块
小西红柿块………3块
白果………………3个
竹签………………3支

腌料

酱油……………1小匙
白胡椒粉…… 1/4小匙
细砂糖 ……… 1/4小匙

做法

1. 将猪里脊肉块加入所有腌料内拌匀，腌渍约10分钟备用。
2. 取一支竹块签，依序串上猪里脊肉块、青甜椒块、猪里脊肉块、小西红柿块、猪里脊肉块、白果（此分量可做成3串）。
3. 烤箱预热至200℃，放入肉串烤约5分钟，至熟透即可。

496 蒜香胡椒烧烤里脊

材料

猪里脊肉片 ···· 200克

腌料

蒜末…………1/2小匙
黑胡椒粉…… 1/4小匙
盐 ……………1/4小匙

做法

1. 将猪里脊肉片加入所有腌料拌匀，腌渍约5分钟备用。
2. 烤箱预热至150℃，放入猪里脊肉片烤约2分钟即可（可另搭配生菜及烤蒜装饰）。

497 紫苏梅芦笋里脊卷

材料

猪里脊肉片………2片
海苔片……………2片
青芦笋……………2支
紫苏梅……………20克

调味料

七味粉……… 1/4小匙

做法

1. 猪里脊肉片切断肉筋；芦笋削除底部粗皮，洗净每支切成3段，备用。
2. 紫苏梅去籽，剁成泥状备用。
3. 取1片猪里脊肉抹上紫苏梅泥，铺上1片海苔片，再放上3支芦笋段后卷起成卷状，再于肉卷表面撒上七味粉备用（重复此步骤至材料用毕）。
4. 烤箱预热至180℃，放入猪里脊卷，烤约5分钟至熟，取出对切适当段状置盘即可。

498 麻辣猪蹄

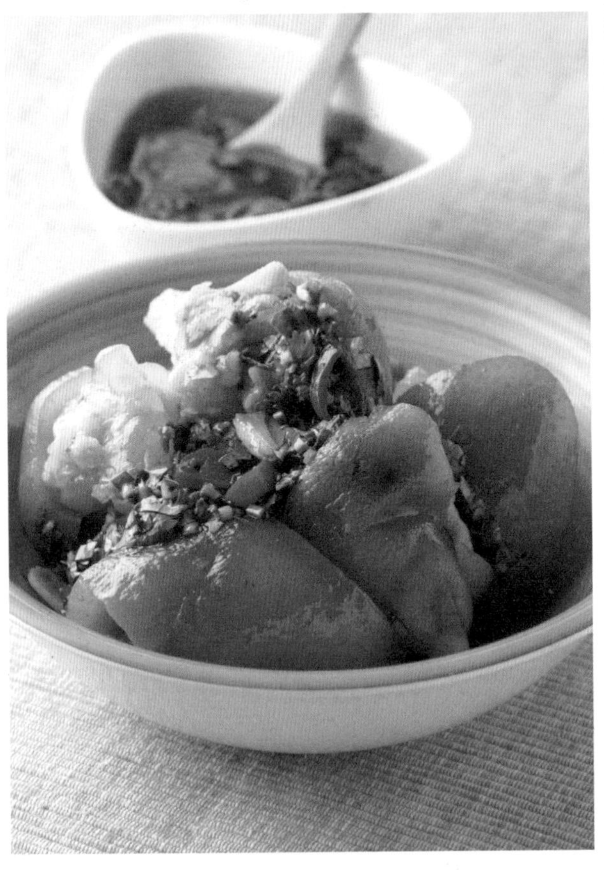

材料

猪蹄……………500克
姜……………………10克
葱……………………1根

调味料

麻辣酱…………… 适量

做法

1. 先将猪蹄洗净切成小块状；姜洗净切片；葱洗净切段，再把所有材料一起加入大碗中加入冷水至盖过猪蹄，再盖上保鲜膜，放入蒸锅中，以大火煮约90分钟，再捞起备用。
2. 最后将煮好的猪蹄盛入盘中，淋入麻辣酱即可。

麻辣酱

材料：花椒粒1小匙、盐少许、白胡椒粉少许、香油3大匙、细砂糖1小匙、陈醋1小匙、辣油2大匙、冷开水3大匙

做法：

1. 取一个炒锅，先加入1大匙色拉油（材料外），再加入花椒粒以小火煸香，再将花椒粒取出。
2. 于锅内加入其余的材料，翻炒均匀即可。

499 酸菜烤香肠

材料

香肠…………………2条
酸菜………………40克
香菜叶…………… 适量

做法

1. 香肠以牙签略叉少许小洞后，从中纵切划开，但不切断备用。
2. 烤箱预热至150℃，放入香肠烤约10分钟至熟取出。
3. 在香肠切开的缺口内填入酸菜，再放回烤箱中烤约1分钟。
4. 取出香肠加上香菜叶即可。

香肠因为表面有一层肠衣，在加热过程中，里面的空气会不断膨胀，会撑破香肠表面的肠衣，使得香肠的外观不完整，因此用牙签在表面戳洞可以防止肠衣被撑大变形。

500 虾球沙拉

材料

虾仁……………… 200克
菠萝………………100克
柠檬…………………1个
熟白芝麻………… 少许

调味料

A 美奶滋……… 2大匙
　细砂糖………1大匙
B 淀粉 ……………1碗

腌料

盐 ……………… 1/6小匙
蛋清………………1大匙
干淀粉 …………1大匙

做法

1. 虾仁洗净、沥干水分后，用刀从虾背划开（深约至1/3处），用腌料抓匀腌渍约2分钟；柠檬压汁与调味料A调匀成酱汁；菠萝去皮切片、沥干汤汁，装盘垫底，备用。
2. 热一油锅，油温约180℃，将虾仁裹上干淀粉后，放入油锅中炸约2分钟至表面酥脆即可捞起、沥干油。
3. 热一锅，倒入虾仁，淋上酱汁拌匀装盘再撒上熟白芝麻即可。

501 柠檬双味

材料

虾仁150克、鱿鱼肉150克、菠萝100克、柠檬1/2个

调味料

A 盐1/6小匙、蛋清1大匙、干淀粉1大匙
B 美奶滋2大匙、细砂糖1大匙
C 干淀粉1碗、香油1小匙

做法

1. 虾仁洗净沥干水分，用刀从虾背划开（深约至1/3处）；鱿鱼肉洗净切小块，和虾仁一起用调味料A抓匀腌渍约2分钟；柠檬压汁与调味料B调匀成酱汁；菠萝去皮切片，备用。
2. 热油锅至约180℃，将虾仁及鱿鱼肉裹上干淀粉，放入油锅中炸约2分钟至表面酥脆后捞起沥干油。
3. 另热一锅，倒入虾仁、鱿鱼肉及菠萝片，淋上酱汁拌匀即可。

酸酸甜甜的橙汁双味相当开胃，这道菜的做法和餐厅菠萝虾球类似，差别在于多加了鱿鱼肉，不仅能让分量看起来较多，吃起来的口感也比只放虾仁好，且虾仁较便宜，能让这道菜的成本较低。

503 清蒸大虾

材料

鲜虾…………600克
葱…………1根
姜…………1小块

调味料

盐…………少许
米酒…………1大匙

做法

1. 鲜虾剪去头部尖刺与须后洗净；葱洗净切段；姜洗净切片，备用。
2. 鲜虾、葱段、姜片混合后加入米酒腌约10分钟备用。
3. 加入盐拌匀，放入蒸锅中蒸约5分钟。
4. 取出鲜虾排盘即可。

502 桂花虾

材料

鲜虾…………300克
参须…………15克
当归段…………适量
陈皮丝…………10克
桂花…………适量
枸杞子…………少许
葱段…………10克
姜段…………10克

调味料

盐…………少许
绍兴酒…………50毫升
米酒…………50毫升

做法

1. 鲜虾修剪完头须，洗净沥干放入容器中，先加入30毫升的米酒拌匀。
2. 再加入少许盐、葱段和姜段拌匀，腌约5分钟备用。
3. 参须略洗净，放入容器中，加入20毫升米酒泡软备用。
4. 将鲜虾放入盘中，放入参须、当归段、陈皮丝、桂花、枸杞子和绍兴酒。
5. 再将盛盘的鲜虾，放入蒸锅中蒸约8分钟即可。

参须补脾、补中气，陈皮去湿化痰、助消化，再加入桂花增加香气，鲜虾蒸后更添风味。

504 蒜蓉蒸虾

材料

鲜虾……………150克
葱…………………10克
香油…………30毫升

调味料

蒜蓉酱…………3大匙
（做法参考P253）

做法

1. 先将鲜虾洗净，剪去头须及脚，挑去沙肠后从背部对剖不切断。
2. 将鲜虾放入蒸盘中，淋上调味料。
3. 取一中华炒锅，锅中加入适量水，放上蒸架，将水煮至滚，再将蒸盘放在蒸架上。
4. 盖上锅盖，以大火蒸2~3分钟即可熄火。
5. 将蒸好的虾取出，撒上葱花，再淋上适量的热油（材料外）即可。

505 荷叶蒸虾

材料

荷叶…………………1张
鲜虾…………… 600克
姜片…………………3片
葱段………………15克
米酒…………10毫升
当归……………… 适量
枸杞子…………… 适量

调味料

米酒……………… 适量
淡色酱油……… 3大匙
芥末酱…………… 适量

做法

1. 荷叶泡热水后，洗净沥干备用。
2. 鲜虾洗净，以牙签从背部挑除肠泥，并加入葱段、姜片和材料中的米酒腌约10分钟。
3. 蒸笼内铺上荷叶，放入鲜虾，将当归剪小段状放置在鲜虾上，再放上枸杞子，淋上调味料中的米酒，待锅内水煮至滚沸后，将蒸笼放至锅上，并以中火蒸7~8分钟至熟取出待凉。
4. 将淡色酱油与芥末酱调匀，食用蒸虾时搭配蘸食即可。

506 鱼香虾仁

材料

虾仁120克、玉米笋20克、胡萝卜10克、鲜香菇5克、姜10克

调味料

鱼香酱2大匙

做法

1. 虾仁洗净后去肠泥；玉米笋、胡萝卜、鲜香菇、姜洗净切片，备用。
2. 将做法1的材料混合拌匀，放入蒸盘中，淋上调味料。
3. 取一中华炒锅，锅中加入适量水，放上蒸架，将水煮至滚。
4. 将蒸盘放在蒸架上，盖上锅盖以大火蒸约8分钟即可。

材料:

辣椒酱50克、葱1根、蒜10克、细砂糖3大匙、米酒2大匙、酱油2大匙

做法:

1. 葱洗净切末；蒜洗净切末备用。
2. 取一锅，将其余材料放入，再放入做法1的材料，煮滚即可。

507 玉米虾球

材料

玉米4根、鲜虾6只、蛋黄1个、玉米粉1大匙、吉士粉1小匙

调味料

盐1/4小匙、胡椒粉1/4小匙

腌料

盐1/8小匙、玉米粉1小匙

做法

1. 玉米洗净，削下玉米粒，将玉米粒放入沸水中汆烫约1分钟后捞出放凉，并用干净的布吸干水分。
2. 鲜虾洗净去壳留尾，除去肠泥，放入混合拌匀的虾腌料中，腌约10分钟。
3. 将玉米粒加入玉米粉、吉士粉和调味料拌匀，再加入蛋黄使其产生黏性。
4. 取锅，倒入油烧热至120℃备用。
5. 右手掌心取适量玉米，紧贴于虾背面压实，再放入油锅内，重复上述做法至材料用完，以小火炸约2分钟后，再以大火炸约30秒即可。

508 日式炸虾

材料

鲜虾10尾

炸粉

A 低筋面粉1/2杯、玉米粉1/2杯、水140毫升、蛋黄1个
B 面包粉200克

调味料

鲣鱼酱油1大匙、味醂1小匙、高汤1大匙、萝卜泥1大匙

做法

1. 将虾头及身上的壳剥除，只留下虾肉和尾部的壳；炸粉A调成粉浆；调味料调匀成蘸汁，备用。
2. 将虾腹部横划几刀，深至虾身的一半，不要切断。再将虾摊直，并用手指将虾身挤压成长条。将虾表面裹上一些干的面粉（分量外）。
3. 再将虾沾上粉浆后裹上面包粉备用。
4. 热锅下约400毫升色拉油，大火烧热至约150℃后转关小火，将虾下锅，中火炸约30秒至金黄色表皮酥脆，捞起后沥干油即可装盘蘸蘸汁食用即可。

509 焗咖喱鲜虾

材料

木棉豆腐…………1块
鲜虾………………12只
橄榄油 …………1大匙
洋葱碎 ……………50克
蒜（切碎）………1个
白酒………………1大匙
咖喱酱 ………… 2大匙
高汤………… 100毫升
奶酪丝 …………100克

做法

1. 木棉豆腐横切成四等份备用。
2. 鲜虾洗净后去壳、去肠泥、去头，留尾，虾背用刀切开（不要切断）备用。
3. 取一平底锅，放入橄榄油烧热后，先加入洋葱碎、蒜碎以小火炒香，再放入鲜虾、白酒，转大火煮至酒精挥发。
4. 将咖喱酱、高汤放入锅中，转小火拌炒均匀后起锅即为酱料备用。
5. 取一烤盘，在表面抹上一层橄榄油（材料外）后，先放一层豆腐块，依序淋上酱料，再撒上一层奶酪丝，即为半成品的焗烤咖喱鲜虾豆腐。
6. 预热烤箱至180℃，将做法5半成品的焗烤咖喱鲜虾豆腐放入烤箱中，烤10~15分钟至表面呈金黄色即可。

510 奶油蟹脚

材料

蟹脚………………12只
（约400克）
洋葱……………1/2个
红辣椒 ……………1根
葱 …………………1根

调味料

奶油……………1大匙
盐 ………………… 少许
黑胡椒粉………… 少许
香油……………1小匙
米酒……………1大匙

做法

1. 将蟹脚洗净，用菜刀轻拍让蟹脚破裂备用。
2. 将洋葱、红辣椒、葱都洗净切成片状备用。
3. 再将上述材料和所有调味料放入铝箔纸里面，四边折成方盒。
4. 再放入预热约190℃的烤箱中，烤约10分钟取出即可。

奶油蟹脚是夜市相当受欢迎的平民小吃，用铝箔纸围边再放入新鲜蟹脚，放入奶油一起烤最对味，铝烤的方式可以让蟹脚更香而且又锁住甜味。

511 清蒸鱼

材料

尼罗红鱼1条（约700克）、葱4根、姜30克、红辣椒1根

调味料

A 蚝油1大匙、酱油2大匙、水50毫升、细砂糖1大匙、白胡椒粉1/6小匙

B 米酒1大匙、色拉油100毫升

做法

1. 尼罗红鱼洗净后从鱼背鳍与鱼头处到鱼尾纵切一刀深至龙骨，再将切口处向下置于蒸盘上，鱼身下横垫一根筷子以利蒸气穿透。
2. 将2根葱洗净切段拍破、10克的姜洗净切片，铺在鱼上、洒上米酒，摆入蒸笼中以大火蒸约15分钟至熟，取出装盘，葱、姜片及蒸鱼水弃置不用。
3. 剩余的葱及姜、红辣椒洗净切细丝后铺在鱼身上；热锅，倒入50毫升色拉油烧热，再将热油淋至葱丝、姜丝和红辣椒丝上。
4. 最后将调味料A混合拌匀，煮滚后淋在尼罗红鱼上即可。

好吃秘诀

选用当季盛产的鱼类做这道料理是最佳的省钱方式，而清蒸鱼因为料理方式简单，若要做得好吃，记得要挑选鱼眼明亮、鱼鳃鲜红、鱼鳞完整无破损者为佳。

512 柠檬鱼

材料

鲜鱼1条、姜片20克、洋葱丝30克、蒜末15克、红辣椒末15克、香菜适量、柠檬片适量

调味料

A 鱼露1.5大匙、细砂糖1大匙

B 柠檬汁1大匙

腌料

盐少许、米酒少许

做法

1. 鲜鱼刮除鱼鳞洗净，抹上少许米酒和盐腌渍5分钟，取滚沸的水慢慢淋上鱼身去腥备用。
2. 红辣椒末、蒜末以及所有调味料A拌匀成酱汁备用。
3. 取长盘放入姜片和洋葱丝，放入鲜鱼淋上酱汁，放入水已滚沸的蒸笼蒸12~15分钟至熟透后取出，撒上香菜、淋入柠檬汁再摆上柠檬片即可。

好吃秘诀

蒸柠檬鱼的时候千万不可以把柠檬片也放入一起蒸，这样不但柠檬颜色会变暗之外，柠檬皮也会产生苦涩的味道，让鱼肉也会带有苦味，不但不美观也不美味。

513 豆酥蒸鳕鱼

材料

鳕鱼1片、葱1根、蒜2个、红辣椒1/3根

调味料

豆酥酱适量

做法

1. 先将鳕鱼洗净，再将鳕鱼用餐巾纸吸干水分备用。
2. 将葱、蒜、红辣椒都洗净切成碎状备用。
3. 取一个炒锅，先加入一大匙色拉油（材料外），放入蒜、葱、红辣椒以小火先爆香，接着加入豆酥酱，炒至香味释放出来后关火备用。
4. 把鳕鱼放入盘中，再将做法3材料均匀地铺在鳕鱼上面。
5. 鳕鱼用耐热保鲜膜将盘口封起来，再放入电饭锅，于外锅加入1杯水，蒸约15分钟至熟即可。

豆酥酱

材料：豆酥100克、香油1大匙、盐少许、葱1/2根、白胡椒粉少许、米酒1大匙、蒜3个、红辣椒1/2根

做法：

1. 将葱、蒜、红辣椒都洗净切成碎状备用。
2. 取1个炒锅，先加入1大匙色拉油（材料外），放入豆酥，以小火爆香。
3. 于锅中续放入蒜、葱、红辣椒，接着加入所有的调味料翻炒均匀，炒至香味释放出来后关火，即为豆酥备用。

514 啤酒蒸鳕鱼

材料

鳕鱼……1片
啤酒……2大匙
葱末……1大匙
姜末……1大匙
红辣椒末……1大匙
葱花……适量

调味料

酱油膏……少许

腌料

啤酒……1杯
葱……1根
姜……1段
水……1/4杯
盐……适量
胡椒……适量

做法

1. 鳕鱼洗净以餐巾纸略为吸干水分备用。
2. 腌料中的葱、姜捏碎，将鳕鱼浸入所有腌料中腌约20分钟备用。
3. 倒掉腌鱼的汤汁，将鱼置入盘中，放上葱末、姜末及红辣椒末，再淋上材料中的啤酒。
4. 盖上保鲜膜，放入蒸锅中蒸约15分钟起锅，淋上少许酱油膏、撒上葱花即可。

好吃秘诀

啤酒用来腌鱼不但可以去掉鱼的腥味，还可以提鲜增加风味。

515 酱黄瓜蒸鱼肚

材料

虱目鱼肚1个、酱黄瓜适量（3~4大匙）、酱黄瓜汁少许、姜片2片、葱丝少许、红辣椒丝少许、香油少许

做法

1. 先将虱目鱼肚腌入葱姜酒水（材料外）备用。
2. 将虱目鱼肚放入滚水中，氽烫约3秒即可捞起冲水。
3. 以刀尖端逆向轻刮鱼背，将鱼背上没有清除干净的鱼鳞刮除，备用。
4. 将酱黄瓜略切成粒，锅中放入2大匙水、少许酱黄瓜汁，与切粒的酱黄瓜，待汤汁烧开后熄火。
5. 鱼盘底铺上姜片、鱼肚，将煮好的酱汁盛在鱼肚上。
6. 盖上保鲜膜，放入蒸锅以大火蒸12分钟。
7. 取出摆上葱丝、红辣椒丝，并淋上一些香油即可。

516 桂花蒸鳊鱼

材料

鳊片……………300克

调味料

干燥桂花………1小匙
米酒……………1小匙
盐……………1/4小匙

做法

1. 先将干燥桂花、米酒以及盐调匀备用。
2. 鳊鱼片淋上滚沸的水略为氽烫，再沥干放至蒸盘，淋上调味料。
3. 取1蒸锅，加水煮至滚沸，放入鳊鱼片蒸约3分钟至熟即可。

517 破布子蒸鲜鱼

材料

鲜鱼150克、姜20克、葱5克、红辣椒5克

调味料

破布子酱2大匙

破布子酱

材料：破布子50克、破布子腌汁70毫升、咸冬瓜20克、细砂糖1小匙

做法：取一锅，将所有材料加入拌匀，煮至滚沸即可。

注：破布子腌汁即为市售破布子罐中的腌汁。

做法

1. 先将鱼洗净，刮去鱼鳞，去鱼鳃及内脏，再从腹部对剖开，摆入蒸盘中；姜洗净切末，摆在鱼上；葱和红辣椒洗净切丝，备用。
2. 将调味料淋在盘上。
3. 取一中华炒锅，锅中加入适量水，放上蒸架，将水煮至滚。
4. 将蒸盘放在蒸架上，盖上锅盖以大火蒸约10分钟。
5. 取出撒上葱丝和红辣椒丝即可。

518 剁椒蒸虱目鱼肚

材料

虱目鱼肚…………1付
剁椒汁…………2大匙
葱花……………1小匙

做法

1. 虱目鱼肚洗净、置盘，取剁椒汁均匀的淋在虱目鱼肚上。
2. 将虱目鱼肚放入蒸锅中，以中火蒸约5分钟，取出后撒上葱花即可。

剁椒汁

材料：剁椒1大匙、姜末1/2小匙、蒜末1/2小匙、细砂糖1/4小匙、鸡精1/4小匙、色拉油1小匙

做法：将所有材料混合均匀即完成剁椒汁。

519 黑椒鱼块

材料

鲷鱼片120克、红甜椒20克、黄甜椒20克、洋葱20克

调味料

黑椒酱2大匙

腌料

盐1/4小匙、白胡椒粉1/4小匙、淀粉1小匙

做法

1. 先将鲷鱼片洗净切成块状，加入腌料腌约10分钟。
2. 红甜椒、黄甜椒洗净后去籽，切成块状；洋葱去皮后洗净切成块状，和鲷鱼块混合拌匀，放入蒸盘内，再淋上调味料。
3. 取一中华炒锅，锅中加入适量水，放上蒸架，将水煮至滚。
4. 将蒸盘放在蒸架上，盖上锅盖以大火蒸约10分钟即可。

黑椒酱

材料：粗黑胡椒粒100克、A1酱30克、蚝油30克、番茄酱20克、细砂糖30克、米酒2大匙、水50毫升

做法：取一锅，将所有材料加入拌匀，煮至滚沸即可。

520 柚香鱼片

材料

鳕鱼（约100克）
………………………1片

调味料

韩式柚子茶酱‥2大匙
米酒……………1小匙
盐…………………少许
黑胡椒粉………少许

做法

1. 将鳕鱼洗净后，擦干水分备用。
2. 再将鳕鱼放入烤盘中，再撒上所有的调味料备用。
3. 将鳕鱼放入预热约180℃的烤箱中，烤约15分钟取出即可。

521 味噌烤鳕鱼片

材料

鳕鱼片………… 300克
熟白芝麻…… 1/4小匙

调味料

味噌……………… 2大匙
米酒……………… 2大匙
细砂糖……… 1/4小匙

做法

1. 鳕鱼片洗净，以餐巾纸吸干水分；所有调味料拌匀成腌酱，备用。
2. 鳕鱼片抹上腌酱，静置腌渍约10分钟，备用。
3. 将烤箱预热至180℃，放入鳕鱼片烘烤约15分钟，再取出撒上熟白芝麻即可。

522 烤鳕鱼片

材料

鳕鱼片1片（约150克）
洋葱碎……………10克
蒜碎…………………10克

调味料

酱油…………… 20 毫升
香油…………… 30 毫升
细砂糖……………10克
辣椒酱………………5克
白芝麻………………5克
白胡椒粉……………2克

做法

1. 将洋葱碎、蒜碎和所有调味料的材料拌匀，加入鳕鱼片腌约5分钟至入味备用。
2. 烤箱以160℃温度预热5分钟后，将鳕鱼片放进烤箱以180℃温度烤约10分钟至熟透即可。

523 酥炸鳕鱼

材料

鳕鱼片1片（约300克）
红薯粉………… 1/2碗

调味料

A 盐………… 1/8小匙
鸡精……… 1/8小匙
黑胡椒粉 ·· 1/4小匙
米酒………… 1小匙
B 椒盐粉……… 1小匙

做法

1. 将鳕鱼片摊平，将调味料A均匀的抹在两面上，静置约5分钟。
2. 将腌好的鳕鱼两面都拍上红薯粉备用。
3. 热一锅油至约150℃，将鳕鱼片放入油锅炸至金黄色，捞起沥干装盘，食用时加椒盐粉即可。

524 蜜汁鱼片

材料

鳕鱼片300克、熟白芝麻少许、红薯粉适量、水淀粉适量

调味料

A 糖少许、水120毫升、酱油1大匙、白醋1大匙、番茄酱1小匙
B 桂圆蜜1大匙

腌料

盐少许、米酒1大匙、鸡蛋液1大匙、姜片10克

做法

1. 鳕鱼片去皮、去骨、切小片，加入所有腌料腌约10分钟，再沾裹红薯粉备用。
2. 热锅，倒入稍多的油，待油温热至160℃，放入鱼片炸约2分钟，捞起沥油备用。
3. 将所有调味料A混合后煮沸，加入桂圆蜜拌匀，再加入水淀粉勾芡，撒入熟白芝麻拌匀成蜜汁酱。
4. 将鱼片盛盘，淋上蜜汁酱即可。

525 椒盐鲳鱼

材料

白鲳鱼 1条（约600克）
葱…………………… 4根
姜………………… 20克
花椒………… 1/2小匙
八角……………… 2个

调味料

A 水………… 50毫升
米酒………… 1大匙
盐………… 1/4小匙
B 梅林辣酱油·· 1大匙

做法

1. 白鲳鱼洗净，鱼身两侧各划几刀；葱洗净，一半切花、一半切段；姜洗净去皮、切片，备用。
2. 将葱段、姜片、花椒、八角拍碎与调味料A调匀成味汁，将鱼肉放入腌渍约5分钟，捞起沥干，备用。
3. 热一锅油，油温约180℃，放入白鲳鱼炸至外皮金黄酥脆后捞起摆盘。
4. 将梅林辣酱油淋至鱼身上，另2根葱洗净切成葱花撒上，烧热1大匙的油淋至葱花上即可。

526 葱烤鲳鱼

材料

白鲳鱼……………2尾
葱段……………100克
蒜片……………1小匙

调味料

细砂糖……… 1/4小匙
酱油……………1大匙
米酒……………1大匙
辣椒粉……… 1/4小匙

做法

1. 将所有调味料加入葱段、蒜片拌匀成馅料备用。
2. 白鲳鱼洗净，从腹部切开后塞入馅料。
3. 烤盘铺上铝箔纸，并在表面上涂上少许色拉油，放上鲳鱼。
4. 烤箱预热至180℃，放入鲳鱼烤约20分钟即可。

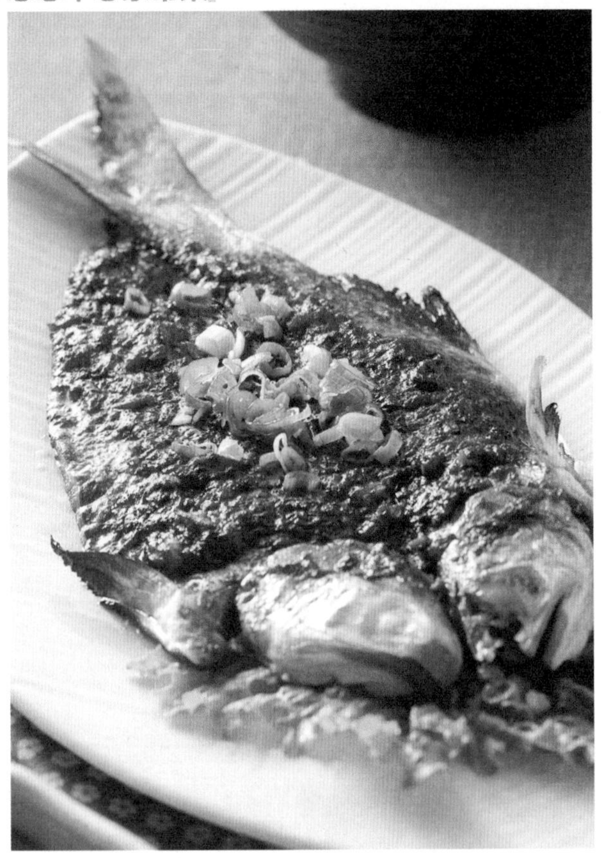

527 风味烤鱼

材料

鲜鱼……………………2条
蒜末……………………20克
姜末……………………10克
红辣椒末……………5克
葱花……………………5克

调味料

沙茶酱…………2大匙
酱油膏…………1大匙
细砂糖………1/2小匙
米酒……………1大匙
水……………50毫升

做法

1. 鱼洗净，从鱼腹处将鱼剖开至背部，不需整个切断，将鱼摊开成蝴蝶片，放在烤盘上备用。
2. 取锅加热，倒入约2大匙色拉油（材料外），放入蒜末、姜末、红辣椒末及沙茶酱、酱油膏以小火炒香，再加入水、米酒及细砂糖，煮至滚沸后，将酱汁淋在香鱼上。
3. 将鱼放入预热好的烤箱中，以上火250℃、下火250℃烤约10分钟至熟，取出后撒上葱花即可。

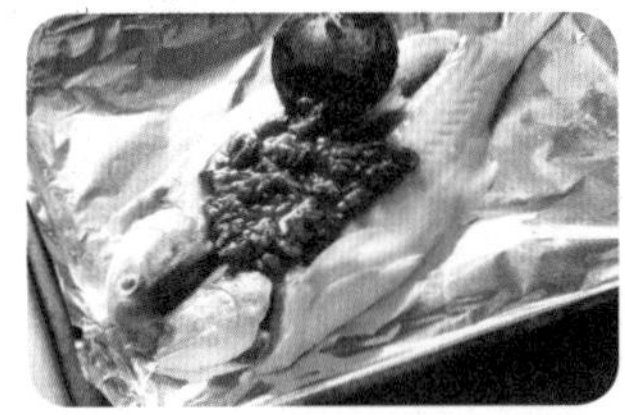

528 铝箔烤味噌鱼

材料

鳕鱼片……………1片
（约350克）
姜……………………15克
葱……………………1根
红辣椒…………1/3根

调味料

盐……………………少许
白胡椒粉…………少许
米酒……………1大匙
香油……………1小匙
味噌……………1大匙
温水……………2大匙

做法

1. 将鳕鱼洗净，擦干水分备用。
2. 将姜、葱、红辣椒洗净切成片状备用。
3. 取一个容器，加入所有调味料搅拌均匀。
4. 将调好的酱汁涂抹在鳕鱼上，再放上做法2的材料。
5. 将鳕鱼放入预热约180℃的烤箱中，烤约10分钟取出即可。

529 豉汁烤黄鱼

材料

小黄鱼1条（约200克）
蒜碎··················10克
姜碎··················10克
香菜碎··············10克

调味料

色拉油·········· 20毫升
市售蒜蓉豆豉酱 10克
细砂糖················5克
白胡椒粉············2克

做法

1. 小黄鱼洗净并拭干水分，将鱼身两面各划3刀使之更容易入味备用。
2. 所有调味料与蒜碎、姜碎、香菜碎拌匀备用。
3. 做法2的材料均匀涂抹在小黄鱼身上，腌约5分钟至入味。
4. 烤箱以160℃预热5分钟，放入小黄鱼以180℃温度烤约20分钟至熟透即可。

530 柠香烤秋刀鱼

材料

秋刀鱼2条（约200克）
柠檬····················1个

调味料

盐····················· 少许
黑胡椒粉··········· 少许
香油················· 少许
米酒·················1大匙

做法

1. 将秋刀鱼洗净后，擦干水分，再撒上所有的调味料，柠檬切角块备用。
2. 再将秋刀鱼放入预热约190℃的烤箱中，烤约15分钟。
3. 将烤好的秋刀鱼放入盘中，再配上柠檬角，食用时挤上柠檬汁即可。

531 柠檬胡椒烤鱼

材料

鲜鱼····················2条

调味料

黑胡椒········· 1/4小匙
柠檬（挤汁）···1/2个
盐··················· 3大匙

做法

1. 鱼洗净、用纸巾擦干备用。
2. 烤箱预热至180℃，烤盘放上盐，放入鱼烤约15分钟至熟。
3. 取出鱼，食用前撒上黑胡椒、挤上柠檬汁即可。

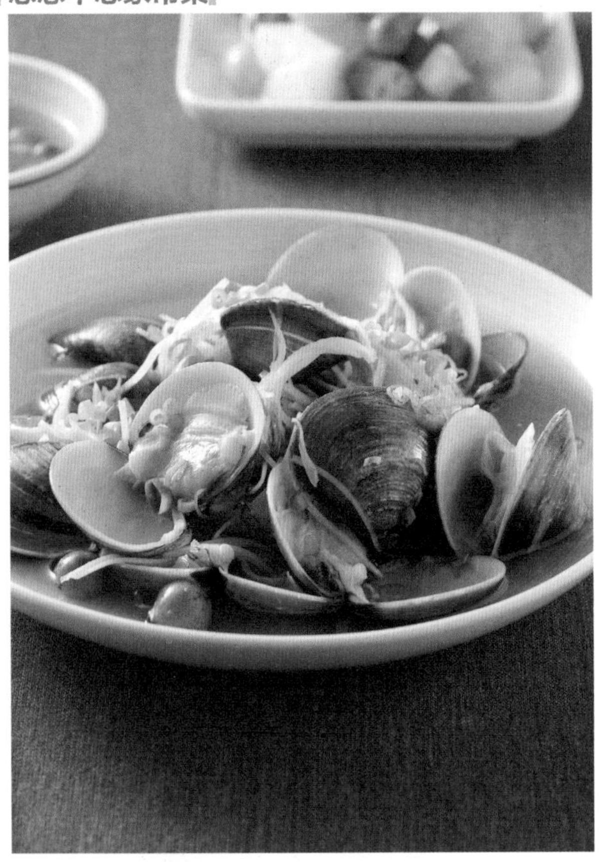

532 破布子蛤蜊

材料

蛤蜊……………180克
姜…………………10克
葱…………………5克

调味料

破布子（含汤汁）
……………………2大匙

做法

1. 蛤蜊洗净，吐沙备用；姜洗净切丝；葱洗净切花，备用。
2. 将蛤蜊放入蒸盘中，放上姜丝，再淋上调味料。
3. 取一中华炒锅，锅中加入适量水，放上蒸架，将水煮至滚。
4. 将蒸盘放在蒸架上，盖上锅盖以大火蒸约7分钟即可。
5. 取出撒上葱花即可。

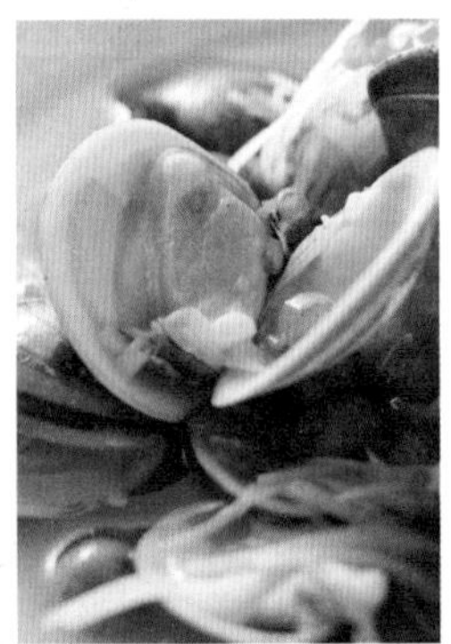

533 乳香扇贝

材料

扇贝………………12个
（约450克）
葱…………………1根
盐………………100克

调味料

盐………………1小匙
奶油……………1大匙
米酒……………1大匙
白胡椒粉………少许

做法

1. 将扇贝洗净，再将扇贝的水分拭干；葱洗净切成碎状，备用。
2. 准备一个烤盘撒入100克的盐，再放入洗净的扇贝。
3. 放入所有的调味料，将烤盘放入预热约180℃的烤箱中，烤约8分钟。
4. 取出后再撒入葱碎即可。

扇贝有天然的鲜甜味，所以只要使用简单的调味料如盐去调味，烤盘上撒大量的盐，用盐烤的方式即可衬托出扇贝的香气。

534 火腿蒸扇贝

材料

扇贝…………………6个
火腿………………30克
葱……………………1根
鸡蛋…………………1个

调味料

盐…………………少许
鸡精………………少许
淀粉………………少许
白胡椒粉…………少许

做法

1. 扇贝以清水洗净，放入滚水中稍微汆烫过水备用。
2. 火腿、葱都洗净切成末；鸡蛋打成蛋液与所有的调味料搅拌均匀，备用。
3. 将扇贝放在盘中，扇贝上撒入火腿末与葱末，再浇淋上调制好的蛋液。
4. 将扇贝放入蒸锅中，以大火蒸约10分钟后取出即可。

535 姜丝蒸蛤蜊

材料

蛤蜊……………500克
姜丝………………20克

调味料

盐……………1/6小匙
米酒……………1大匙

做法

1. 蛤蜊泡入水中吐沙，洗净后沥干放入大碗中备用。
2. 将盐、米酒及姜丝均匀放入大碗中，以保鲜膜封好。
3. 移入蒸笼，以大火蒸6分钟后取出，撕除保鲜膜即可。

536 蛤蜊蒸菇

材料

蟹味菇…………100克
金针菇……………50克
蛤蜊……………150克
姜丝………………5克
奶油丁……………10克

调味料

A 米酒…………1大匙
鸡精…………少许
盐……………少许
B 细黑胡椒粒……少许

做法

1. 蟹味菇、金针菇、蛤蜊洗净，放入有深度的容器中，加入姜丝、奶油丁。
2. 取电饭锅，外锅倒入2杯量米杯的水，按下开关至产生蒸气，再放入做法1材料蒸至熟。
3. 取出撒上细黑胡椒粒即可。

537 牡蛎酥

材料

牡蛎……………100克
红薯粉…………… 适量
罗勒……………………5克

调味料

胡椒盐…………… 适量

做法

1. 罗勒洗净沥干，放入油锅中略炸至香酥后，捞起沥干摆盘备用。
2. 牡蛎洗净沥干，裹红薯粉放入油锅中炸至外表金黄香酥后，捞起沥干放在罗勒上。
3. 食用时撒上胡椒盐即可。

538 豆豉汁蒸牡蛎

材料

牡蛎……………120克
葱……………………30克
红辣椒………………5克

调味料

豆豉汁………… 3大匙

做法

1. 先将牡蛎洗净，加入适量淀粉（材料外）抓匀；葱洗净切段；红辣椒切丝，备用。
2. 将葱段、红辣椒丝放入蒸盘内，与牡蛎混合均匀，淋上调味料。
3. 取一中华炒锅，锅中加入适量水，放上蒸架，将水煮至滚。
4. 将蒸盘放在蒸架上，盖上锅盖以大火蒸约3分钟即可。

材料：豆豉50克、姜30克、蒜30克、红辣椒10克、蚝油2大匙、酱油1大匙、米酒3大匙、细砂糖2大匙、胡椒粉1小匙、香油2大匙

做法：

1. 姜洗净切末；蒜洗净切末；红辣椒洗净切末备用。
2. 取一锅，将其余材料加入，再放入做法1的材料拌匀，煮至滚沸即可。

539 五彩烤干贝

材料

新鲜干贝……………12个
鲜香菇………………3朵
青甜椒……………1/4个
洋葱………………1/4个
奶油………………30克
面包粉……………1大匙
红辣椒末…………1大匙
蒜末………………1大匙

腌料

白酒………………1大匙
盐…………………1小匙
白胡椒粉………… 适量

做法

1. 将新鲜干贝洗净，用所有腌料腌10分钟备用。
2. 新鲜香菇、青甜椒、洋葱分别洗净切丝，铺在铝箔纸上，再放上干贝，奶油切小丁撒在上面，再撒上面包粉、红辣椒末、蒜末，将铝箔纸包起来。
3. 烤箱预热至220℃，将做法2材料放入烤箱中烤约5分钟，待面包粉烤成金黄色时即可。

好吃秘诀

干贝是很容易熟的食材，可以先用酒腌过；另外，为了避免水分烤干，可加入奶油，这样也能增加风味。

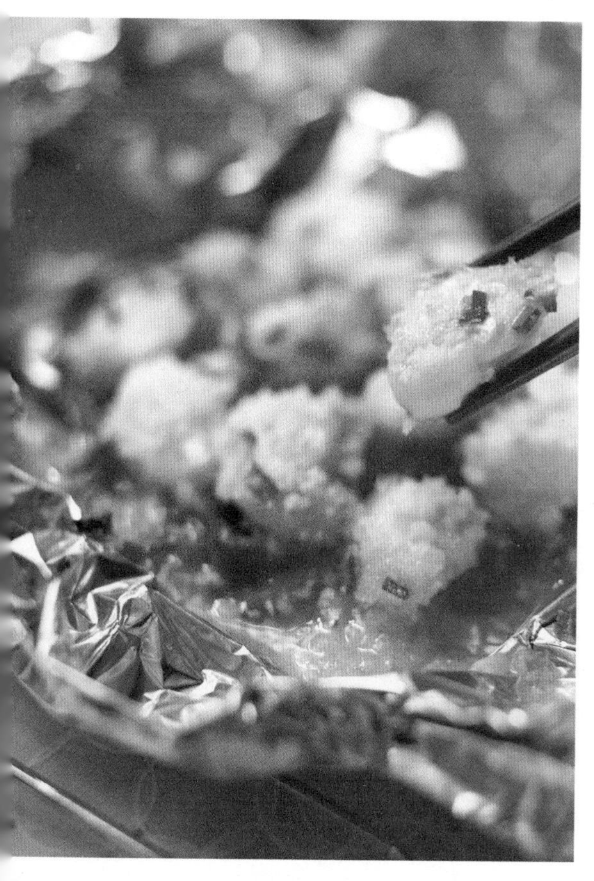

540 清蒸墨鱼仔

材料

墨鱼仔……………10个
姜丝………………80克
葱丝………………50克
红辣椒丝…………10克

调味料

A 盐………………1小匙
鸡精…………2小匙
酱油…………2大匙
米酒…………60毫升
水……………60毫升
B 香油…………… 适量

做法

1. 墨鱼仔洗净后放入沸水中汆烫去腥，捞起放入盘中备用。
2. 所有调味料A混合均匀淋在墨鱼仔上，再铺上姜丝、葱丝、红辣椒丝备用。
3. 放入蒸笼中，以大火蒸约10分钟后取出，淋上调味料B即可。

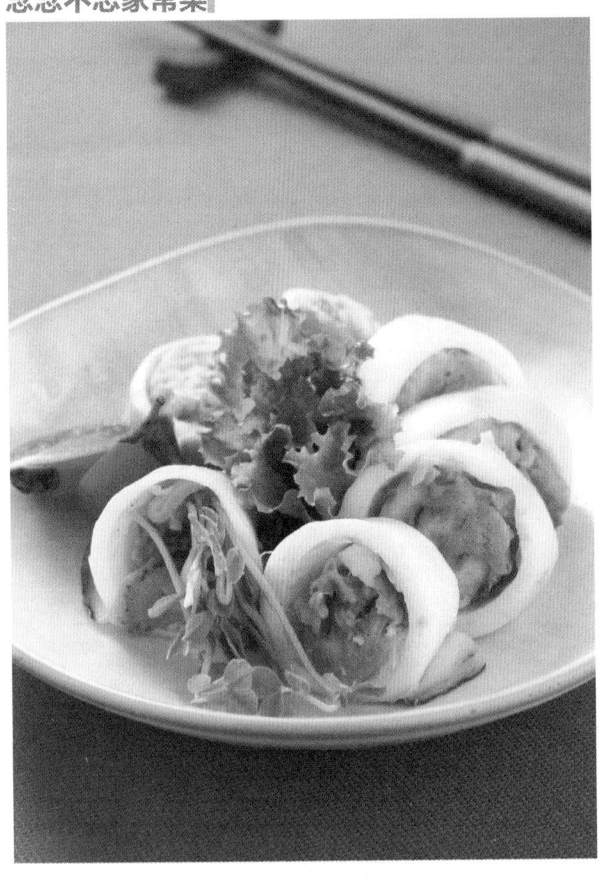

541 洋葱酿鱿鱼

材料

洋葱…………250克
白土司…………2片
鸡蛋…………1个
鱿鱼…………250克

调味料

盐…………适量
白胡椒粉…………适量

做法

1. 洋葱洗净切丝，热锅，倒入少许的色拉油烧热，放入洋葱丝，以中火翻炒至表面变金黄色后，盛出放冷备用。
2. 白土司去边，切成四方丁状备用。
3. 鱿鱼处理后洗净，取出的头部切段，身体管腔部位留着备用。
4. 取洋葱丝、白土司丁、鱿鱼段及打散的蛋液混合拌匀，再放入盐、白胡椒粉拌匀即为内馅。
5. 将内馅填入鱿鱼中，重复此过程至鱿鱼填完，再用牙签将管腔封口，尾部戳几个洞（当作气孔以防止烤的时候爆出），放入预热好的烤箱中，以上火200℃、下火200℃烤约15分钟，待烤熟后取出切片即可。

剩下的内馅也可以用铝箔纸包卷起来压紧，一起放入烤箱中烤熟，就能充分使用。

542 蜜汁鱿鱼

材料

鱿鱼1条（约350克）
蒜末…………1小匙
红辣椒…………1/2根
香菜…………30克
面粉…………1大匙

调味料

细砂糖…………2大匙
盐…………1/4小匙
米酒…………2小匙
水…………60毫升

做法

1. 鱿鱼洗净去内脏后，切成片状；红辣椒洗净切斜片，备用。
2. 将鱿鱼片上切花刀后，均匀裹上面粉备用。
3. 热一锅倒入适量的色拉油，待油温烧热至170℃时，放入鱿鱼片炸至卷曲且金黄，捞出备用。
4. 锅中留少许油，放入蒜末及红辣椒片爆香后，加入所有调味料煮至汤汁沸腾。
5. 再加入鱿鱼片拌炒均匀，加入香菜即可。

543 炸墨鱼丸

材料

墨鱼丸……………15个
竹签……………………5支

调味料

椒盐粉……………1小匙
柚子粉……………1小匙
海苔粉……………1小匙

做法

1. 将墨鱼丸每3颗用1支竹签串成1串。
2. 热油锅，倒入约600毫升色拉油烧热至约160℃。
3. 将墨鱼丸下锅中火炸约2分钟至表面略金黄后，捞出沥干。
4. 将墨鱼丸装盘，洒上椒盐粉或可依喜好洒上柚子粉或海苔粉即可。

因为墨鱼丸是熟的食材，除非是经过冷冻，一般来说只需要炸至温热，表面略呈金黄就可以，否则炸太久口感会太老。

544 炸甜不辣

材料

鱼浆……………200克
蒜末………………10克
红葱酥………………5克
水………………50毫升
面粉……………2大匙

沾酱

甜辣酱…………4大匙

做法

1. 将所有材料充分拌匀备用。
2. 热一油锅，待油温烧热至约160℃，将手心抹上少许色拉油，取约40克鱼浆放至掌心，用另一只手轻压成圆饼状后依序放入油锅，以中火炸约15分钟至表皮呈金黄酥脆时，捞出沥干油装盘。
3. 放上适量腌黄瓜（材料外）及甜辣酱蘸食即可。

材料：小黄瓜2条(约250克)、盐1/4小匙、白醋2大匙、细砂糖2大匙

做法：小黄瓜洗净切片，加入盐拌匀后腌渍约5分钟，挤干水分，加入白醋及细砂糖拌匀腌渍5分钟即成腌黄瓜。

545 蚝油芥蓝

材料

芥蓝……………120克
蒜…………………20克
红辣椒……………20克

调味料

蚝油酱…………2大匙

做法

1. 先将芥蓝洗净，切段；蒜、红辣椒洗净切末，备用。
2. 将做法1的材料放入蒸盘中，淋上调味料。
3. 取一中华炒锅，锅中加入适量水，放上蒸架，将水煮至滚。
4. 将蒸盘放在蒸架上，盖上锅盖以大火蒸约5分钟即可。

蚝油酱

材料：蚝油5大匙、细砂糖1大匙、酒1大匙

做法：将所有材料拌匀，煮至滚沸即可。

546 黄瓜酿肉

材料

大黄瓜1条（700克）、肉泥300克、菠萝80克、蒜末10克、葱段10克、淀粉适量

调味料

A酱油1小匙、盐1/4小匙、细砂糖1/2大匙、米酒1/2大匙

B蚝油1/2大匙、盐1/4小匙、鸡精少许、水100毫升

做法

1. 将大黄瓜洗净、去皮后切成圈状；菠萝去皮切末，备用。
2. 将肉泥加入调味料A腌渍，再加入菠萝末及蒜末，拌匀至有黏性。
3. 将大黄瓜内圈抹少许淀粉，再填入肉泥馅，最后排入蒸盘中备用。
4. 热锅加1大匙色拉油，放入葱段爆香，加入调味料B煮滚，成为酱汁备用。
5. 将酱汁淋在黄瓜酿肉上，放入蒸锅蒸约30分钟至软烂，起锅前加入香菜叶点缀即可。

547 破布子苦瓜

材料

苦瓜……………150克
白果………………30克
蒜…………………20克
红甜椒……………10克
秋葵………………40克

调味料

破布子（含汤汁）
……………………2大匙

做法

1. 先将苦瓜洗净，去籽后切成块状；蒜洗净切片；红甜椒洗净去籽后切片；秋葵洗净切星片，备用。
2. 将做法1的材料混合均匀，放入蒸盘中，淋上调味料。
3. 取一中华炒锅，锅中加入适量水，放上蒸架，将水煮至滚。
4. 将蒸盘放在蒸架上，盖上锅盖以大火蒸约15分钟即可。

548 和风西蓝花

材料

西蓝花…………120克
红辣椒……………5克
香菇………………20克

调味料

和风酱………… 3大匙
（做法参考P220）

做法

1. 西蓝花洗净，去除较硬的外皮，切成小朵状；香菇洗净切片；红辣椒洗净切末，备用。
2. 将做法1的材料混合均匀，放入蒸盘中，淋上调味料。
3. 取一中华炒锅，锅中加入适量水，放上蒸架，将水煮至滚。
4. 将蒸盘放在蒸架上，盖上锅盖以大火蒸约7分钟即可。

549 葱油肉酱瓠瓜

材料

瓠瓜……………120克
黑木耳……………10克
姜…………………10克
红辣椒……………10克
白果………………10克

调味料

葱油肉臊……… 4大匙

做法

1. 瓠瓜去皮后洗净切滚刀块；姜洗净切丝；黑木耳和红辣椒洗净切片，备用。
2. 将做法1的所有材料和白果混合均匀，放入蒸盘中，淋上调味料。
3. 取一中华炒锅，锅中加入适量水，放上蒸架，将水煮至滚。
4. 将蒸盘放在蒸架上，盖上锅盖以大火蒸约10分钟即可。

550 脆皮炸丝瓜

材料

丝瓜1条（约500克）
酥脆粉……………1碗

调味料

椒盐粉………… 2小匙

做法

1. 丝瓜以刀刮去表面粗皮，洗净后对剖成4瓣，去籽后切小段备用。
2. 酥脆粉放入碗中加入约1碗水调成浆状，放入丝瓜均匀裹粉浆备用。
3. 热锅，倒入约500毫升色拉油烧热至约150℃，放入丝瓜以中火炸约3分钟至表面酥脆金黄，捞起沥干油分，盛入盘中，食用时蘸椒盐粉即可。

551 烤白菜

材料

大白菜……250克
蟹味棒……2条
洋葱……1/6个
蒜末……1/2小匙
奶油……1小匙
玉米粉……1.5大匙
奶粉……2大匙
水……2大匙
水……80毫升

调味料

盐……1/2小匙
细砂糖……1/4小匙

做法

1. 大白菜切小块，洗净汆烫沥干；蟹味棒剥丝；洋葱洗净切丝，备用。
2. 奶粉加2大匙水调开；玉米粉加适量的水（分量外）调开。
3. 取一锅，锅内加入奶油、蒜末，以小火略炒，加入80毫升的水、奶粉水和洋葱丝煮开。
4. 锅中加入所有调味料，再加入玉米粉水勾芡，另外盛出约4大匙面糊，备用。
5. 将白菜块及蟹味棒丝放入锅中拌匀，盛入烤盘内，表面铺上备用面糊，放入已预热250℃的烤箱，烤至表面金黄即可。

552 馅烤圆白菜

材料

圆白菜……1个
红甜椒……20克
黄甜椒……10克
鲜香菇……10克

调味料

盐……1/4小匙
香油……1/2小匙
黑胡椒粉……1/4小匙

做法

1. 圆白菜洗净，挖除底部梗心备用。
2. 红甜椒、黄甜椒、鲜香菇洗净，切粗丁备用。
3. 将做法2的材料混合，加入所有调味料拌匀成馅料备用。
4. 将馅料填入圆白菜底部缺口中，再以铝箔纸将整颗圆白菜包起。
5. 将烤箱预热至200℃，放入圆白菜烤约10分钟即可。

553 樱花虾烤圆白菜

材料

圆白菜……250克
樱花虾……5克
培根……20克
蒜……3个
奶油……适量
铝箔纸……2张

调味料

酱油……5毫升
味醂……10毫升
米酒……10毫升

做法

1. 将圆白菜的心略切除，但留点梗，以清水洗净后，纵切成四等份备用。
2. 樱花虾洗净；培根切小段；蒜洗净切片；所有调味料混合，备用。
3. 将培根段、蒜片，夹入圆白菜叶与菜叶的缝隙。
4. 把2张铝箔纸叠放成十字型，在最上面一层中间部分均匀地抹上奶油，把做法3的材料放入抹好奶油的中间部分，再把樱花虾散放在圆白菜上，再淋上调味料混合酱，将铝箔纸包好，放入预热约10分钟左右的烤箱中，以200℃烤约20分钟即可。

554 烤豆芽菜

材料

豆芽菜…………100克
小豆苗……………20克
红甜椒…………1/4个

调味料

高汤……………2大匙
盐…………………1小匙
胡椒粉…………少许
肉臊……………1大匙

做法

1. 将豆芽菜、小豆苗、红甜椒分别洗净，红甜椒切丝，放入铝箔纸中，撒上所有调味料，将铝箔纸包起来备用。
2. 烤箱预热至250℃，将做法1材料放入烤箱烤约5分钟即可。

555 烤鲜菇串

材料

鲜香菇……………6朵
熟白芝麻…………少许

调味料

味醂…………1/4小匙
酱油…………1/2小匙

做法

1. 调味料混合拌匀为涂酱备用。
2. 鲜香菇洗净后对切，以竹签串起备用（共可串3串）。
3. 烤箱预热至150℃，放入香菇串烤约3分钟后取出，均匀抹上涂酱，续放入烤箱中烤约20秒钟取出，趁热撒上熟白芝麻即可（可另加入生菜叶装饰）。

556 奶油烤金针菇

材料

金针菇…………400克

调味料

奶油……………1大匙
盐……………1/4小匙

做法

1. 金针菇洗净、切除梗部备用。
2. 取一烤盘，装入金针菇及调味料备用。
3. 烤箱预热180℃，放入做法2材料烤约3分钟后即可。

557 白醋淋烤什锦菇

材料

鲜香菇……50克
白玉菇……50克
蟹味菇……50克
珊瑚菇……2大朵
小豆苗……20克

调味料

白醋……1大匙
味醂……1小匙
和风柴鱼酱油…1大匙

做法

1. 鲜香菇洗净切片；蟹味菇、白玉菇、珊瑚菇洗净剥散；所有调味料混合均匀，备用。
2. 将香菇片、蟹味菇、白玉菇、珊瑚菇放入烤箱中，以220℃烤至上色且熟，取出盛盘。
3. 小豆苗洗净沥干加入盘中拌匀，再淋上混合的调味料即可。

558 焗什锦菇

材料

A 蟹味菇50克、口蘑50克、秀珍菇50克、金针菇50克、洋葱丝30克、红甜椒丝15克、黄甜椒丝15克
B 蒜末10克、水100毫升

调味料

盐少许、黑胡椒少许、奶油20克、奶酪丝20克

做法

1. 全部材料A洗净；蟹味菇去头；口蘑切片；金针菇去头，备用。
2. 将所有材料A、B放入铝箔烤盒中，加入所有的调味料，盖上铝箔纸。
3. 将铝箔烤盒放入已预热的烤箱中，以200℃烤约20分钟即可。

559 炸鲜香菇

材料

鲜香菇……8朵（约120克）

炸粉

面粉……1/2杯
玉米粉……1/2杯
吉士粉……1大匙
泡打粉……1/4小匙
水……140毫升

调味料

椒盐粉……1小匙

做法

1. 鲜香菇去蒂后洗净沥干，如太大朵可切小块备用。
2. 炸粉调成粉浆备用。
3. 热锅，放入约400毫升色拉油烧热至约180℃，将香菇裹上粉浆，再放入油锅以中火炸约3分钟至金黄色表皮酥脆，捞起后沥干油并洒上椒盐粉拌匀即可。

560 酥炸珊瑚菇

材料

珊瑚菇……………200克
芹菜嫩叶……………10克
低筋面粉……………40克
玉米粉……………20克
冰水……………75毫升
蛋黄……………1个

调味料

七味粉……………适量
胡椒盐……………适量

做法

1. 低筋面粉与玉米粉拌匀，加入冰水后以搅拌器迅速拌匀，再加入蛋黄拌匀即成面糊备用。
2. 热锅，倒入约400毫升的色拉油，以大火烧热至约180℃，将珊瑚菇及芹菜嫩叶分别裹上面糊，入油锅炸约10秒至金黄色表皮酥脆，捞起后沥干油装盘。
3. 将调味料混合成七味胡椒盐，搭配炸珊瑚菇食用即可。

561 酥扬杏鲍菇

材料

A 杏鲍菇……………100克
　青甜椒……………2个
　低筋面粉……………适量
B 酥浆粉……………50克
　色拉油……………1小匙
　水……………80毫升

调味料

胡椒盐……………适量

做法

1. 杏鲍菇洗净切厚长片状；青甜椒洗净划开去籽；材料B混合均匀成酥浆糊，备用。
2. 将杏鲍菇裹上薄薄的低筋面粉，再裹上酥浆糊。
3. 热油锅，倒入稍多的色拉油，待油温热至180℃，放入杏鲍菇炸至酥脆，再放入青甜椒过油稍炸。
4. 取出沥油后盛盘，撒上胡椒盐即可。

562 焗香草杏鲍菇

材料

杏鲍菇……………5朵
蒜碎……………1大匙
橄榄油…………适量
鸡高汤………30毫升
奶酪丝…………适量
面包粉…………适量
罗勒碎…………适量

调味料

黑胡椒粒………适量
意式什锦香草…适量
盐…………………适量

做法

1. 杏鲍菇洗净对切成大块备用。
2. 取锅，加入橄榄油，将蒜碎爆香后，放入杏鲍菇块煎至金黄色后，加入黑胡椒粒、意式什锦香草和盐略翻炒，再加入鸡高汤煨煮一下至入味，盛入烤盅内。
3. 在做法2的半成品上，撒上奶酪丝、面包粉和罗勒碎，放入已预热的烤箱中，以上火250℃下火100℃烤5~10分钟至表面略焦黄上色即可。

563 焗烤香菇西红柿片

材料

鲜香菇片……300克
西红柿片……200克
奶酪丝…………100克

调味料

鸡蛋…………………1个
牛奶…………200毫升

做法

1. 调味料混合拌匀。
2. 将鲜香菇片和西红柿片整齐排入焗烤容器中，淋上调味料，撒上奶酪丝备用。
3. 放入已预热的烤箱中，以上火180℃下火150℃烤约10分钟至熟后取出即可。

564 蒜香蒸菇

材料

黑珍珠菇……200克
蒜末………………40克
红辣椒末…………10克

调味料

酱油……………2大匙
细砂糖…………1小匙
米酒……………1大匙

做法

1. 黑珍珠菇洗净用开水汆烫10秒后沥干装盘备用。
2. 热锅，倒入2大匙色拉油及蒜末、红辣椒末，以小火略炒5秒钟后，淋至黑珍珠菇上。
3. 再将酱油、细砂糖、米酒拌匀，淋至黑珍珠菇上，放入蒸笼大火蒸约3分钟后取出即可。

565 奶油培根烤土豆

材料

土豆…………………1个
培根………………1/2片
玉米粒………1/2大匙
葱末…………1/4小匙
无盐奶油………1小匙

做法

1. 土豆整个洗净去皮备用。
2. 培根放入烤箱中，以180℃烤约3分钟，再取出切丁。
3. 烤箱预热至180℃，放入土豆烤约30分钟至熟且软。
4. 取出土豆，纵切剖开，摆上无盐奶油、玉米粒、培根丁、葱末，再放入烤箱烤约2分钟即可。

566 培根蔬菜卷

材料

培根………………10片
青芦笋…………100克
山药……………100克
鲜香菇……………80克
红甜椒……………1个

调味料

胡椒盐…………少许

做法

1. 青芦笋洗净切段；山药去皮洗净切条；鲜香茹洗净切条；红甜椒洗净去籽切长条，备用。
2. 培根上排入青芦笋段、山药条、鲜香菇条、红甜椒条，撒上胡椒盐，将培根卷成一束，再用牙签固定。
3. 将蔬菜卷置于烤架上，放入已预热的烤箱中，以180℃烤约15分钟即可。

567 沙茶烤玉米

材料

玉米……………………1条

调味料

沙茶酱…………2大匙
细砂糖………1/4小匙
白胡椒粉……1/4小匙

做法

1. 玉米去叶、去须，洗净备用。
2. 所有调味料拌匀为涂酱备用。
3. 烤箱预热至150℃，放入玉米烤约20分钟，再取出玉米均匀涂上涂酱，续放入烤箱中烤约5分钟即可。

好吃秘诀

喜欢重口味的人，可于烘烤过程中多涂几次酱，烤到酱汁收干就最入味。

568 奶油玉米

材料

玉米…………… 350克
火腿………………30克
蒜末………………10克
洋葱丝……………40克
奶油………………30克
欧芹末…………… 少许

调味料

盐…………………… 少许
胡椒粉…………… 少许

做法

1. 玉米洗净切小段；火腿切小丁，备用。
2. 烤箱先预热，将玉米段、火腿丁和蒜末、洋葱丝、奶油用锡箔纸包好放入烤箱中，以200℃烤15~20分钟。
3. 续将烤好的奶油玉米取出，放入调味料拌匀后，撒上欧芹末即可。

569 蛋黄烤茭白

材料

茭白……………………2支
蛋黄……………………1个

做法

1. 蛋黄打散备用。
2. 茭白去外叶洗净，对切剖开备用。
3. 烤箱预热150℃，放入茭白烤约3分钟后取出，均匀抹上蛋黄液，续放入烤箱中烤约10秒钟即可（可另加入青甜椒片、红甜椒片搭配装饰）。

570 沪式椒盐笋

材料

竹笋……………………2根
葱………………………1根
红辣椒…………………1根

调味料

盐……………………少许
白胡椒粉…………少许
香油………………1大匙

做法

1. 将竹笋洗净煮熟、去除外壳，切成滚刀块状备用。
2. 将葱洗净切段、红辣椒洗净切片备用。
3. 将竹笋放入约190℃的油锅中，炸至表面呈金黄色，捞起滤油，放凉后备用。
4. 取一容器，放入竹笋块、葱段及红辣椒片，再加入所有调味料，一起搅拌均匀，加入罗勒（材料外）装饰即可。

好吃秘诀

竹笋务必沥干后再入锅油炸，一来较好上色，二来避免产生油爆。待炸好的竹笋放凉后，再与其他食材一起拌匀即可。

571 甜椒洋葱串

材料

红甜椒……………20克
黄甜椒……………20克
洋葱………………80克

调味料

白胡椒粉………… 少许

做法

1. 将红甜椒、黄甜椒洗净切圈状；洋葱洗净切厚片状，备用。
2. 以竹签串上做法1的所有材料，撒上少许白胡椒粉备用。
3. 烤箱预热至150℃，放入蔬菜串烤约3分钟至熟即可。

572 炸牛蒡丝

材料

牛蒡…………………1条

调味料

水 ………… 1000毫升
盐 …………………1大匙
糖粉……………… 3大匙

做法

1. 盐及水混合成盐水备用。
2. 牛蒡用刨去外皮后洗净，再切成细丝。
3. 将牛蒡丝泡入盐水中以防氧化变色，并让牛蒡有少许咸味，泡约1分钟即可取出沥干。
4. 热锅加约600毫升色拉油烧热至约160℃，将牛蒡丝下锅用中火炸约2分钟至表面略金黄后，捞出沥干。
5. 将牛蒡丝装盘，再用细筛子将糖粉筛至牛蒡丝上即可。

573 蔬菜天妇罗

材料

青甜椒30克、红甜椒30克、黄甜椒50克、茄子100克、豆角80克、红薯片30克

调味料

鲣鱼酱油1大匙、味醂1小匙、高汤1大匙、萝卜泥1大匙

炸粉

低筋面粉1/2杯、玉米粉1/2杯、水160毫升、蛋黄1个

做法

1. 蔬菜洗净后切片；炸粉调成粉浆；调味料调匀成沾汁，备用。
2. 热锅下约400毫升色拉油，大火烧热至约180℃后将蔬菜裹上面糊后，下锅以中火炸约30秒至金黄色表皮酥脆，捞起后沥干油即可装盘蘸汁食用即可。

574 琼山豆腐

材料

A 蛋清……………4个
高汤…………2大匙
盐…………1/4小匙
玉米粉……1/2小匙

B 高汤…………2大匙
干贝……………1个
水淀粉……1/2小匙

做法

1. 干贝用50毫升的水（分量外）泡发洗净，一起放入蒸笼蒸约5分钟后取出剥丝备用（汤汁保留）。
2. 将材料A拌匀，用细滤网过滤后倒入深盘中，盖上保鲜膜放入蒸笼用小火蒸约15分钟后取出。
3. 将干贝丝连汤汁及材料B中的高汤一起煮至滚沸，再用水淀粉勾芡后淋至蒸好的做法2材料上即可。

575 酸辣蒸豆腐

材料

A 老豆腐…………2块
葱末……………10克

B 蒜末……………15克
红辣椒末………15克
洋葱末…………15克

调味料

辣椒酱…………少许
细砂糖…………1小匙
梅子醋………1/2大匙
鲣鱼酱油……1/2大匙

做法

1. 老豆腐洗净抹上少许盐（分量外）后放入蒸盘备用。
2. 所有材料B加入调味料拌匀成淋酱备用。
3. 取淋酱淋在老豆腐上，放入水已滚沸的蒸笼蒸10分钟，取出撒上葱末即可。

576 腊肠蒸豆腐

材料

老豆腐………………1块
腊肠…………………1条
葱…………………1/2根

调味料

酱油………………1小匙
米酒………………1大匙

做法

1. 老豆腐洗净切丁；腊肠洗净切片；葱洗净切葱花，备用。
2. 将老豆腐丁放入盘中，再放上腊肠片与葱花。
3. 加入所有调味料，放入蒸锅中以大火蒸7分钟即可。

577 豆酱蒸豆腐

材料

豆腐2块（约200克）
姜……………………10克
红辣椒………………10克
猪肉泥………………40克
香菜碎……………… 适量

调味料

黄豆酱………… 2小匙

做法

1. 豆腐洗净摆入蒸盘中；姜、红辣椒洗净切末，放在豆腐上，备用。
2. 猪肉泥和黄豆酱拌匀，放在豆腐上。
3. 取一中华炒锅，锅中加入适量水，放上蒸架，将水煮至滚。
4. 将蒸盘放在蒸架上，盖上锅盖以大火蒸约10分钟，再撒上适量香菜碎即可。

黄豆酱

材料：市售黄豆酱 100克、细砂糖2大匙、米酒2大匙、酱油1大匙。
做法：将所有材料加入拌匀，煮至滚沸即可。

578 百花酿豆腐

材料

老豆腐………………2块
虾仁………………150克
淀粉………………1小匙
蛋清………………1/2颗
葱花………………1小匙

调味料

A 盐………………1小匙
细砂糖…… 1/4小匙
胡椒粉…… 1/4小匙
香油 …………1小匙
B 香油 …………1小匙
柴鱼酱油 ……1大匙

做法

1. 老豆腐洗净平均切成八等份；虾仁洗净用纸巾吸干水分，拍成泥，备用。
2. 将虾泥加入盐，摔打至黏稠，加入蛋清、淀粉、所有调味料A拌匀成虾泥馅。
3. 老豆腐块中间挖取一小洞，接着将虾泥馅挤成球型，蘸上适量淀粉（材料外），填入豆腐洞里，稍微捏整后放入锅内，蒸约8分钟至熟取出。
4. 食用前撒上葱花并淋上香油、柴鱼酱油即可。

579 清蒸臭豆腐

材料

臭豆腐………………2块
猪肉泥…………150克
毛豆………………80克
蒜……………………15克
葱……………………15克
红辣椒…………… 少许
高汤…………80毫升

调味料

酱油…………… 2小匙
盐……………1/2小匙
细砂糖……… 1/4小匙
胡椒粉…………1大匙
香油……………1大匙

做法

1. 臭豆腐洗净；蒜洗净切末；葱洗净切花；红辣椒洗净切末，备用。
2. 热锅，倒入适量色拉油，放入猪肉泥炒至肉色变白，再放入蒜末、洗净的毛豆略拌炒。
3. 再加入高汤、所有调味料，拌炒1分钟后淋至臭豆腐上。
4. 将臭豆腐放入锅中蒸约10分钟，取出撒上葱花、红辣椒末即可。

580 酥炸豆腐丸子

| 材料 |

老豆腐1块、蟹肉条30克、鱼20克、青辣椒2支、胡椒盐少许

| 裹粉 |

低筋面粉适量、淀粉适量

| 做法 |

1. 老豆腐洗净入滚水氽烫1分钟，捞起沥干捏碎；青辣椒洗净去籽切小圆片状，备用。
2. 将做法1的材料与蟹肉条、弄碎的鱼肉混合拌匀，分成等份，揉成丸子状，均匀拍上混匀的裹粉，再把多余的粉拍掉。
3. 起油锅，将油温加热至180℃，再放入丸子，炸至表面呈金黄色取出沥油，食用时可蘸取少许胡椒盐即可。

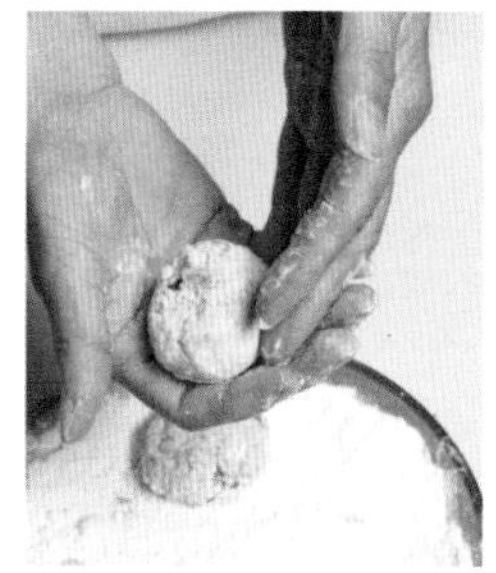

老豆腐烹调前先放入滚水中氽烫，不仅可以去除人工添加物，也可以去除多余水分，让豆腐形状固定，烹调的时候比较不容易碎掉。

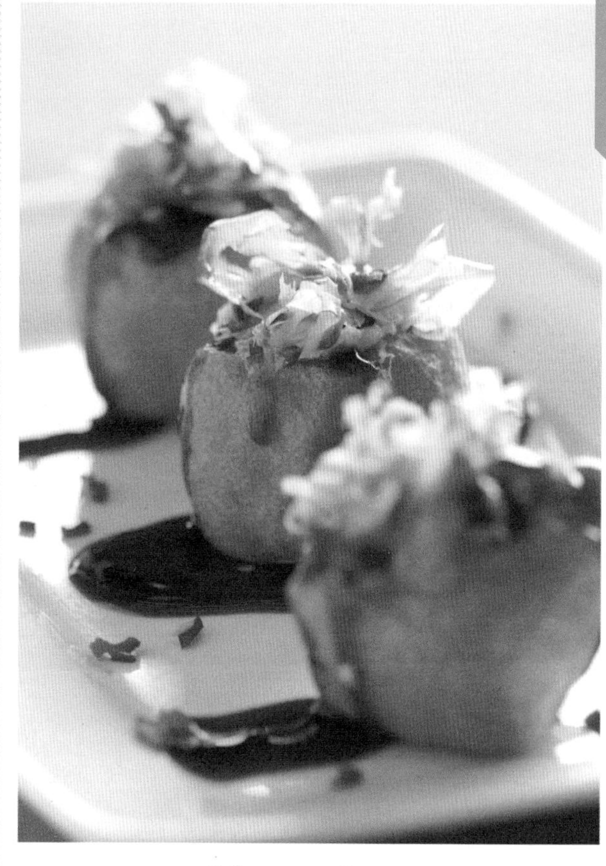

581 酥炸豆腐

| 材料 |

老豆腐……………1块
柴鱼片…………… 少许
红辣椒…………1/2根

| 调味料 |

芥末酱…………… 适量
酱油膏…………… 适量

| 做法 |

1. 老豆腐洗净切小块；红辣椒洗净切末，备用。
2. 将豆腐擦干，放入油温160℃的油锅中炸至表面金黄酥脆，捞起沥油备用。
3. 将炸豆腐表面剪开一个洞，塞入柴鱼片盛盘。
4. 在炸豆腐上挤上芥末酱、酱油膏，再撒上红辣椒末即可。

炸豆腐的油温要够高，如果不够高，表面无法快速酥脆，炸豆腐就容易出水，口感就会变得湿湿软软的。

582 香脆蛋豆腐

材料

蛋豆腐················2盒

炸粉

玉米粉···········100克
鸡蛋····················2个
面包粉···········100克

做法

1. 蛋豆腐每块分别切成12小块；鸡蛋打成蛋液，把蛋豆腐先均匀地裹上玉米粉。
2. 接着把蛋豆腐裹上蛋液。
3. 最后把蛋豆腐均匀地裹上面包粉（做法1~3过程要一次完成）。
4. 做法3材料全部裹好，热一油锅，加入约400毫升色拉油，烧热至约160℃，丢入少许面包粉下锅，如果面包粉不会沉下且立刻起泡，即表示油温足够，可放入炸物下锅炸。
5. 把做法3处理好的蛋豆腐依序放入做法4的油锅中，以中火油炸。
6. 炸约90秒至表皮呈金黄色即可捞起。

583 日式炸豆腐

材料

芙蓉豆腐············2块
柴鱼片·············20克

调味料

鲣鱼酱油·········1大匙
味醂················1小匙
高汤················1大匙

炸粉

玉米粉·············30克
鸡蛋····················2个

做法

1. 将2块芙蓉豆腐各切成4个小方块；鸡蛋打散成蛋液；调味料调匀成酱汁，备用。
2. 芙蓉豆腐每块都均匀的裹上玉米粉后，再裹上蛋液，最后裹上柴鱼片。
3. 热锅下约300毫升色拉油，烧热至约160℃后，将芙蓉豆腐下锅以大火炸约1分钟至酥脆取出装碗，淋上酱汁即可。

好吃秘诀

日式炸豆腐也算一种吉利炸，只是将外表的面包粉换成柴鱼片。不过由于豆腐、柴鱼片都是可以直接吃的食物，因此只要将柴鱼表面炸到酥脆了，就可以起锅，无须再炸太久，以免柴鱼片变焦产生苦味而影响口感。

584 破布子油豆腐

材料

油豆腐……2块
破布子2大匙（含汤汁）
青甜椒……5克
红辣椒……1/2根

调味料

细砂糖……1小匙

做法

1. 油豆腐入油锅中，炸至酥脆，捞起沥油切成小块备用。
2. 青甜椒、红辣椒洗净切末备用。
3. 将油豆腐块加入青甜椒末、红辣椒末，再加入破布子与细砂糖拌匀即可。

好吃秘诀

油豆腐也可以不油炸，而改在锅中加入1大匙香油，放入油豆腐煎至金黄酥脆，不但另有一番风味，也比较健康。

585 腐皮蔬菜卷

材料

腐皮……2张
绿豆芽……10克
胡萝卜……5克
小黄瓜……5克
洋葱……5克
面粉……适量

调味料

盐……少许
鸡精……少许
白胡椒粉……少许
香油……1小匙

做法

1. 绿豆芽、胡萝卜、小黄瓜及洋葱洗净切成大小差不多的丝状，加入所有调味料混合均匀备用。
2. 腐皮1张切3等份三角形；面粉加少许水调成面糊，备用。
3. 取一张腐皮，放上适量蔬菜丝，卷成条状，以面糊封口备用。
4. 热锅，倒入适量的色拉油，待油温热至120℃，放入腐皮卷，炸至表面金黄酥脆即可。

586 腐皮蒸破布子

材料

A 生豆腐皮……3片
鸡蛋……1个
破布子汤汁‥2大匙
破布子……3大匙

B 香油……适量

做法

1. 生豆腐皮洗净并稍微撕小块备用。
2. 将其余材料A调匀，加入腐皮拌匀盛盘。
3. 封上保鲜膜，入蒸锅大火蒸约10分钟。
4. 起锅淋上香油即可。

587 日式茶碗蒸

材料

水300毫升、柴鱼素2克、鸡蛋2个、盐2克、酱油3毫升、味醂3毫升、虾2只、鸡肉2小块、白果4个、秀珍菇2朵、芹菜1根

做法

1. 取锅，装水煮至滚沸后，加入柴鱼素，熄火放凉即为柴鱼汁（见图1）；虾去泥肠、去头，去虾壳，只留下尾部最后一节的壳，鸡肉、白果、秀珍菇、芹菜洗净，备用。
2. 取一容器将鸡蛋打散，加入盐、酱油、味醂与柴鱼汁，一起调匀后，以细网过滤，过滤后，蛋汁表面泡沫也要一并捞除（见图1、2、3、4、5）。
3. 将虾、鸡肉、白果、秀珍菇放入制作茶碗蒸的容器中，加入鸡蛋液，七八分满即可，并包上保鲜膜。（见图6、7、8）
4. 放入蒸锅中，盖上锅盖先以大火蒸3分钟（见图9）。
5. 待温度上升蛋液表面变白时，将锅盖挪出小缝隙，改中小火蒸约10分钟。
6. 以竹签插入做测试，熟的茶碗蒸可轻易戳出洞来（如果没熟，表面则会渗水，这时可再续蒸1~2分钟试试）。最后将切成小段的芹菜略氽烫后，放在茶碗蒸上装饰即可（见图10）。

588 台式蒸蛋

材料

水……………200毫升
鸡精…………………2克
鸡蛋…………………2个
盐……………………2克
酱油……………3毫升
甜豆荚………………2个

做法

1. 取一锅，装水煮至沸腾后，放入鸡精，熄火放凉备用。
2. 取一容器打入鸡蛋，并将蛋液拌匀。
3. 将盐、酱油加入蛋液中调匀。
4. 将做法1的汤汁和蛋液调匀。
5. 将调好的蛋液倒入蒸皿中，七八分满即可，再盖上保鲜膜。
6. 取锅盛水并放好网架，开火煮至水滚。
7. 打开锅盖，将蒸皿放在网架上，盖上锅盖，以中火蒸约10分钟即可。
8. 将甜豆荚略汆烫，斜切放在蒸蛋上即可。

589 桂花酒酿蒸蛋

材料

鸡蛋…………………2个
酒酿……………100克
桂花酱…………… 适量
水……………260毫升
冷开水…………… 适量

做法

1. 桂花酱加少许冷开水调匀备用。
2. 鸡蛋打散加水拌匀，加入酒酿拌匀，倒入蒸碗中后，放入蒸锅中，以大火蒸约5分钟再改中火蒸约8分钟。
3. 打开锅盖，倒入桂花酱，再略为蒸约2分钟即可。

酒酿是用圆糯米和酵母一起发酵制成，烹调时加入酒酿的作用和米酒相似，可去腥，也可增加甜味，烹调出的料理会有淡淡酒香。

590 枸杞蛤蜊蒸蛋

材料

蛤蜊……………150克
枸杞子…………适量
鸡蛋……………3个
水……………250毫升
葱丝……………少许

调味料

盐………………少许
鸡精……………少许
米酒…………1/2大匙
白胡椒粉………少许

做法

1. 鸡蛋打散过筛；枸杞子洗净，备用。
2. 蛤蜊泡水吐沙洗净，放入滚水中汆烫约20秒后，取出冲水沥干备用。
3. 在蛋液中加入水和所有调味料拌匀，倒入容器中，放入枸杞子、蛤蜊，并盖上保鲜膜。
4. 将容器放入电饭锅中，外锅加入3/4杯水，待开关跳起，加入葱丝即可。

591 鲜虾洋葱蒸蛋

材料

洋葱……………100克
鲜虾……………3只
胡萝卜…………60克
玉米粒…………40克
鸡蛋……………2个
水……………60毫升

调味料

鸡精……………适量
盐………………适量
白胡椒粉………适量

做法

1. 洋葱洗净切丁；胡萝卜去皮洗净切成小丁；鲜虾剥去头、身留虾尾洗净，1只切丁，留2只完整的虾，备用。
2. 热锅，倒入少许的色拉油烧热，放入洋葱丁以中火炒至香气溢出后，盛起备用。
3. 将胡萝卜丁放入滚水中汆烫至稍微变软，捞起沥干；做法1的2只完整鲜虾也放入滚水中汆烫后捞出，备用。
4. 鸡蛋打散成蛋液，加入水及所有调味料拌匀，再加入虾丁、洋葱丁、胡萝卜丁及玉米粒拌匀后，等份倒入2个碗里。
5. 接着将碗用保鲜膜封好，再以牙签戳几个洞，放入电饭锅中，外锅加入1/3杯的水（材料外），盖上锅盖待开关跳起后取出，各放上做法3的2尾虾装饰即可。

592 双色蒸蛋

材料		调味料	
咸蛋	2个	盐	少许
鸡蛋	2个	白胡椒粉	少许
		香油	1小匙

沾酱

番茄酱……少许

做法

1. 先将咸蛋切片后去壳；把鸡蛋的蛋黄与蛋清分开，备用。
2. 取一容器，先包上保鲜膜，再将咸蛋片铺入容器中。
3. 将鸡蛋蛋清倒入容器中，放入蒸笼中以大火蒸约5分钟。
4. 将蛋黄与所有的调味料一起搅拌均匀，再倒入容器中，转中火蒸约15分钟后取出。
5. 最后将蒸好的双色蛋放凉后，再切成片状，食用前淋上少许番茄酱即可。

593 三色蛋

材料		调味料	
鸡蛋	4个	米酒	适量
皮蛋	2个	细砂糖	少许
咸鸭蛋	2个		
香菜	适量		

做法

1. 鸡蛋打入容器中，并将蛋清、蛋黄分开备用。
2. 皮蛋放入沸水中烫熟，待凉后去壳切小块备用。
3. 咸鸭蛋去壳，将咸蛋白、咸蛋黄分开，再将咸蛋黄切小块备用。
4. 取做法1的鸡蛋清4个与鸡蛋黄1个，加入做法3的咸鸭蛋蛋白1个，再加入米酒、细砂糖，打散搅拌均匀并过滤，续加入皮蛋块、咸蛋黄块搅拌均匀，再倒入长方模型中，接着放入蒸锅中蒸约10分钟。
5. 将做法1剩余的3个鸡蛋黄，加入1/2大匙做法3的咸蛋白、米酒1小匙（分量外）搅拌均匀，再倒在做法4蒸好的蛋上面，续入锅蒸约5分钟。
6. 取出做法5蒸好的三色蛋，待凉后切片，搭配香菜食用即可。

图书在版编目（CIP）数据

念念不忘家常菜 / 杨桃美食编辑部主编 . -- 南京：江苏凤凰科学技术出版社，2016.12
（含章·好食尚系列）
ISBN 978-7-5537-4952-5

Ⅰ . ①念… Ⅱ . ①杨… Ⅲ . ①家常菜肴 - 菜谱 Ⅳ . ① TS972.12

中国版本图书馆 CIP 数据核字 (2015) 第 149095 号

念念不忘家常菜

主　　编　杨桃美食编辑部
责任编辑　张远文　　葛　昀
责任监制　曹叶平　　方　晨

出版发行　凤凰出版传媒股份有限公司
　　　　　江苏凤凰科学技术出版社
出版社地址　南京市湖南路 1 号 A 楼，邮编：210009
出版社网址　http://www.pspress.cn
经　　销　凤凰出版传媒股份有限公司
印　　刷　北京富达印务有限公司

开　　本　787mm × 1092mm　1/16
印　　张　18.5
字　　数　240 000
版　　次　2016年12月第1版
印　　次　2016年12月第1次印刷

标准书号　ISBN 978-7-5537-4952-5
定　　价　45.00元